대학기초수학

송병철 · 김병문 · 김홍철 · 김순귀 지음

KM 경문사

머리말

수학은 현대사회를 관통하는 과학 기술의 토대를 이루고 있다. 따라서 수학에 대한 체계적인 이해와 기본적인 소양을 갖는 것은 현대사회를 지혜롭게 살아가기 위해서도 매우 중요한 자질로 평가되고 있다. 그리고 무엇보다 대학에서 이공계열의 전공을 제대로 이해하기 위해서는 수학의 기초소양이 절대적으로 필요하다. 그러나 현재 고등학교 7차 교육과정을 이수하고 대학에 입학하는 신입생들의 경우 수학 기초학력의 저하로 이공계 학생들이 전공에 진입하는 데 필수적으로 요구되는 수학의 기초소재를 제대로 이해하지 못하고 있음은 물론, 기초적인 계산 능력과 수리적인 분석 능력 등이 현저히 결여되어 대학에서 정상적인 교육과정을 이행하는 데 큰 어려움을 안겨주고 있는 실정이다.

이에 따라 수학적 기초가 부족하거나 고등학교에서 선택적 교육과정 운영 및 교차지원에 의해 수학을 체계적으로 이수하지 못하고 이공계에 진입한 신입생을 대상으로 수학의 기초소재에 대한 내용을 체계적으로 정리하여 미분적분학에 순연하게 함으로써, 학생들이 수학에 대한 어려움을 극복하는 데 도움을 주기 위한 목적으로 이 책을 펴내게 되었다. 그리고 이러한 목적에 부합되도록 가급적 추상적 진술을 지양하고, 비교적 간결하고 구체적인 논리전개와 적절한 예제 및 연습문제를 배치하여 학생들이 쉽게 이해할 수 있도록 책을 구성하려고 노력하였다.

이 책은 모두 9장으로 이루어져 있다. 제1장은 식의 전개와 인수분해 등 수학에서 자주 다루어지는 수식의 이해와 계산하는 방법을 중심으로 다루었고, 제2장은 기초적인 방정식과 부등식의 해법을, 제3장은 좌표평면에서의 벡터의 개념과 직선 및 원 등에의 활용을, 제4장에서는 집합과 함수의 개념 및 함수의 그래프를 다루었으며, 제5장에서는 수열과 급수에 관한 기초적인 내용을 간략히 정리하였다. 제6장과 제7장에서는 기본함수의 토대를 이루는 지수함수와 로그함수, 그리고 삼각함수에 관한 주요 개념 및 활용 공식들을 체계적으로 정리하여 수록하였다. 제8장에서는 특히 공과대학 등에서 필요로 하는 통계와 확률의 기초소재를 다루고, 제9장에서는 행렬의 개념과 연산을 간략히 소개하였다.

이 책은 자연계나 공과대학의 분야에 따른 특성과 필요에 맞추어 일부 소재를 선택적으로 조정함으로써 일주일에 3시간 정도로 한 학기에 학습할 수 있도록 편성되었다. 학생들이 쉽게 원리를 이해하고 문제풀이 능력을 키워나갈 수 있도록 단계별로 필요한 예제와 풀이를 제시하였고, 학생들의 자율적인 학습능력을 키워주기 위해 예제에 따른 유사문제와 각 절의 끝에 적절한 연습문제를 배치하고 모든 연습문제의 해답을 뒤에 수록하였다. 모쪼록 이 책을 통해 학생들이 수학에 좀더 자신감과 친밀감을 느껴 전공에 대한 포괄적인 이해를 돕고 아울러 학업에서도 큰 성취감을 이루는 자그마한 동기가 되기를 바라마지 않는다.

이 책은 교육역량을 강화하여 대학의 교육경쟁력을 높이기 위한 목적으로 구성한 “기초수학 역량강화를 위한 수준별 교육과정 편성 및 운영방안에 관한 연구”의 일환으로 기획 집필하게 되었다. 본 교재의 출판을 위해 많은 힘을 보태어 성원하여 주신 연구팀의 모든 분들과 교수학습개발원의 왕보현 원장에게 이 자리를 빌어 고마움을 전한다. 아울러 원고를 타이핑하느라 노고를 아끼지 않은 이유진 양과 박명현 군, 그리고 이 책을 꾸미는 데 직간접적으로 좋은 제언을 주신 동료교수들과 세심하게 다듬어서 좋은 도서로 꾸며주신 도서출판 경문사 여러분께도 깊은 감사를 드린다.

저자 일동

차례

01

식의 기초

1.1 지수법칙

자연수 n과 실수 a에 대하여 a의 n제곱 a^n은 a를 n번 곱한 수로, a^{-n}은 a^n의 역수, $a^0 = 1$로 정의한다. 이때 n을 지수, a를 밑이라 한다.

자연수 n과 양수 a에 대하여 $b^n = a$를 만족하는 양수 b를 a의 n**제곱근**이라 하고 $a^{\frac{1}{n}}$(또는 $\sqrt[n]{a}$)으로 나타낸다. 만약 a가 음수라면 식 $b^n = a$는 n이 홀수이고, b가 음수일 때 한해서 성립한다. 따라서 홀수 n과 음수 a에 대하여 $a^{\frac{1}{n}}$을 $b^n = a$를 만족하는 음수로 정의한다.

b가 a의 n제곱근일 때 b^m을 $a^{\frac{m}{n}}$으로 정의한다.

(1) n이 자연수이고 a가 실수일 때

$$a^n = \underbrace{a \cdot a \cdot \cdots \cdot a}_{n\text{개}}$$

$$a^{-n} = (a^n)^{-1} = \frac{1}{a^n}$$

$$a^0 = 1$$

(2) m, n이 자연수이고 $a > 0$일 때

$$a^{\frac{1}{n}} = b \Leftrightarrow b^n = a,\ b > 0$$

$$a^{\frac{m}{n}} = \left(a^{\frac{1}{n}}\right)^m$$

(3) n이 홀수이고 $a < 0$일 때

$$a^{\frac{1}{n}} = b \Leftrightarrow b^n = a,\ b < 0$$

※ 위에서 $a > 0$일 때, 유리수 α에 대하여 a^α를 정의할 수 있었는데, 만약 α가 무리수라 하면, a^α를 α로 수렴하는 유리 수열 x_n에 대하여 a^{x_n}의 극한으로 정의한다.

정리 1.1 지수법칙

유리수 p, q와 양의 실수 a, b에 대하여 다음이 성립한다.

(1) $a^p \cdot a^q = a^{p+q}$　　(2) $a^p \div a^q = a^{p-q}$

(3) $(a^p)^q = a^{pq}$ (4) $(ab)^p = a^p \cdot b^p$

(5) $\left(\frac{a}{b}\right)^p = \frac{a^p}{b^p}$

예제 1.1 다음을 계산하여라.

(1) $\left(\frac{1}{2}\right)^3$ (2) $\left(\frac{1}{2}\right)^{-2}$

(3) $\frac{1}{3^{-2}}$ (4) 24^0

풀이•• (1) $\left(\frac{1}{2}\right)^3 = \frac{1}{2} \cdot \frac{1}{2} \cdot \frac{1}{2} = \frac{1}{8}$ (2) $\left(\frac{1}{2}\right)^{-2} = \left(\frac{1}{4}\right)^{-1} = 4$

(3) $\frac{1}{3^{-2}} = \left(\frac{1}{3}\right)^{-2} = 3^2 = 9$ (4) $24^0 = 1$ ■

문제 1.1 다음을 계산하여라.

(1) $\left(\frac{3}{2}\right)^{-2}$ (2) $(-2)^{-2}$

(3) $((-2)^{-2})^{-2}$ (4) $\frac{3^{-2}}{2^{-3}}$

예제 1.2 다음을 계산하여라.

(1) $\sqrt[3]{27}$ (2) $(-8)^{\frac{2}{3}}$

(3) $4^{\frac{3}{2}}$ (4) $(-1)^0$

풀이•• (1) $3^3 = 27$이므로, $\sqrt[3]{27} = 3$.

(2) $(-2)^3 = -8$이므로, $(-8)^{\frac{1}{3}} = -2$. 따라서 $(-8)^{\frac{2}{3}} = (-2)^2 = 4$.

(3) $2^2 = 4$이므로, $4^{\frac{1}{2}} = 2$. 따라서 $4^{\frac{3}{2}} = 2^3 = 8$.

(4) $(-1)^0 = 1$ ■

문제 1.2 다음을 계산하여라.

(1) $\sqrt[5]{-1}$ (2) $(-8)^{\frac{2}{3}}$

(3) $(-8)^{-\frac{2}{3}}$

(4) $\sqrt[4]{\frac{1}{16}}$

예제 1.3 다음을 간단히 하여라.

(1) $2^4 \cdot 2^{-\frac{1}{2}}$

(2) $x>0$일 때, $x^{5.2} \div x^{3.7}$

(3) $(4x^4)^{\frac{3}{2}}$

(4) $x>0$일 때, $\left(\frac{2}{x}\right)^{-3}$

(5) $\sqrt[3]{2}\,\sqrt[3]{4}$

(6) $\sqrt[4]{\sqrt[3]{\sqrt{2}}}$

(7) $x<0$일 때, $x^{\frac{1}{3}} \cdot x^{\frac{2}{3}}$

풀이••

(1) $2^{4+\left(-\frac{1}{2}\right)} = 2^{\frac{7}{2}}$

(2) $x^{5.2-3.7} = x^{1.5}$

(3) $4^{\frac{3}{2}} \cdot (x^4)^{\frac{3}{2}} = 2^3 \cdot (x^2)^3 = 8x^6$

(4) $(2x^{-1})^{-3} = 2^{-3} \cdot x^3 = \frac{x^3}{8}$

(5) $2^{\frac{1}{3}} \cdot 4^{\frac{1}{3}} = 2^{\frac{1}{3}} \cdot 2^{\frac{2}{3}} = 2^1 = 2$

(6) $((2^{\frac{1}{2}})^{\frac{1}{3}})^{\frac{1}{4}} = 2^{\frac{1}{24}} = \sqrt[24]{2}$

(7) $x^{\frac{1}{3}+\frac{2}{3}} = x$ ■

문제 1.3 다음을 간단히 하여라.

(1) $(3^{-1}x^2)^3$

(2) $\sqrt[3]{\sqrt[4]{3}}$

(3) $\sqrt[3]{81}$

(4) $(2x^2y)^{-1}(x^3y^2)^2$

(5) $\left(-\frac{8}{27}\right)^{\frac{4}{3}}$

(6) $\sqrt[3]{27x^9y^{-3}}$

1.1 연습문제

01 다음을 간단히 하여라.

(1) $a^2 \cdot a^{-3}$

(2) $0.09^{-\frac{1}{2}}$

(3) $16^{-\frac{3}{4}}$

(4) $36^{-1.5}$

02 다음 식을 간단히 하여라.

(1) $\sqrt[3]{\dfrac{8}{x^6}}$　　　(2) $\left(\dfrac{8x^3}{125}\right)^{\frac{2}{3}}$

(3) $\left(\dfrac{81}{x^{12}}\right)^{-\frac{3}{4}}$　　　(4) $\dfrac{(9xy)^{\frac{3}{2}}}{(x^6y^2)^{\frac{1}{3}}}$

03 $P(x)=(x^{\frac{1}{2}}+x^{-\frac{1}{2}})(x^{\frac{1}{2}}-x^{-\frac{1}{2}})(x+x^{-1})(x^2+x^{-2})$를 간단히 하여라.

04 $(\sqrt{3+2\sqrt{2}}+\sqrt{3-2\sqrt{2}})^{\frac{2}{3}}$을 간단히 하여라.

05 두께가 0.1mm인 종이를 몇 번 반복해서 접었더니 전체 두께가 10cm를 넘었다. 적어도 몇 번 접었겠는가?

06 $a^{2x}=3$일 때, 다음 값을 구하여라.

(1) $\dfrac{a^x+a^{-x}}{a^x-a^{-x}}$　　　(2) $\dfrac{a^{3x}+a^{-3x}}{a^x-a^{-x}}$

07 집합 $A=\{x\,|\,x=\left(\dfrac{1}{256}\right)^{\frac{1}{n}}$, n은 0이 아닌 정수$\}$의 원소 중 자연수의 개수를 구하여라.

1.2 식의 전개와 인수분해

문자와 숫자들의 곱을 **항**이라 하고, 유한개의 항들의 합으로 이루어진 식을 **다항식**이라 한다. 다항식에서 특정한 문자의 곱한 개수가 그 문자에 대한 항의 **차수**이고, 그 문자에 곱해진 값이 그 항의 **계수**이다. 또 모든 문자에 대한 차수의 합이 그 항의 차수이다.

예를 들어, 다항식 $a^3-3a^2b+2b^4+7$에 대해서 항 $-3a^2b$의 a에 대한 차수는 2이고 b에 대한 차수는 1이다. 또 $-3a^2b$의 차수는 3이 된다.

정리 1.2

다항식 P, Q, R에 대하여 다음이 성립한다.

(1) $\mathrm{P}+\mathrm{Q}=\mathrm{Q}+\mathrm{P},\ \mathrm{P}\cdot\mathrm{Q}=\mathrm{Q}\cdot\mathrm{P}$ (교환법칙)

(2) $\mathrm{P}+(\mathrm{Q}+\mathrm{R})=(\mathrm{P}+\mathrm{Q})+\mathrm{R},\ \mathrm{P}\cdot(\mathrm{Q}\cdot\mathrm{R})=(\mathrm{P}\cdot\mathrm{Q})\cdot\mathrm{R}$ (결합법칙)

(3) $\mathrm{P}\cdot(\mathrm{Q}+\mathrm{R})=\mathrm{P}\cdot\mathrm{Q}+\mathrm{P}\cdot\mathrm{R}$ (분배법칙)

예제 1.4 다음 식을 간단히 하여라.

(1) $(x^3-2x^2y+5xy^2)-(x^3-7xy^2+y^3)$

(2) $(3x^2y+7xy^2-3)(x+y)$

풀이•• (1) $(1-1)x^3+(5+7)xy^2-2x^2y-y^3=12xy^2-2x^2y-y^3$

(2) $3x^3y+7x^2y^2-3x+3x^2y^2+7xy^3-3y$

$=3x^3y+10x^2y^2+7xy^3-3x-3y$ ■

문제 1.4 다음 식에서 4차식의 계수의 합을 구하여라.

(1) $3x^2y-x^4y^2+xy^3-x^2y^2+7$

(2) $x^4+y^4+2x^2y^2$

다항식의 곱에서 괄호를 풀어 단항식들의 합으로 나타내는 것을 **다항식의 전개**라고 한다.

다항식을 전개할 때 자주 이용되는 공식은 다음과 같다.

정리 1.3 전개 공식

(1) $(a+b)(a-b)=a^2-b^2$

(2) $(a+b)^2=a^2+2ab+b^2$

(3) $(a-b)^2=a^2-2ab+b^2$

(4) $(a+b)^3=a^3+3a^2b+3ab^2+b^3$

(5) $(a-b)^3=a^3-3a^2b+3ab^2-b^3$

(6) $(ax+b)(cx+d)=acx^2+(ad+bc)x+bd$

예제 1.5 다음 식을 전개하여라.

(1) $(x+2\sqrt{y})(x-2\sqrt{y})$

(2) $(2x-3y^2)^2$

(3) $(\sqrt{x^2+1}+2)(\sqrt{x^2+1}-2)$

(4) $(3x+3y)(x-y)$

(5) $\left(x+\dfrac{2}{x}\right)^3$

풀이•• (1) x^2-4y

(2) $4x^2-12xy^2+9y^4$

(3) $(\sqrt{x^2+1})^2-2^2=x^2+1-4=x^2-3$

(4) $3(x+y)(x-y)=3(x^2-y^2)=3x^2-3y^2$

(5) $x^3+3x^2\cdot\left(\dfrac{2}{x}\right)+3x\left(\dfrac{2}{x}\right)^2+\left(\dfrac{2}{x}\right)^3=x^3+6x+\dfrac{12}{x}+\dfrac{8}{x^3}$ ■

문제 1.5 다음 식을 전개하여라.

(1) $(x+\sqrt{x})^3$

(2) $(x+3)(x^2-3x+9)$

(3) $(x-2y+1)(x+y-1)$

(4) $(x-1)(x+1)(x-2)(x+2)$

(5) $(x-1)(x+1)(x^2+1)(x^4+1)$

(6) $(3a+2b)(9a^2-6ab+4b^2)$

다항식의 곱을 전개하는 것과는 반대로 전개된 다항식을 몇 개의 다항식의 곱으로 나타내는 것을 **인수분해**한다고 한다. 예를 들어 $(x-2)(x+3)$의 전개는 x^2+x-6이 되고, x^2+x-6의 인수분해는 $(x-2)(x+3)$이 된다.

정리 1.4 인수분해 공식

(1) $x^2+(a+b)x+ab=(x+a)(x+b)$

(2) $acx^2+(ad+bc)x+bd=(ax+b)(cx+d)$

(3) $a^2-b^2=(a-b)(a+b)$

(4) $a^2+2ab+b^2=(a+b)^2$

(5) $a^2-2ab+b^2=(a-b)^2$

(6) $a^3+3a^2b+3ab^2+b^3=(a+b)^3$

(7) $a^3-3a^2b+3ab^2-b^3=(a-b)^3$

(8) $a^3+b^3=(a+b)(a^2-ab+b^2)$

(9) $a^3-b^3=(a-b)(a^2+ab+b^2)$

(10) $a^2+b^2+c^2+2ab+2bc+2ca=(a+b+c)^2$

(11) $a^3+b^3+c^3-3abc=(a+b+c)(a^2+b^2+c^2-ab-bc-ca)$

인수분해 공식에 대한 증명은 인수분해된 식을 전개함으로써 얻어낼 수 있다.

예제 1.6 다음 식을 인수분해하여라.

(1) x^2-7x+6

(2) $a^3+ab+bc+c^3$

(3) $27a^3+8b^3$

(4) $4a^2+9b^2+c^2-12ab-6bc+4ca$

풀이•• (1) $x^2-7x+6=(x-6)(x-1)$

(2) $a^3+ab+bc+c^3=a^3+c^3+b(a+c)$

$$= (a+c)(a^2-ab+b^2)+b(a+c)$$

$$= (a+c)(a^2-ab+b^2+b)$$

(3) $27a^3+8b^3 = (3a+2b)(9a^2-6ab+4b^2)$

(4) $4a^2+9b^2+c^2-12ab-6bc+4ca = (2a-3b+c)^2$ ■

문제 1.6 다음 식을 인수분해하여라.

(1) $x^2+6xy+9y^2$

(2) $8x^6-27$

(3) $x^3-6x^2+12x-8$

(4) $8x^3-12x^2y+6xy^2-y^3$

예제 1.7 다음 식을 인수분해하여라.

(1) $2x^4-5x^2-3$

(2) $(x+1)(x+2)(x+3)(x+4)-8$

(3) x^3+x^2-9x-9

(4) $ab(a-b)+bc(b-c)+ca(c-a)$

풀이•• (1) $2x^4-5x^2-3 = 2(x^2)^2-5(x^2)-3$

$$= (2x^2+1)(x^2-3)$$

$$= (2x^2+1)(x+\sqrt{3})(x-\sqrt{3})$$

(2) $(x+1)(x+2)(x+3)(x+4)-8 = (x^2+5x+4)(x^2+5x+6)-8$

$$= (x^2+5x)^2+10(x^2+5x)+16$$

$$= (x^2+5x+2)(x^2+5x+8)$$

(3) $x^3+x^2-9x-9 = x^2(x+1)-9(x+1)$

$$= (x^2-9)(x+1)$$

$$= (x-3)(x+3)(x+1)$$

(4) $ab(a-b)+bc(b-c)+ca(c-a) = a^2(b-c)-(b^2-c^2)a+bc(b-c)$

$$= (b-c)(a^2-(b+c)a+bc)$$

$$= (b-c)(a-b)(a-c)$$ ■

문제 1.7 다음 식을 인수분해하여라.

(1) x^3-3x^2-2x+6

(2) $ax^2-ay^2+bx^2-by^2$

(3) $x^3+6x+\dfrac{12}{x}+\dfrac{8}{x^3}$

(4) $x^2-xy-2y^2+3y-1$

1.2 연습문제

01 다음 식을 전개하여라.

(1) $(x+3)(x^2-3x+9)$ (2) $(x+y+2)(3x+2y-4)$

(3) $(x^2+x+1)^2$ (4) $(x+y)^5$

02 다음 식을 인수분해하여라.

(1) $6a^2+ab-12b^2$ (2) $x^3-6x^2+12x-8$

(3) a^4+3a^2-4 (4) $x^4+x^2y^2+y^4$

(5) a^2+ab-c^2+bc (6) $x^2y-x^2z+y^2z+xy^2$

(7) $x^4-5x^3+5x^2+5x-6$ (8) x^6-1

(9) $x^3y^2-14x^2y+49x$ (10) x^3-x^2-x+1

03 다음을 계산하여라.

(1) 2011^2-2010^2 (2) $\dfrac{99^3-8}{99^2+99\times 2+4}$

04 세 변의 길이가 a, b, c인 삼각형이 다음을 만족한다면 이 삼각형은 어떤 삼각형이 되겠는가?

$$a^3+a^2b-ac^2+ab^2+b^3-bc^2=0$$

05 $a+b+c=9$, $a^3+b^3+c^3=3abc$일 때, $ab+bc+ca$의 값을 구하여라.

06 다음 다항식 중 계수가 정수인 일차식의 곱으로 인수분해되는 것은 모두 몇 개인가?

$$x^2-2x-1,\ x^2-2x-2,\ \cdots,\ x^2-2x-99,\ x^2-2x-100$$

07 $x=\dfrac{1}{2+\sqrt{3}}$, $y=\dfrac{1}{2-\sqrt{3}}$일 때, $x^2(y+3)+y^2(x-3)$의 값을 구하여라.

08 $a+b=2$, $b+c=1$, $c+a=4$일 때, $(a+b+c)(bc+ca+ab)-abc$의 값을 구하여라.

1.3 다항식의 나눗셈과 나눗셈 정리

식 $p(x)=a_0+a_1x+\cdots+a_nx^n\ (a_n\neq 0)$을 n차 **다항식**이라 한다. 만약 $m\leq n$이면 n차 다항식을 m차 다항식으로 나누었을 때 나머지는 $m-1$차 이하의 다항식이 된다.

예제 1.8 $4x^4-3x^2+x-2$를 x^2+2로 나누었을 때 몫과 나머지를 구하여라.

풀이••

$$
\begin{array}{r|l}
 & 4x^2-11 \\ \cline{2-2}
x^2+2 & 4x^4-3x^2+x-2 \\
 & 4x^4+8x^2 \\ \cline{2-2}
 & \quad -11x^2+x-2 \\
 & \quad -11x^2\quad\ -22 \\ \cline{2-2}
 & \qquad\qquad x+20
\end{array}
$$

따라서 몫은 $4x^2-11$이고, 나머지는 $x+20$이다. ■

문제 1.8 $3x^5+1$을 x^2-2로 나누었을 때 몫과 나머지를 구하여라.

$p(x)=a_0+a_1x+\cdots+a_nx^n\ (a_n\neq 0)$과 $q(x)=b_0+b_1x+\cdots+b_mx^m\ (b_m\neq 0)$에 대해서 만약 $m\leq n$이면 $p(x)=a(x)q(x)+r(x)$가 성립하는 두 다항식 $a(x)$와 $r(x)$가 존재한다. 여기서 $r(x)$의 차수가 $m-1$ 이하이면, $a(x)$와 $r(x)$는 유일하게 결정된다. 이때 $a(x)$를 **몫**, $r(x)$를 **나머지**라 한다. 예제 1.8에서 $4x^2-11$이 몫이 되고, $x+20$이 나머지가 된다.

예제 1.9 (1) x^4+1을 x^2+1로 나눈 몫과 나머지를 구하여라.

(2) $3x^4-5x^3-18x+3$을 x^2+x+1로 나눈 몫과 나머지를 구하여라.

풀이•• (1)

$$
\begin{array}{r|l}
 & x^2 \qquad -1 \\
\hline
x^2+1 & x^4 \qquad\quad +1 \\
 & x^4+x^2 \\
\hline
 & \quad -x^2+1 \\
 & \quad -x^2-1 \\
\hline
 & \qquad\qquad 2
\end{array}
$$

몫: x^2-1, 나머지: 2

(2)

$$
\begin{array}{r|l}
 & 3x^2-8x+5 \\
\hline
x^2+x+1 & 3x^4-5x^3 \qquad\qquad -18x+3 \\
 & 3x^4+3x^3+3x^2 \\
\hline
 & \quad -8x^3-3x^2-18x+3 \\
 & \quad -8x^3-8x^2-8x \\
\hline
 & \qquad\qquad 5x^2-10x+3 \\
 & \qquad\qquad 5x^2+\ 5x+5 \\
\hline
 & \qquad\qquad\qquad -15x-2
\end{array}
$$

몫: $3x^2-8x+5$, 나머지: $-15x-2$ ■

※ **주의** : 일반적인 정수에서 나누기를 할 때 나머지는 음수가 될 수 없지만, 다항식의 나눗셈에서 나머지는 음수가 될 수도 있다.

문제 1.9 다항식 $3x^4-3x^2+2$를 x^2-x+1로 나눈 몫과 나머지를 구하여라.

어떤 다항식을 일차식으로 나눌 때는 계수만을 이용하여 몫과 나머지를 구하는 방법으로 **조립제법**을 이용한다.

예제 1.10 $3x^4-2x^3+x^2-x+5$를 $x-2$로 나눈 몫과 나머지를 구하여라.

풀이•• 주어진 다항식의 계수를 내림차순으로 쓰고 조립제법을 적용하면 다음과 같다.

2	3	−2	1	−1	5
		6	8	18	34
	3	4	9	17	39

따라서 몫은 $3x^3+4x^2+9x+17$이고, 나머지는 39이다. ■

문제 1.10 (1) x^3-2x^2+5x-4를 $x-2$로 나눈 몫과 나머지를 구하여라.

(2) $3x^4+2x^2-1$을 x^2-x+1로 나눈 몫과 나머지를 구하여라.

다항식 $p(x)$를 $x-a$로 나누면 나머지는 상수가 되므로 그 상수를 b라 하면 $p(x)=q(x)(x-a)+b$로 쓸 수 있다. 이때 식의 양변에 x 대신 a를 대입하면 $b=p(a)$라 할 수 있다. 즉 다항식 $p(x)$를 $x-a$로 나눈 나머지는 $p(a)$임을 알 수 있다. 따라서 $p(a)=0$이 되면 $p(x)$는 $x-a$로 나누어 떨어진다.

정리 1.5 나머지 정리와 인수정리

(1) 다항식 $p(x)$를 $x-a$로 나누었을 때의 나머지는 $p(a)$이다. (나머지 정리)

(2) 다항식 $p(x)$가 $x-a$로 나누어 떨어지기 위한 필요충분조건은 $p(a)=0$이다. 즉

$p(a)=0 \Leftrightarrow p(x)=(x-a)q(x)$ (인수정리)

예제 1.11 다항식 $p(x)=x^{10}+x^5+x^3+1$을 $x-1$로 나눈 나머지는 얼마인가?

풀이•• $p(1)=1+1+1+1=4$이므로 4이다. ■

문제 1.11 다항식 $p(x)=(3x+5)^{2011}+(x+3)^{912}+(2x+5)^{312}$을 $x+2$로 나눈 나머지를 구하여라.

예제 1.12 다항식 $p(x)=x^3-ax^2+15$를 $x+2$로 나누었을 때 나누어 떨어지기 위해서는 상수 a가 얼마가 되어야 하나?

풀이•• $p(-2)=(-2)^3-a(-2)^2+15=-8-4a+15=0$

$\therefore\ 4a=7 \quad \therefore\ a=\dfrac{7}{4}$ ■

문제 1.12 x^3+6x^2+ax+b가 x^2+x-12로 나누어지도록 a와 b를 구하여라.

다항식 $p(x)$의 인수분해 방법은

(1) 먼저 $p(x)=0$의 해가 되는 $x=a$를 찾아낸다.

(2) 위에서 찾은 a에 대해서 $p(x)=(x-a)q(x)$가 되도록 하는 $q(x)$를 생각한다.

(3) $q(x)$의 차수는 $p(x)$의 차수보다 1차수 작으므로 $q(x)$에 대해서 위와 같은 방법을 사용한다.

예제 1.13 $p(x)=2x^3+x^2+x-1$을 인수분해하여라.

풀이•• $p\left(\frac{1}{2}\right)=0$이므로 $p(x)$는 $x-\frac{1}{2}$을 인수로 갖는다. 이는 $p(x)=(2x-1)q(x)$로 쓸 수 있고, 실제로 $2x^3+x^2+x-1=(2x-1)(x^2+x+1)$이 된다. ■

문제 1.13 다음 식을 인수분해하여라.

(1) x^3+x^2-5x+3

(2) $4x^3+x-1$

(3) $2x^3+9x^2+x-6$

(4) $6x^3+7x^2-1$

(5) $x^5-x^4-16x+16$

(6) x^6-y^6

1.3 연습문제

01 근이 $x=1,\ 2,\ 3$이고 상수항이 12가 되는 3차식의 1차항의 계수를 구하여라.

02 $2x^3+ax^2+bx+c$를 x^2-1로 나누었을 때 나누어 떨어지고, $x+2$로 나누었을 때 나머지가 3이 된다면, 이 다항식의 상수항 c는 얼마가 되는지 구하여라.

03 조립제법을 이용하여 다음 다항식을 주어진 일차식으로 나눈 몫과 나머지를 구하여라.

(1) $2x^3+4x^2-3x+9$, $x-1$

(2) x^3+2x^2+2, $2x+1$

04 x에 관한 다항식 $f(x)$를 $x-2$로 나눈 나머지가 -1, 다항식 $g(x)$를 $x-2$로 나눈 나머지가 4일 때 $2f(x)+4g(x)$를 $x-2$로 나눈 나머지를 구하여라.

05 $x^4+x^3-3x^2-4x-4$를 인수분해하면 $(x+2)(x-2)(x^2+ax+b)$가 된다. 이때 a와 b의 값을 구하여라.

06 $x^{2006}-x^{1003}+1$을 x^3+x로 나누었을 때 나머지를 $R(x)$라 하면 $R(-2)$의 값을 구하여라.

07 다항식 $p(x)=x^3+ax^2+3x+1$에 대하여 $p(x-2)$가 $x-3$으로 나누어질 때 상수 a의 값을 구하여라.

08 다항식 $p(x)$를 x^2-3x+2로 나눈 나머지가 $3x+1$이고, $x-3$을 인수로 갖는다. $p(x)$를 $(x-1)(x-2)(x-3)$으로 나눈 나머지를 구하여라.

1.4 유리식과 무리식

$\frac{1}{x^2+x}$, $\frac{x^2+x+7}{2x+3}$, $\frac{x+1}{x^4+1}$ 등과 같이 $\frac{\text{다항식}}{\text{다항식}}$ 형태로 쓰인 식을 **유리식**(또는 분수식)이라 한다. 특히 분모가 상수인 경우의 유리식은 다항식이 된다.

A, B, C, D가 0이 아닌 다항식일 때 다음이 성립한다.

(1) $\frac{A}{D}+\frac{B}{D}-\frac{C}{D}=\frac{A+B-C}{D}$

(2) $\frac{B}{A}\times\frac{D}{C}=\frac{B\times D}{A\times C}$

(3) $\frac{B}{A}\div\frac{D}{C}=\frac{B\times C}{A\times D}$

(1)의 계산에서 유리식의 분모가 모두 같을 때만 덧셈과 뺄셈을 행할 수 있다. 따라서 분모가 다른 항들의 덧셈과 뺄셈에서는 각 항들의 분모를 같게 만들어 계산을 수행한다. 이를 **통분**이라고 한다.

예제 1.14 다음 식을 간단히 하여라.

(1) $\frac{3}{x-1}+\frac{x}{x+2}$

(2) $\frac{x+4}{x^2-5x+6}-\frac{x+4}{x^2-x-6}$

(3) $\frac{x}{x^2-2x+3}+\frac{2}{x-3}$

(4) $\frac{x+1}{x(x-1)}\div\frac{x^2-1}{x^2}$

(5) $\frac{x}{x+1}+\frac{x}{x^2+4x+3}\div\frac{x^2-4x}{x^2-x-12}$

풀이•• (1) $\frac{3}{x-1}+\frac{x}{x+2}=\frac{3(x+2)}{(x-1)(x+2)}+\frac{(x-1)x}{(x-1)(x+2)}=\frac{3x+6+x^2-x}{(x-1)(x+2)}$

$$=\frac{x^2+2x+6}{(x-1)(x+2)}$$

(2) $\frac{x+4}{x^2-5x+6}-\frac{x+4}{x^2-x-6}=\frac{x+4}{(x-2)(x-3)}-\frac{x+4}{(x-3)(x+2)}$

$$=\frac{(x+4)(x+2)-(x+4)(x-2)}{(x-3)(x-2)(x+2)}$$

$$=\frac{4(x+4)}{(x-3)(x-2)(x+2)}$$

(3) $\dfrac{x}{x^2-2x-3}+\dfrac{2}{x-3}=\dfrac{x}{(x-3)(x+1)}+\dfrac{2}{x-3}$

$$=\frac{x+2(x+1)}{(x-3)(x+1)}=\frac{3x+2}{(x-3)(x+1)}$$

(4) $\dfrac{x+1}{x(x-1)}\div\dfrac{x^2-1}{x^2}=\dfrac{x+1}{x(x-1)}\cdot\dfrac{x^2}{x^2-1}=\dfrac{(x+1)x^2}{x(x-1)^2(x+1)}$

$$=\frac{x}{(x-1)^2}$$

(5) $\dfrac{x}{x+1}+\dfrac{x}{x^2+4x+3}\div\dfrac{x^2-4x}{x^2-x-12}$

$$=\frac{x}{x+1}+\frac{x}{(x+3)(x+1)}\cdot\frac{(x-4)(x+3)}{x(x-4)}=1$$ ■

문제 1.14 다음 식을 간단히 하여라.

(1) $\dfrac{x^2+2x-8}{x^2+8x+16}$

(2) $\dfrac{1}{(a-b)(b-c)}+\dfrac{1}{(b-c)(c-a)}+\dfrac{1}{(c-a)(a-b)}$

(단, a, b, c는 서로 다른 수)

(3) $\dfrac{x^2-3x+1}{x-3}-\dfrac{x^2+3x+1}{x+3}$

(4) $\dfrac{1}{x(x+1)}+\dfrac{2}{(x+1)(x+3)}+\dfrac{3}{(x+3)(x+6)}$

(5) $\dfrac{1}{x^2}+\dfrac{1}{x^2+2x}$

(6) $x+\dfrac{2}{x+1}$

분수식의 분모와 분자가 다시 분수식일 때는 이 수식을 **번분수식**이라 한다. 번분수식의 계산은 다음과 같다. A, B C, D가 0이 아닌 다항식일 때,

$$\frac{\frac{A}{B}}{\frac{C}{D}}=\frac{A}{B}\times\frac{D}{C}.$$

예제 1.15 다음을 간단히 하여라.

(1) $\dfrac{x}{x-\dfrac{1}{x+\dfrac{1}{x}}}$ (2) $\dfrac{\dfrac{x^2}{y^3}+\dfrac{1}{x}}{\dfrac{x}{y^2}-\dfrac{1}{y}+\dfrac{1}{x}}$

(3) $\dfrac{x}{1-\dfrac{1}{1-x}}\times\dfrac{1+\dfrac{1}{x-1}}{1-\dfrac{1}{x+1}}$ (4) $\dfrac{\dfrac{1}{x+y}+\dfrac{1}{x-y}}{\dfrac{1}{x+y}-\dfrac{1}{x-y}}$

풀이••

(1) $$\frac{x}{x-\dfrac{1}{x+\dfrac{1}{x}}}=\frac{x}{x-\dfrac{x}{x^2+1}}=\frac{x}{\dfrac{x^3+x-x}{x^2+1}}=\frac{x(x^2+1)}{x^3}=\frac{x^2+1}{x^2}$$

(2) $$\frac{\dfrac{x^2}{y^3}+\dfrac{1}{x}}{\dfrac{x}{y^2}-\dfrac{1}{y}+\dfrac{1}{x}}=\frac{\dfrac{x^3+y^3}{xy^3}}{\dfrac{x^2-xy+y^2}{y^2x}}=\frac{(x^3+y^3)(y^2x)}{(xy^3)(x^2-xy+y^2)}$$
$$=\frac{(x+y)(x^2-xy+y^2)}{y(x^2-xy+y^2)}=\frac{x+y}{y}$$

(3) $$\frac{x}{1-\dfrac{1}{1-x}}\times\frac{1+\dfrac{1}{x-1}}{1-\dfrac{1}{x+1}}=\frac{x}{\dfrac{1-x+1}{1-x}}\times\frac{\dfrac{x-1+1}{x-1}}{\dfrac{x+1-1}{x+1}}=x+1$$

(4) $$\frac{\dfrac{1}{x+y}+\dfrac{1}{x-y}}{\dfrac{1}{x+y}-\dfrac{1}{x-y}}=\frac{\dfrac{x-y+x+y}{(x+y)(x-y)}}{\dfrac{x-y-x-y}{(x+y)(x-y)}}=\frac{2x}{-2y}=-\frac{x}{y}$$ ■

문제 1.15 다음 분수식의 값을 구하여라.

(1) $\dfrac{1}{x(x+1)}+\dfrac{2}{(x+1)(x+3)}$

(2) $\dfrac{\dfrac{1}{x-1}-\dfrac{1}{x+1}}{\dfrac{1}{x-1}+\dfrac{1}{x+1}}$

(3) $\dfrac{2}{x(x+1)}+\dfrac{2}{(x+1)(x+2)}+\dfrac{2}{(x+2)(x+3)}+\cdots+\dfrac{2}{(x+9)(x+10)}$

제곱근($\sqrt{\ }$)를 포함하고 있는 유리식 또는 다항식을 **무리식**이라 한다. 무리식에서는 제곱근 안의 식이 0보다 크거나 같아야 한다. 예를 들어 $\sqrt{x-1}$이 실수가 되기 위해서는 $x-1 \geq 0$ 또는 $x \geq 1$이어야 한다.

예제 1.16 다음 무리식이 실수값을 갖도록 하는 x의 범위를 구하여라.

(1) $3+\sqrt{x-2}+\sqrt{7-x}$ (2) $\dfrac{\sqrt{2x-1}}{\sqrt{2-x}}$

(3) $\sqrt{x}+\sqrt{-x}$ (4) $\sqrt{4-\sqrt{x}}$

풀이•• (1) $x-2 \geq 0$이고 $7-x \geq 0$이므로 $2 \leq x \leq 7$.

(2) $2x-1 \geq 0$이고, $2-x > 0$이므로 $\dfrac{1}{2} \leq x < 2$.

(3) $x \geq 0$이고, $-x \geq 0$이므로 $x=0$.

(4) $4-\sqrt{x} \geq 0$이고, $x \geq 0$이다. 그런데 $4-\sqrt{x} \geq 0$은 $\sqrt{x} \leq 4$이고, 이는 $0 \leq x \leq 16$이다. ■

문제 1.16 다음 무리식이 실수값이 되도록 x값의 범위를 구하여라.

(1) $\dfrac{1}{\sqrt{1+x}-\sqrt{1-x}}$ (2) $\sqrt{1+x}+\sqrt{7-x}$

(3) $\dfrac{x\sqrt{x}}{\sqrt{1-x}}$ (4) $\dfrac{x\sqrt{x}}{\sqrt{2-x}}+\dfrac{\sqrt{x+2}}{\sqrt{1-x}}$

일반적으로 $\sqrt{A^2}=|A|$가 성립한다.

예제 1.17 다음 무리식을 간단히 하여라.

(1) $\sqrt{x^2+2x+1}$

(2) $\dfrac{x+3}{\sqrt{x}+1}-\dfrac{4}{\sqrt{x}-1}$

(3) $\dfrac{\sqrt{x+h}-\sqrt{x}}{h}$ (분자를 유리화하여라.)

(4) $\dfrac{1}{1+\sqrt{x+2}}-\dfrac{1}{1-\sqrt{x+2}}$

풀이•• (1) $\sqrt{x^2+2x+1} = \sqrt{(x+1)^2} = |x+1|$

(2) $$\frac{x+3}{\sqrt{x}+1} - \frac{4}{\sqrt{x}-1} = \frac{(x+3)(\sqrt{x}-1)-4(\sqrt{x}+1)}{(\sqrt{x}+1)(\sqrt{x}-1)}$$
$$= \frac{x\sqrt{x}-x+3\sqrt{x}-3-4\sqrt{x}-4}{x-1}$$
$$= \frac{x\sqrt{x}-x-\sqrt{x}-7}{x-1}$$

(3) $$\frac{\sqrt{x+h}-\sqrt{x}}{h} = \frac{(\sqrt{x+h}-\sqrt{x})(\sqrt{x+h}+\sqrt{x})}{h(\sqrt{x+h}+\sqrt{x})}$$
$$= \frac{x+h-x}{h(\sqrt{x+h}+\sqrt{x})} = \frac{h}{\sqrt{x+h}+\sqrt{x}}$$

(4) $$\frac{1}{1+\sqrt{x+2}} - \frac{1}{1-\sqrt{x+2}} = \frac{1-\sqrt{x+2}-1-\sqrt{x+2}}{(1+\sqrt{x+2})(1-\sqrt{x+2})}$$
$$= \frac{-2\sqrt{x+2}}{1-(x+2)} = \frac{2\sqrt{x+2}}{x+1}$$ ■

문제 1.17 다음 식을 간단히 하여라.

(1) $\dfrac{\sqrt{2}}{3+2\sqrt{2}} + \dfrac{\sqrt{3}}{\sqrt{6}-\sqrt{3}}$

(2) $\dfrac{1}{\sqrt{x+2}-\sqrt{x}} + \dfrac{1}{\sqrt{x+2}+\sqrt{x}}$

(3) $\dfrac{1}{\sqrt{2}-\dfrac{1}{\sqrt{2}+1}}$

(4) $\dfrac{1}{2+\sqrt{3}-\sqrt{7}}$

1.4 연습문제

01 다음 분수식을 간단히 하여라.

(1) $\dfrac{1+\dfrac{3}{x}}{x-\dfrac{9}{x}}$ (2) $\dfrac{(x+h)^{-3}-x^{-3}}{h}$

(3) $\dfrac{a^2+1}{bc}+\dfrac{b^2+1}{ca}+\dfrac{c^2+1}{ab}$ (단, $a+b+c=0$)

02 $x+\dfrac{1}{x}=1$일 때, 다음을 간단히 하여라.

(1) $x^2+\dfrac{1}{x^2}$

(2) $x^3+\dfrac{1}{x^3}$

(3) $x^{10}+\dfrac{1}{x^{10}}$

(4) $x^{99}+\dfrac{1}{x^{99}}$

03 $x=5$일 때, 다음 식의 값을 구하여라.

$$\frac{1}{x(x+2)}+\frac{1}{(x+2)(x+4)}+\cdots+\frac{1}{(x+18)(x+20)}$$

04 $-3\le x\le 1$일 때, $\sqrt{(1-x)^2}-\sqrt{(x+3)^2}$을 간단히 하여라.

05 $x=\sqrt{3+2\sqrt{2}}$, $y=\sqrt{3-2\sqrt{2}}$일 때, $x+y$의 값을 구하여라.

06 유리수 x, y가 $(x-3\sqrt{2})(y-3\sqrt{2})=10-6\sqrt{2}$를 만족할 때, x^2+y^2의 값을 구하여라.

07 자연수 a, b, c, d에 대해

$$a+\cfrac{1}{b+\cfrac{1}{c+\cfrac{1}{d}}}=\frac{457}{204}$$

일 때, $a+b+c+d$의 값은?

08 x, y는 자연수이고 $\sqrt{a-2\sqrt{6}}=\sqrt{x}-\sqrt{y}$가 성립할 때, 유리수 a의 값을 모두 구하여라.

09 $a=(\sqrt{2}-1)^2$, $b=(\sqrt{2}+1)^2$일 때 다음을 간단히 하여라.

$$\frac{\sqrt{\left(\frac{a+b}{2}\right)^2}+\sqrt{\left(\frac{a-b}{2}\right)^2}}{\sqrt{\left(\frac{a+b}{2}\right)^2}-\sqrt{\left(\frac{a-b}{2}\right)^2}}$$

10 $\sqrt{b}$가 무리수일 때 다음을 만족하는 유리수 a, b에 대하여 $a+b$의 값을 구하여라.

$$a+\sqrt{b}+\frac{1}{a+\sqrt{b}}=4$$

11 $A=\sqrt{1+\sqrt{1+\sqrt{1+\sqrt{1+\cdots}}}}$ 와 $B=\sqrt{2\sqrt{2\sqrt{2\cdots}}}$ 의 크기를 비교하여라.

02

방정식과 부등식

2.1 일차, 이차방정식

미지수 x를 포함하고 있는 등식을 **방정식**이라 하고, 이 식을 만족하는 x의 값을 **해** 또는 **근**이라 한다.

예제 2.1 다음 방정식의 해를 구하여라.

(1) $6x-7=5$　　(2) $2x+3=x-4$

(3) $\dfrac{5}{x-4}=\dfrac{6}{x-3}$　　(4) $x^2+3x=6+x^2$

풀이•• (1) $6x=12 \quad \therefore\ x=2$

(2) $2x-x=-4-3 \quad \therefore\ x=-7$

(3) $5x-15=6x-24 \quad \therefore\ x=9$

(4) $3x=6 \quad \therefore\ x=2$ ■

문제 2.1 다음 방정식의 해를 구하여라.

(1) $3(x-1)=8x-4$　　(2) $\dfrac{1}{3}x+2=\dfrac{1}{2}x-1$

(3) $\dfrac{x-1}{x+2}=\dfrac{x+1}{x-2}$　　(4) $(x+1)^2=(x-1)^2$

제곱근이 포함된 방정식은 다음 예제에서와 같이 제곱근을 없애서 풀 수 있다. 이때 제곱근 안이 0보다 크거나 같다는 사실을 잊지 말아야 한다.

예제 2.2 다음 방정식을 풀어라.

(1) $\sqrt{x^2+2}-2=x$　　(2) $\sqrt{x-3}+\sqrt{x}=3$

풀이•• (1) $\sqrt{x^2+2}=x+2$, 양변을 제곱하면 $x^2+2=x^2+4x+4$이다.

따라서 $4x=-2$, $x=-\dfrac{1}{2}$.

(2) 양변을 제곱하면 $x-3+2\sqrt{(x-3)}\sqrt{x}+x=9$이다.

따라서 $\sqrt{x-3}\sqrt{x}=-x+6$.

다시 양변을 제곱하면 $(x-3)x=x^2-12x+36$.

따라서 $9x=36$, $x=4$. ■

문제 2.2 다음 방정식을 풀어라.

(1) $\sqrt{x^2+2x}+x=2$ (2) $\sqrt{-\frac{1}{x}}-\sqrt{\frac{2}{3x+4}}=0$

절댓값을 포함하는 방정식은 절댓값이 0보다 크거나 같을 때와 0보다 작을 때를 나누어서 계산한다. 이때 나온 해가 원래 식의 해가 될지 안 될지를 각 경우에 맞추어서 생각한다.

예제 2.3 다음 방정식의 해를 구하여라.

(1) $|4x-7|=5$ (2) $|x-1|-|2x-4|=-3$

풀이•• (1) $4x-7\geq 0$일 때, $4x-7=5$, $4x=12$, $x=3$.

$4x-7<0$일 때, $7-4x=5$, $x=\frac{1}{2}$.

따라서 $x=3$ 또는 $x=\frac{1}{2}$.

(2) $x\geq 2$일 때, $x-1-(2x-4)=-3$. $\therefore x=6$

$1\leq x<2$일 때, $x-1+2x-4=-3$. $\therefore x=\frac{2}{3}$

$x=\frac{2}{3}$는 이 구간 안의 값이 아니다.

$x<1$일 때, $1-x+2x-4=-3$. $\therefore x=0$

따라서 답은 $x=0$ 또는 $x=6$ ■

문제 2.3 다음 방정식의 해를 구하여라.

(1) $|2x-4|=x$ (2) $|1-x|+|3-x|=x+3$

a가 0이 아닌 실수이고, b, c는 상수일 때 $ax^2+bx+c=0$이 되는 식을 **이차방정식**이라 한다. 이차방정식의 실근의 개수는 0개, 1개 또는 2개가 될 수 있는데, 풀이하는 방법은 인수분해나 근의 공식을 이용한다.

정리 2.1

이차방정식이 $(ax-b)(cx-d)=0$으로 인수분해되면 $x=\dfrac{b}{a}$, $x=\dfrac{d}{c}$가 두 해가 된다.

정리 2.2 근의 공식

만약 $b^2-4ac \geq 0$이 되면 이차방정식 $ax^2+bx+c=0$의 두 해는

$$x=\frac{-b \pm \sqrt{b^2-4ac}}{2a}$$

로 주어진다. 이때, 만약 $b^2-4ac=0$이면 해는 한 개의 중근으로 주어진다.

예제 2.4 다음 이차방정식의 해를 구하여라.

(1) $2x^2+7x-4=0$ (2) $3x^2-8x+4=0$

(3) $x^2+x-1=0$ (4) $2\sqrt{2}x^2-(4-\sqrt{2})x-2=0$

풀이•• (1) $2x^2+7x-4=(2x-1)(x+4)=0$. 따라서 $x=\dfrac{1}{2}$ 또는 -4.

(2) $3x^2-8x+4=(3x-2)(x-2)=0$. 따라서 $x=\dfrac{2}{3}$ 또는 2.

(3) 근의 공식을 써서 $x=\dfrac{-1 \pm \sqrt{1^2-4\cdot(-1)}}{2}=\dfrac{-1\pm\sqrt{5}}{2}$.

(4) 인수분해를 한다.

$2\sqrt{2}x^2-(4-\sqrt{2})x-2=0$이므로

$$\begin{array}{ccc} 2 & & 1 \\ & \times & \\ \sqrt{2} & & -2 \end{array}$$

$(2x+1)(\sqrt{2}x-2)=0$. 따라서 $x=-\dfrac{1}{2}$ 또는 $\sqrt{2}$. ■

문제 2.4 다음 이차방정식의 해를 구하여라.

(1) $x^2+x-12=0$ (2) $3x^2-5x-2=0$

(3) $x^2-(1-2i)x-1-i=0$ (4) $x^2-3|x|+2=0$

이차방정식 $ax^2+bx+c=0$에서 근의 종류는 $D=b^2-4ac$의 부호에 의해 결정된다. 이때 D를 **판별식**이라고 한다.

정리 2.3

이차방정식 $ax^2+bx+c=0$ $(a \neq 0)$에 대해서 $D=b^2-4ac$이라 할 때

(1) $D>0$이면 서로 다른 두 실근을 갖고,

(2) $D=0$이면 중근을 갖게 되고,

(3) $D<0$이면 서로 다른 두 허근을 갖게 된다.

예제 2.5 다음 이차방정식의 근을 판별하여라.

(1) $2x^2+x+1=0$ (2) $x^2+5x-3=0$

(3) $x^2+x+1=0$ (4) $x^2-(a+b)x+ab=0$

풀이 (1) $D=1^2-4\cdot 2\cdot 1<0$이므로 서로 다른 두 허근.

(2) $D=5^2-4\cdot 1\cdot(-3)>0$이므로 서로 다른 두 실근.

(3) $D=1^2-4\cdot 1\cdot 1<0$이므로 서로 다른 두 허근.

(4) $D=(a+b)^2-4\cdot ab=(a-b)^2 \geq 0$이므로

$a \neq b$일 때는 서로 다른 두 실근을 갖고,

$a=b$일 때는 중근을 갖게 된다. ■

문제 2.5 다음 x에 관한 이차방정식 $kx^2-2(k-1)x+k-1=0$이 실근을 가지도록 하는 k값의 범위를 구하여라.

이차방정식 $ax^2+bx+c=0$의 두 근을 α, β라 하면 $\alpha=\dfrac{-b+\sqrt{b^2-4ac}}{2a}$, $\beta=\dfrac{-b-\sqrt{b^2-4ac}}{2a}$이므로 $\alpha+\beta=-\dfrac{b}{a}$이고, $\alpha\beta=\dfrac{c}{a}$가 된다.

정리 2.4 근과 계수와의 관계

이차방정식 $ax^2+bx+c=0$의 두 근을 α, β라 하면 $\alpha+\beta=-\dfrac{b}{a}$이고, $\alpha\beta=\dfrac{c}{a}$가 성립한다.

예제 2.6 다음을 두 근으로 하는 이차방정식을 구하여라.

(1) $1+i,\ 1-i$

(2) $\dfrac{-3+\sqrt{5}}{2},\ \dfrac{-3-\sqrt{5}}{2}$

풀이•• (1) 두 근의 합$=2$, 두 근의 곱$=2$이므로 $x^2-2x+2=0$.

(2) 두 근의 합$=-3$, 두 근의 곱$=\dfrac{(-3+\sqrt{5})(-3-\sqrt{5})}{2^2}=1$이므로

$x^2+3x+1=0$. ■

문제 2.6 이차방정식 $x^2-2x-5=0$의 두 근을 α, β라 할 때, 다음 식의 값을 구하여라.

(1) $\dfrac{\beta^2}{\alpha}+\dfrac{\alpha^2}{\beta}$

(2) $\alpha^5+\beta^5$

2.1 연습문제

01 다음 방정식의 해를 구하여라.

(1) $\dfrac{1}{x-1}+\dfrac{x}{3x-2}=\dfrac{1}{3}$

(2) $\sqrt{4+3x}=\sqrt{2x+5}$

(3) $\left|\dfrac{5}{x-2}\right|=3$

(4) $2\sqrt{(x-1)^2}=4-x$

(5) $|x-1|+2|x|=5$

(6) $|x+2|+|x-3|=2x+2$

02 이차방정식 $x^2-2ax+bc=0$이 중근을 갖고 $a=\dfrac{b+c}{2}$가 성립할 때 a, b, c를 변으로 하는 삼각형은?

03 다음 조건을 만족시키는 상수 k값을 구하여라.

(1) 이차방정식 $x^2-kx+6=0$의 두 근의 비가 $2:3$이다.

(2) 이차방정식 $x^2+kx+3=0$의 두 근의 차가 2이다.

04 이차방정식 $x^2-x-1=0$의 두 근이 α, β일 때 $\dfrac{\alpha^2-1}{\beta}+\dfrac{\beta^2-1}{\alpha}$의 값을 구하여라.

05 $|||x|-2|-3|=1$을 풀어라.

06 $[x]$는 x를 넘지 않는 최대 정수를 나타낸다고 할 때, 다음 방정식의 해를 구하여라.

(1) $2x-[x]=2$

(2) $2x^2-[x]=2$

07 표면에서 위를 향해 던진 물체의 t초 후의 높이 h는 $h(t)=39.2t-4.9t^2(\mathrm{m})$으로 나타난다.

(1) 물체가 땅에 떨어지는 것은 몇 초 후인가?

(2) 물체의 높이가 58.8m인 것은 몇 초 후인가?

2.2 고차 방정식, 연립방정식

고차 방정식의 해를 구하기 위해서는 인수분해를 최대한 활용하도록 한다.

예제 2.7 다음 방정식을 풀어라.

(1) $x^4 - 16 = 0$ (2) $x^3 - x^2 - 2x + 2 = 0$

(3) $x^4 - 3x^3 + 3x^2 + x - 6 = 0$ (4) $x^7 - 5x^5 + 4x^3 = 0$

풀이•• (1) $x^4 - 16 = (x^2 - 4)(x^2 + 4) = (x-2)(x+2)(x^2+4) = 0$이므로 $x = \pm 2$.

(2) $x^3 - x^2 - 2x + 2 = x^2(x-1) - 2(x-1) = (x^2 - 2)(x-1) = 0$이므로 $x = 1$ 또는 $x = \pm\sqrt{2}$.

(3) $p(x) = x^4 - 3x^3 + 3x^2 + x - 6$에 대해서 $p(-1) = 0$이므로

$$\begin{aligned} x^4 - 3x^3 + 3x^2 + x - 6 &= (x-1)(x^3 - 4x^2 + 7x - 6) \\ &= (x+1)(x-2)(x^2 - 2x + 3) = 0 \end{aligned}$$

이므로 $x = -1$, $x = 2$, 또는 $x = 1 \pm \sqrt{2}i$이다.

(4)
$$\begin{aligned} x^7 - 5x^5 + 4x^3 &= x^3(x^4 - 5x^2 + 4) = x^3(x^2 - 4)(x^2 - 1) \\ &= x^3(x-2)(x+2)(x-1)(x+1) = 0 \end{aligned}$$

이므로 $x = 0$, ± 1, ± 2이다. ■

문제 2.7 다음 방정식을 풀어라.

(1) $x^3 = -8$

(2) $x^4 - 15x^2 + 10x + 24 = 0$

(3) $(x+1)(x+2)(x+3)(x+4) = 24$

(4) $x^4 - x^3 - 3x^2 + x + 2 = 0$

방정식 $x^3=1$은 $x=1$이라는 실근을 갖는다. 또 이 방정식은 2개의 허근을 갖게 되는데, 2개의 허근은 $\dfrac{-1\pm\sqrt{3}i}{2}$이다. 이때 $w=\dfrac{-1+\sqrt{3}i}{2}$라 하면 $w^3=1$ 또는 $w^2+w+1=0$이 성립한다.

정리 2.5

$x^3=1$의 한 허근을 w라 하면 $w^2+w+1=0$이 된다.

예제 2.8 $x^3=1$의 한 허근을 w라 할 때,

(1) $w^{10}+w^5+1$의 값을 구하여라.

(2) $3+7w+6w^2+4w^3+w^4$을 $a+bw$의 꼴로 나타내어라.

풀이•• (1) $w^3-1=(w-1)(w^2+w+1)=0$이고 w가 허수이므로 $w^2+w+1=0$.

$$w^{10}+w^5+1=w^{3\cdot3}\cdot w+w^3\cdot w^2+1=w+w^2+1=0$$

(2) $$\begin{aligned}3+7w+6w^2+4w^3+w^4&=3+7w+6w^2+4+w=6w^2+6w+7+2w\\&=6(w^2+w+1)+1+2w=1+2w\end{aligned}$$ ■

문제 2.8 $x^3=-1$의 한 허근을 w라 할 때,

(1) $\dfrac{w^2}{1-w}+\dfrac{w}{1+w^2}$의 값을 구하여라.

(2) $1+2w+3w^2+4w^3+5w^4+6w^5+7w^6$을 $a+bw$의 형태로 나타내어라.

예제 2.9 다음 방정식을 풀어라.

$$x^4+7x^3+14x^2+7x+1=0$$

풀이•• 양변을 x^2으로 나누면 $x^2+7x+14+7\dfrac{1}{x}+\dfrac{1}{x^2}=0$.

$x+\dfrac{1}{x}=t$라 하면 $x^2+\dfrac{1}{x^2}+2=t^2$이 되므로

$t^2-2+7t+14=0$. 즉, $t^2+7t+12=0$.

$\therefore\ t=-3$ 또는 -4

$t=-3$일 때, $x+\dfrac{1}{x}=-3,\ x^2+3x+1=0,\ x=\dfrac{-3\pm\sqrt{5}}{2}.$

$t=-4$일 때, $x+\dfrac{1}{x}=-4,\ x^2+4x+1=0,\ x=-2\pm\sqrt{3}.$ ■

문제 2.9 다음 방정식을 풀어라.

(1) $x^4+2x^3-6x^2+2x+1=0$

(2) $x^{\frac{1}{3}}-x^{\frac{1}{6}}-6=0$

여러 개의 방정식과 여러 개의 미지수를 가지고 있는 방정식을 **연립방정식**이라 한다. 연립방정식은 순차적으로 미지수를 소거하여 미지수 개수를 줄여나가는 방법을 사용한다.

예제 2.10 다음 연립방정식을 풀어라.

(1) $\begin{cases} x+2y=7 \\ 2x-y=4 \end{cases}$ (2) $\begin{cases} x+y=1 \\ x-3y=9 \end{cases}$

(3) $\begin{cases} x-2y=5 \\ -2x+4y=7 \end{cases}$ (4) $\begin{cases} x+y=7 \\ 2x+2y=14 \end{cases}$

풀이•• (1) $x+2y-7=0 \cdots$ ①, $2x-y-4=0 \cdots$ ②라 하자.

①$\times 2-$②를 계산하면 $(2x+4y-14)-(2x-y-4)=5y-10=0$이므로 $y=2$이고, 이를 ①식에 대입하면 $x=3$이 된다.

따라서 해는 $\begin{cases} x=3 \\ y=2 \end{cases}$ 이다.

(2) $x+y-1=0 \cdots$ ①, $x-3y-9=0 \cdots$ ②라 하자.

①$-$②를 계산하면 $(x+y-1)-(x-3y-9)=4y+8=0$이 되고 $y=-2$이므로 $x=3$이다.

따라서 해는 $\begin{cases} x=3 \\ y=-2 \end{cases}$ 이다.

(3) $x-2y-5=0 \cdots$ ①, $-2x+4y-7=0 \cdots$ ②라 하자.

①$\times 2+$②는 $(2x-4y-10)+(-2x+4y-7)=-17=0$이 되어 모순이 되므로 이런 조건을 만족하는 x와 y는 없다.

(4) $x+y-7=0 \cdots$ ①, $2x+2y-14=0 \cdots$ ②가 항상 성립하므로 ①식을 만족하는 모든 실수 x, y에 대해서 이 연립방정식의 해가 된다.

즉 이 연립방정식의 해는 $\begin{cases} x = t \\ y = 7 - t \end{cases}$ (단, t는 임의의 실수)이다. ■

문제 2.10 다음 연립방정식을 풀어라.

(1) $\begin{cases} x + 2y = 1 \\ x - 2y = 1 \end{cases}$ (2) $\begin{cases} 4x - 3y = 6 \\ x = y + 2 \end{cases}$

예제 2.11 다음 연립방정식을 풀어라.

(1) $\begin{cases} 2x + y + z = 2 & \cdots ① \\ 3x + 4y + 2z = 16 & \cdots ② \\ x - 3y + z = -16 & \cdots ③ \end{cases}$ (2) $\begin{cases} 2x - y + z = 4 & \cdots ① \\ 5x + y + 2z = 1 & \cdots ② \\ 3x - 2y + 4z = 17 & \cdots ③ \end{cases}$

풀이•• (1) ①$\times 2-$②를 계산하면 $x - 2y = -12 \cdots$ ④이고

①$-$③은 $x + 4y = 18 \cdots$ ⑤이므로

⑤$-$④는 $6y = 30$이 되어 $y = 5$가 된다.

이를 다시 ④식에 대입하여 $x = -2$를 얻어낼 수 있다.

따라서 $\begin{cases} x = -2 \\ y = 5 \\ z = 1 \end{cases}$ 이 연립방정식의 해가 된다.

(2) ①과 ②를 더하면 $7x + 3z = 5 \cdots$ ④이고

②$\times 2$와 ③을 더하면 $13x + 8z = 19 \cdots$ ⑤이므로

④$\times 8-$⑤$\times 3$을 통해서 $x = -1$을 얻어낼 수 있다.

또 $x = -1$를 ④식에 대입하여 $z = 4$를 얻고,

$x = -1$과 $z = 4$를 ①식에 대입하면 $y = -2$가 된다.

즉, $\begin{cases} x = -1 \\ y = -2 \\ z = 4 \end{cases}$ 가 연립방정식의 해가 된다. ■

문제 2.11 다음 연립방정식의 해를 구하여라.

(1) $\begin{cases} 3x + 2y - z = 12 \\ x + y + z = 5 \\ x - 2y - z = -2 \end{cases}$ (2) $\dfrac{x - 2y}{6} = \dfrac{2y - z}{3} = \dfrac{z + x}{5} = 1$

연립방정식에 2차식이 포함된 경우에도 하나의 미지수를 소거해야 한다.

예제 2.12 다음 연립방정식의 해를 구하여라.

(1) $\begin{cases} x-y=1 & \cdots ① \\ x^2+xy-y^2=5 & \cdots ② \end{cases}$　　(2) $\begin{cases} x^2-4y^2=0 & \cdots ① \\ 2x^2+y^2-7=0 & \cdots ② \end{cases}$

풀이 (1) ①에서 $x=y+1$이므로 ②에 대입하면 $(y+1)^2+(y+1)y-y^2=5$가 되어

$y^2+2y+1+y^2+y-y^2=5$. $y^2+3y-4=0$.

즉, $y=-4$ 또는 1.

$y=-4$일 때 $x=-3$이고, $y=1$일 때 $x=2$가 된다.

따라서 해는 $\begin{cases} x=-3 \\ y=-4 \end{cases}$ 또는 $\begin{cases} x=2 \\ y=1 \end{cases}$ 이다.

(2) ①식에서 $(x+2y)(x-2y)=0$이므로 $x=-2y$ 또는 $x=2y$.

$x=2y$ 또는 $x=-2y$를 ②식에 대입하면 $y^2=\frac{7}{9}$이고 $y=\pm\frac{\sqrt{7}}{3}$이 성립한다. 따라서 이때 x는 $\pm\frac{2\sqrt{7}}{3}$ 또는 $\mp\frac{2\sqrt{7}}{3}$이 될 수 있다.

따라서 해는 $\begin{cases} x=\pm\dfrac{2\sqrt{7}}{3} \\ y=\pm\dfrac{\sqrt{7}}{3} \end{cases}$ 또는 $\begin{cases} x=\pm\dfrac{2\sqrt{7}}{3} \\ y=\mp\dfrac{\sqrt{7}}{3} \end{cases}$ 이다. ■

문제 2.12 다음 연립방정식을 풀어라.

(1) $\begin{cases} x^2-3xy+2y^2=0 \\ 2x-y=2 \end{cases}$　　(2) $\begin{cases} 2x^2-3xy-2y^2=0 \\ x^2+y^2=20 \end{cases}$

2.2 연습문제

01 다음 방정식의 해를 구하여라.

(1) $x^4-4x+3=0$　　(2) $\frac{x}{x+1}+\frac{2}{1-x}=\frac{4}{1-x^2}$

(3) $|x^2-3|x|+1|=1$　　(4) $4x^4+1=0$

(5) $\begin{cases} x+y=7 \\ y+z=8 \\ z+x=9 \end{cases}$　　(6) $\begin{cases} x-y+z=4 \\ 3x+2y+z=-1 \\ 2x-3y-z=14 \end{cases}$

(7) $\begin{cases} x-y=4 \\ x^2+2xy-3y^2=0 \end{cases}$　　(8) $\begin{cases} x+y=1 \\ xy=-20 \end{cases}$

(9) $\begin{cases} x^2+2y+x=6 \\ 2x^2-y-3x=2 \end{cases}$　　(10) $\begin{cases} x+\sqrt{y}=0 \\ -4x^2+y^2=12 \end{cases}$

02 $[x]$는 x를 넘지 않는 최대 정수를 나타낸다고 할 때, 다음 방정식을 풀어라.

(1) $2x^2=x+3[x]$ (단, $-1<x<2$)

(2) $[x]^2-[x]-12=0$

03 $x^3-1=0$의 한 허근을 w라 할 때,

(1) $1+w+w^2+\cdots+w^{999}$을 구하여라.

(2) $\dfrac{\overline{w}}{1+w}+\dfrac{w}{1+\overline{w}}$의 값을 구하여라. (단, $\overline{w}$는 w의 켤레복소수)

04 계수가 실수인 삼차방정식 $x^3+ax^2+bx-2=0$의 한 근이 $1+i$일 때,

(1) a, b를 구하여라.

(2) 나머지 두 근을 구하여라.

05 아래 그림과 같이 가로 $12\,\text{cm}$, 세로 $8\,\text{cm}$인 직사각형 모양의 종이 네 귀퉁이에서 한 변의 길이가 $x\,\text{cm}$가 되도록 하는 정사각형 모양을 잘라내고 남은 부분을 이용해서 부피가 $64\,\text{cm}^3$인 상자를 만들려고 한다. x의 값은?

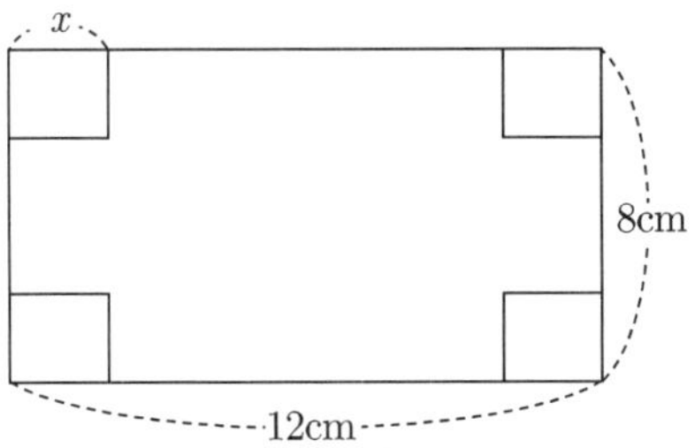

06 다음을 만족하는 50보다 작은 두 자리의 정수를 구하여라.

"각 자리의 수의 제곱의 합은 73이고, 숫자의 순서를
바꾼 정수와 원래 정수의 합은 121이 된다."

07 방정식 $x^3-2x^2+3x+5=0$의 세 근을 α, β, γ라 할 때, $(2-\alpha)(2-\beta)(2-\gamma)$의 값을 구하여라.

2.3 부등식

절댓값 기호가 있는 부등식의 경우 절댓값 안의 값이 0보다 클 때와 작을 때로 나누어 계산한다.

정리 2.6

$0 < a < b$일 때

(1) $|x| < a \Leftrightarrow -a < x < a$

(2) $|x| > a \Leftrightarrow x > a$ 또는 $x < -a$

(3) $a < |x| < b \Leftrightarrow a < x < b$ 또는 $-b < x < -a$

예제 2.13 다음 부등식을 풀어라.

(1) $|x-1| \le 1$ (2) $|2x-1| > 3$

풀이•• (1) $|x-1| \le 1 \Leftrightarrow -1 \le x-1 \le 1$. 따라서 $0 \le x \le 2$.

(2) $|2x-1| > 3 \Leftrightarrow 2x-1 > 3$ 또는 $2x-1 < -3$.

따라서 $x > 2$ 또는 $x < -1$. ■

문제 2.13 다음 부등식을 풀어라.

(1) $2 < |x-1| \le 3$ (2) $2|x-1| + |x+1| < 2$

부등식의 사칙연산 과정에서는 부등호의 방향을 주의해야 한다.

정리 2.7 부등식의 사칙연산

$0 < a < x < b$, $0 < c < y < d$일 때

(1) $a+c < x+y < b+d$ (2) $a-d < x-y < b-c$

(3) $ac < xy < bd$ (4) $\dfrac{a}{d} < \dfrac{x}{y} < \dfrac{b}{c}$

예제 2.14 $3 \leq x \leq 7$, $5 \leq y \leq 6$일 때,

(1) $x+y$의 범위는?

(2) $x-y$의 범위는?

(3) xy의 범위는?

(4) $\frac{x}{y}$의 범위는?

풀이•• (1) $3+5 \leq x+y \leq 7+6$이므로 $8 \leq x+y \leq 13$.

(2) $3-6 \leq x-y \leq 7-5$이므로 $-3 \leq x-y \leq 2$.

(3) $3 \cdot 5 \leq xy \leq 7 \cdot 6$이므로 $15 \leq xy \leq 42$.

(4) $\frac{3}{6} \leq \frac{x}{y} \leq \frac{7}{5}$이므로 $\frac{1}{2} \leq \frac{x}{y} \leq \frac{7}{5}$. ■

문제 2.14 $-1 < x \leq 2$이고 $2 \leq y < 3$일 때, 다음의 범위를 구하여라.

(1) $x+y$ (2) $x-y$

(3) $x \cdot y$ (4) $\frac{x}{y}$

이차 이상의 부등식은 인수분해를 통해서 구할 수 있다.

정리 2.8 이차부등식의 해

$ax^2+bx+c=0$ $(a>0)$의 두 실근이 α, β일 때, (단, $\alpha > \beta$)

(1) $ax^2+bx+c>0$의 해는 $x>\alpha$ 또는 $x<\beta$.

(2) $ax^2+bx+c<0$의 해는 $\beta<x<\alpha$.

$ax^2+bx+c=0$ $(a>0)$이 서로 다른 두 허근을 갖는 경우

(1) $ax^2+bx+c>0$의 해는 모든 실수.

(2) $ax^2+bx+c<0$의 해는 존재하지 않는다.

예제 2.15 다음 부등식을 풀어라.

(1) $x^2-5>4x$ (2) $\frac{2x-1}{1+x} \geq 1$

풀이•• (1) $x^2-4x-5=(x-5)(x+1)>0$이므로 $x>5$ 또는 $x<-1$.

(2) 양변에 $(1+x)^2$을 곱하면(부등호 방향이 변하지 않으므로)

$$(2x-1)(1+x) \geq (1+x)^2.$$

즉, $(x-2)(x+1) \geq 0$이고 $x \geq 2$ 또는 $x \leq -1$이 되나 $x=-1$의 경우 분모가 0이 되므로 $x \geq 2$ 또는 $x<-1$. ■

문제 2.15 다음 부등식을 풀어라.

(1) $x^2-(a+1)x+a<0$ (2) $\dfrac{x-2}{x+1} \geq 1$

어떤 문자에 대해서도 항상 성립하는 부등식을 **절대부등식**이라 한다. 절대부등식의 예는 다음과 같은 몇 가지가 있다.

정리 2.9 절대부등식

a, b가 실수일 때

(1) $a^2+b^2 \geq 2ab$

(2) $a^2+b^2+c^2 \geq ab+bc+ca$

(3) $a>0$, $b>0$일 때

$\dfrac{a+b}{2} \geq \sqrt{ab} \geq \dfrac{2ab}{a+b}$ (산술평균 ≥ 기하평균 ≥ 조화평균)

(4) $||a|-|b|| \leq |a+b| \leq |a|+|b|$ (삼각부등식)

(5) a, b, x, y가 실수일 때

$(a^2+b^2)(x^2+y^2) \geq (ax+by)^2$ (코시-슈바르츠 부등식)

예제 2.16 정리 2.9의 (1), (2), (3), (4)를 증명하여라.

풀이•• (1) $a^2+b^2-2ab=(a-b)^2 \geq 0$이므로 성립한다.

(2)
$$\begin{aligned} a^2+b^2+c^2-ab-bc-ca &= \frac{1}{2}(2a^2+2b^2+2c^2-2ab-2bc-2ca) \\ &= \frac{1}{2}[(a-b)^2+(b-c)^2+(c-a)^2] \geq 0 \end{aligned}$$

이므로 성립한다.

(3) $\dfrac{a+b}{2}-\sqrt{ab}=\dfrac{a+b-2\sqrt{ab}}{2}=\dfrac{(\sqrt{a}-\sqrt{b})^2}{2}\geq 0$이므로 성립한다.

$$\sqrt{ab}-\frac{2ab}{a+b}=\frac{(a+b)\sqrt{ab}-2ab}{a+b}=\frac{\sqrt{ab}[a+b-2\sqrt{ab}]}{a+b}$$

$$=\frac{\sqrt{ab}(\sqrt{a}-\sqrt{b})^2}{a+b}\geq 0$$

이므로 성립한다.

(4) $A=|a|+|b|$, $B=|a+b|$라 할 때, $A^2=a^2+b^2+2|a||b|$이고 $B^2=a^2+b^2+2ab$이므로 $A^2\geq B^2$이 성립한다.

따라서 $|a+b|\leq|a|+|b|$.

$|a|=|a-b+b|\leq|a-b|+|b|$이므로 $|a|-|b|\leq|a-b|$가 성립한다.

$|b|-|a|\leq|a-b|$도 마찬가지로 증명할 수 있다. ■

문제 2.16 코시-슈바르츠 부등식을 증명하여라.

예제 2.17 다음 부등식을 증명하여라.

(1) $a>0$일 때, $a+\dfrac{1}{a}\geq 2$.

(2) $a>0,\ b>0$일 때, $(a+b)\left(\dfrac{1}{a}+\dfrac{1}{b}\right)\geq 4$.

풀이•• (1) $a+\dfrac{1}{a}\geq 2\sqrt{a\cdot\dfrac{1}{a}}=2$

(2) 코시-슈바르츠 부등식을 이용하면

$$(a+b)\left(\frac{1}{a}+\frac{1}{b}\right)\geq\left(\sqrt{a}\cdot\frac{1}{\sqrt{a}}+\sqrt{b}\cdot\frac{1}{\sqrt{b}}\right)^2=4.$$

■

문제 2.17 다음 부등식을 증명하여라. (단, a, b, c, d는 양수)

(1) $\left(\dfrac{a}{b}+\dfrac{c}{d}\right)\left(\dfrac{b}{a}+\dfrac{d}{c}\right)\geq 4$ (2) $(a+b)\left(\dfrac{1}{a}+\dfrac{4}{b}\right)\geq 9$

2.3 연습문제

01 다음 부등식을 풀어라.

(1) $\frac{1}{2}(x+7) > \frac{1}{3}(2x-1)$

(2) $|x+1|+|2-x| > 3$

(3) $|x^2-1| < 8$

(4) $x^2-|x| < 0$

(5) $\frac{x-2}{x+3} > -1$

(6) $x^2-x > 2|x-1|$

02 다음 연립부등식을 풀어라.

(1) $\begin{cases} x^2-5x+6 \ge 0 \\ x^2-2x-15 < 0 \end{cases}$

(2) $\begin{cases} |x-1| < 3 \\ x^2-3|x| \le 0 \end{cases}$

03 모든 실수 x에 대해서 부등식 $kx^2+kx-1<0$이 항상 성립할 때, 실수 k값의 범위를 구하여라.

04 세 실수 x, $x+1$, $x+2$가 예각삼각형의 세 변의 길이가 되도록 x값의 범위를 구하여라.

05 부등식 $2x^2+ax+b<0$의 해가 $\frac{1}{2}<x<4$가 되도록 실수 a, b의 값을 구하여라.

06 두 집합 $A=\{x \mid x^2+x-6 \le 0\}$, $B=\{x \mid x^2+ax+b>0\}$에 대하여

$$A \cap B = \{-2 < x \le 2\},\ A \cup B = \{x \mid x\text{는 실수}\}$$

일 때, 실수 a, b의 값을 구하여라.

07 $x^2+y^2=1$일 때, $3x+4y$의 최댓값을 구하여라.

08 $x>2$일 때, $x+\frac{1}{x-2}$의 최솟값을 구하여라.

03

좌표평면과 벡터

3.1 벡터의 기본

평면상의 점을 표현하는 방법 중 가장 잘 알려져 있는 것은 기준이 되는 두 개의 수직을 이루는 직선(x축, y축)을 이용하여 그 점의 x성분과 y성분을 한 개의 순서쌍으로 하여 나타내는 것이다.

다시 말해서, 점 $(a,\ b)$는 이 점에서 x축 방향으로 내린 수직선이 x축과 만나는 점의 x값이 a이고, y축 방향으로 내린 수직선이 y축과 만나는 점의 y값이 b인 점을 나타낸다. x축과 y축이 만나는 점을 원점이라 하고 $(0,\ 0)$으로 나타낸다.

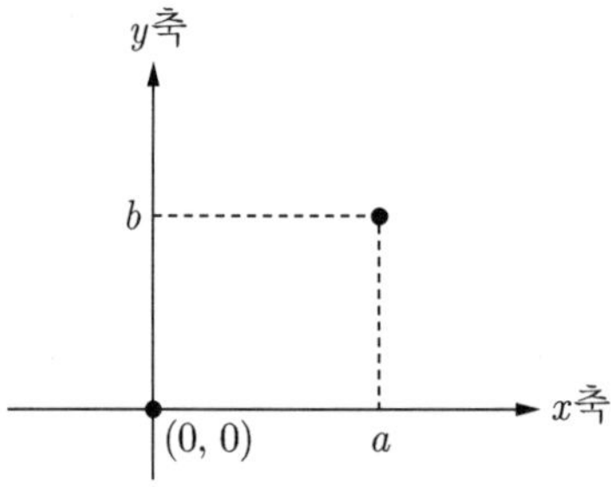

그림 3.1 좌표평면 상의 점

원점을 시점으로 하고 종점이 $(a,\ b)$인 벡터도 $(a,\ b)$로 나타낸다. 또 벡터 $(a,\ b)$는 $\vec{v}$로도 나타낼 수 있다.

정리 3.1 두 점 사이의 거리

두 점 $(a_1,\ a_2)$, $(b_1,\ b_2)$ 사이의 거리는 $d=\sqrt{(b_1-a_1)^2+(b_2-a_2)^2}$ 이고,
만약 $\vec{u}=(a_1,\ a_2)$, $\vec{v}=(b_1,\ b_2)$이면 $d=|\vec{u}-\vec{v}|$라 쓸 수 있다.

예제 3.1 (1) 두 점 $(1,\ 2)$, $(-1,\ 3)$ 사이의 거리를 구하여라.
(2) 세 점 $(1,\ 1)$, $(-1,\ 3)$, $(2,\ 4)$로부터 같은 거리에 있는 점을 구하여라.

풀이•• (1) $d=\sqrt{(-1-1)^2+(3-2)^2}=\sqrt{5}$

(2) 구하는 점을 (x, y)라 하면

$$\sqrt{(x-1)^2+(y-1)^2}=\sqrt{(x+1)^2+(y-3)^2}=\sqrt{(x-2)^2+(y-4)^2}$$

이 되고 앞의 등식을 풀면

$$x^2-2x+1+y^2-2y+1=x^2+2x+1+y^2-6y+9$$

가 되어, 이를 풀면 $y=x+2$이고 뒤의 등식을 풀면

$$x^2+2x+1+y^2-6y+9=x^2-4x+4+y^2-8y+16$$

이 되므로 $3x+y=5$가 된다.

이 두 식을 풀면 $x=\dfrac{3}{4}$, $y=\dfrac{11}{4}$이 되어 구하는 점은 $\left(\dfrac{3}{4}, \dfrac{11}{4}\right)$이다. ■

문제 3.1 (1) 두 점 $(1+\sqrt{2}, -1)$, $(\sqrt{2}-1, 2)$ 사이의 거리를 구하여라.

(2) 두 점 (x, y), $(y, -x)$ 사이의 거리가 5가 될 때 점 (x, y)들은 어떠한 점이 되겠는가?

정리 3.2 내분점

두 벡터 $\vec{v}=(a_1, a_2)$, $\vec{u}=(b_1, b_2)$ 사이의 선분을 $m:n$으로 나눈 내분점은 $\dfrac{n\vec{v}+m\vec{u}}{m+n}$가 되고, 이를 좌표로 나타내면 $\left(\dfrac{nb_1+ma_1}{m+n}, \dfrac{nb_2+ma_2}{m+n}\right)$이다.

예제 3.2 (1) 두 점 $(-1, 2)$, $(3, 5)$의 중점을 구하여라.

(2) 두 점 $(2, 0)$, $(0, 5)$를 $3:2$로 나눈 점의 좌표를 구하여라.

풀이•• (1) 중점은 $1:1$로 나눈 내분점이므로 중점은 $\left(\dfrac{-1+3}{2}, \dfrac{2+5}{2}\right)=\left(1, \dfrac{7}{2}\right)$이다.

(2) $3:2$로 나눈 내분점은 $\left(\dfrac{3\cdot 0+2\cdot 2}{3+2}, \dfrac{3\cdot 5+2\cdot 0}{3+2}\right)=\left(\dfrac{4}{5}, 3\right)$이 된다. ■

문제 3.2 (1) 두 점 $(x, 3)$, $(-1, y)$를 $2:1$로 나눈 점의 좌표가 원점이 되도록 하는 x와 y값을 구하여라.

(2) 점 $(1, 2)$와 점 (x, y)가 점 $(-1, 4)$에 대하여 대칭이 되도록 x, y값을 구하여라.

벡터 $\vec{u}=(a_1, a_2)$, $\vec{v}=(b_1, b_2)$와 실수 α에 대하여 다음과 같은 연산을 정의할 수 있다.

정의 3.1

$\vec{u}=(a_1, a_2)$, $\vec{v}=(b_1, b_2)$이고, α는 실수일 때,

(1) $\vec{u}+\vec{v}=(a_1+b_1, a_2+b_2)$ (벡터합)

(2) $\vec{u}-\vec{v}=(a_1-b_1, a_2-b_2)$ (벡터차)

(3) $\alpha\vec{u}=(\alpha a_1, \alpha a_2)$ (스칼라곱)

예제 3.3 다음 벡터 계산을 하여라.

(1) $(-1, 1)+(0, 2)$

(2) $3(-1, 2)-2(-2, 3)$

(3) $3(0, 0)-0(3, 2)+2(2, 1)$

(4) $\vec{u}=(1, 2)$, $\vec{v}=(-1, 3)$일 때 $2\vec{u}-3\vec{v}$

풀이•• (1) $(-1, 3)$

(2) $(-3, 6)-(-4, 6)=(1, 0)$

(3) $(4, 2)$

(4) $2\vec{u}-3\vec{v}=(2, 4)-(-3, 9)=(5, -5)$ ■

문제 3.3 (1) $\vec{u}=(3, -1)$, $\vec{v}=(1, 7)$일 때 $\alpha\vec{u}+\beta\vec{v}=0$이 되는 α와 β를 구하여라.

(2) $\vec{u}=(2, -1)$, $\vec{v}=(1, 5)$, $\vec{w}=(2, -1)$일 때 $\alpha\vec{u}+\beta\vec{v}=\vec{w}$가 성립하는 α, β를 구하여라.

벡터 $\vec{v}=(a, b)$의 크기는 $\sqrt{a^2+b^2}$이고 $|\vec{v}|$로 표현한다.

예제 3.4 다음 벡터의 크기를 구하여라.

(1) $(1,\ 0)$ (2) $(0,\ 1)$

(3) $(4,\ -4)$ (4) $(-1,\ 1)$

풀이•• (1) $\sqrt{1^2+0^2}=1$ (2) $\sqrt{0^2+1^2}=1$

(3) $\sqrt{4^2+(-4)^2}=4\sqrt{2}$ (4) $\sqrt{(-1)^2+1^2}=\sqrt{2}$ ■

문제 3.4 다음 벡터의 크기가 1이 되도록 a값을 정하여라.

(1) $(a,\ 0)$ (2) $(a,\ -a)$

(3) $(1-a,\ a)$ (4) $\left(\frac{a}{2},\ -\frac{a}{3}\right)$

평면상의 두 벡터 $\vec{u}=(a_1,\ a_2)$와 $\vec{v}=(b_1,\ b_2)$에 대해 다음과 같이 정의되는 수 $\vec{u}\cdot\vec{v}$를 $\vec{u}$와 $\vec{v}$의 **내적**이라고 한다.

$$\vec{u}\cdot\vec{v}=(a_1,\ a_2)\cdot(b_1,\ b_2)=a_1b_1+a_2b_2$$

정리 3.3

두 벡터 $\vec{u}=(a_1,\ a_2)$, $\vec{v}=(b_1,\ b_2)$가 이루는 끼인각 $\theta(0°\le\theta\le 180°)$에 대해 다음이 성립한다.

$$\cos\theta=\frac{\vec{u}\cdot\vec{v}}{|\vec{u}||\vec{v}|}=\frac{a_1b_1+a_2b_2}{\sqrt{a_1^2+a_2^2}\sqrt{b_1^2+b_2^2}}$$

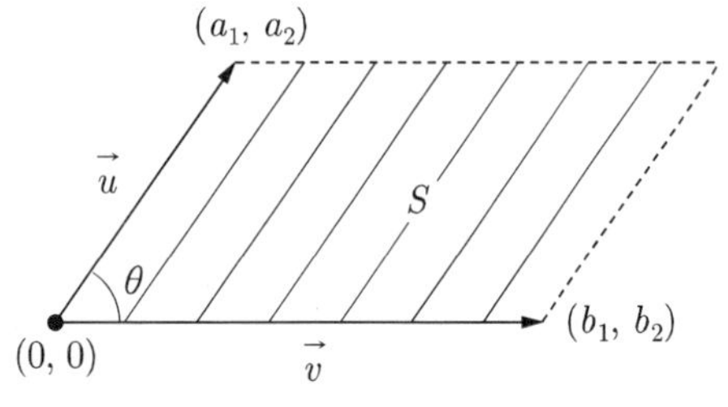

그림 3.2 두 벡터 $\vec{u}$와 $\vec{v}$가 만드는 평행사변형

벡터를 내적한 결과는 실수가 되기 때문에 내적은 닫혀 있는 연산이 아님을 주의하라. 두 벡터의 내적으로부터 두 벡터가 이루는 끼인각을 알 수 있다.

따라서 만약 0이 아닌 두 벡터 $\vec{u}$와 $\vec{v}$가 서로 수직이면 $\cos\theta = 0$이 되어 $\vec{u} \cdot \vec{v} = 0$이 된다. 이의 역도 성립하여 $\vec{u} \cdot \vec{v} = 0$이면 $\vec{u}$와 $\vec{v}$는 서로 수직이라 할 수 있다.

한편, 그림 3.2에서와 같이 두 벡터가 이루는 평행사변형의 넓이는 다음과 같다.

정리 3.4

$\vec{u}$, $\vec{v}$가 벡터일 때, $\vec{u}$와 $\vec{v}$가 만드는 평행사변형의 넓이는 $S = |\vec{u}||\vec{v}||\sin\theta|$이다. 여기서 θ는 $\vec{u}$와 $\vec{v}$가 이루는 끼인각이다.

예제 3.5 다음 벡터 계산을 하여라.

(1) $((1, -1) \cdot (2, 1))(-1, 1) - ((1, 1) \cdot (-1, 2))(1, -1)$

(2) $\vec{u} = (1, 2)$, $\vec{v} = (-1, -2)$, $\vec{w} = (-2, -1)$일 때,

$$\frac{\vec{u}}{|\vec{u}|} + (\vec{u} \cdot \vec{v})\vec{w} - (\vec{u} \cdot \vec{w})\vec{v}.$$

풀이•• (1) $(2-1)(-1, 1) - (-1+2)(1, -1) = (-1, 1) - (1, -1) = (-2, 2)$

(2) $\frac{1}{\sqrt{5}}(1, 2) + (-1-4)(-2, -1) - (-2-2)(-1, -2)$

$= \left(6 + \frac{1}{\sqrt{5}}, -3 + \frac{2}{\sqrt{5}}\right)$ ■

문제 3.5 $\vec{u} = (1, 2)$, $\vec{v} = (-1, 1)$, $\vec{w} = (0, 1)$일 때, 다음 벡터 계산을 하여라.

(1) $|\vec{u}|\vec{v} + (\vec{u} \cdot \vec{w})\vec{v}$

(2) $\frac{\vec{u}}{|\vec{u}|} + \frac{\vec{v}}{|\vec{v}|} + \frac{\vec{w}}{|\vec{w}|}$

지금까지는 평면상의 벡터들을 살펴보았지만 벡터는 공간에서도 정의할 수 있다. 공간상의 벡터는 일반적으로 $\vec{u} = (a_1, a_2, a_3)$로 나타낼 수 있고, 이때 a_1은 x성분, a_2는 y성분, a_3는 z성분이라 한다. 공간상의 두 벡터 $\vec{u} = (a_1, a_2, a_3)$와 $\vec{v} = (b_1, b_2, b_3)$에 대해서 $\vec{u}$와

$\vec{v}$의 내적은 $\vec{u} \cdot \vec{v} = a_1b_1 + a_2b_2 + a_3b_3$이고, 두 벡터가 이루는 각 θ에 대해 다음 관계식이 성립한다.

$$\cos\theta = \frac{\vec{u} \cdot \vec{v}}{|\vec{u}||\vec{v}|} = \frac{a_1b_1 + a_2b_2 + a_3b_3}{\sqrt{a_1^2 + a_2^2 + a_3^2}\sqrt{b_1^2 + b_2^2 + b_3^2}}$$

예제 3.6 그림 3.3과 같이 한 변의 길이가 1인 정육면체에서 $\overrightarrow{AC} \cdot \overrightarrow{AG}$의 값을 구하여라.

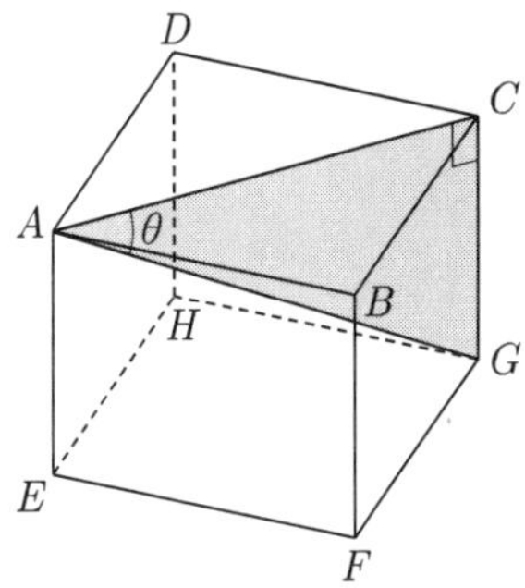

그림 3.3

풀이•• $|\overrightarrow{AC}| = \sqrt{\overline{AB}^2 + \overline{BC}^2} = \sqrt{2}$이고 $|\overrightarrow{AG}| = \sqrt{1^2 + 1^2 + 1^2} = \sqrt{3}$이다.

$\overrightarrow{AC}$와 $\overrightarrow{AG}$가 이루는 각의 크기를 θ라 하면 $\cos\theta = \dfrac{|\overrightarrow{AC}|}{|\overrightarrow{AG}|} = \dfrac{\sqrt{2}}{\sqrt{3}} = \dfrac{\sqrt{6}}{3}$.

따라서 $\overrightarrow{AC} \cdot \overrightarrow{AG} = |\overrightarrow{AC}||\overrightarrow{AG}|\cos\theta = \sqrt{2} \cdot \sqrt{3} \cdot \dfrac{\sqrt{6}}{3} = 2$. ■

3.1 연습문제

01 점 (a, b)를 x축, y축, 원점에 대칭으로 이동시킨 점의 좌표를 각각 구하여라.

02 한 점 $(-1, 2)$에서 x축 위로 전등을 비추었더니 그림 3.4와 같이 x축 상에 있는 거울에 반사되어 점 $(3, 1)$ 지점에서 빛이 감지되었다. 반사된 x축 위의 점의 좌표를 구하여라.

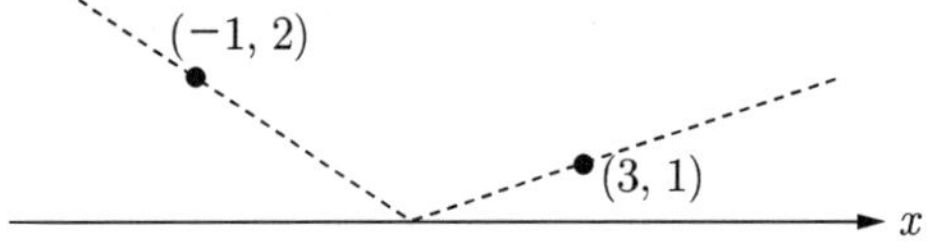

그림 3.4

03 두 점 $(5,\ 2)$, $(0,\ 5)$로부터 같은 거리에 있는 점 가운데 $y=x$ 위에 있는 점을 구하여라.

04 다음 두 벡터가 이루는 끼인각 θ를 구하여라. (단, $0 \le \theta \le \pi$)

(1) $\vec{a}=(5,\ 2)$, $\vec{b}=(-2,\ 5)$

(2) $\vec{a}=(3,\ 1)$, $\vec{b}=(1,\ 2)$

05 두 벡터 $\vec{a}=(3,\ -6)$, $\vec{b}=(2x,\ 1-x)$에 대하여 다음을 만족하도록 x를 구하여라.

(1) $\vec{a}$와 $\vec{b}$가 평행

(2) $\vec{a}$와 $\vec{b}$가 수직

06 그림 3.5는 한 변의 길이가 1인 정사면체이다. 다음 값들을 구하여라.

(1) $\overrightarrow{AB} \cdot \overrightarrow{AC}$

(2) $\overrightarrow{AB} \cdot \overrightarrow{CD}$

(3) $\overrightarrow{AB} \cdot \overrightarrow{BC}$

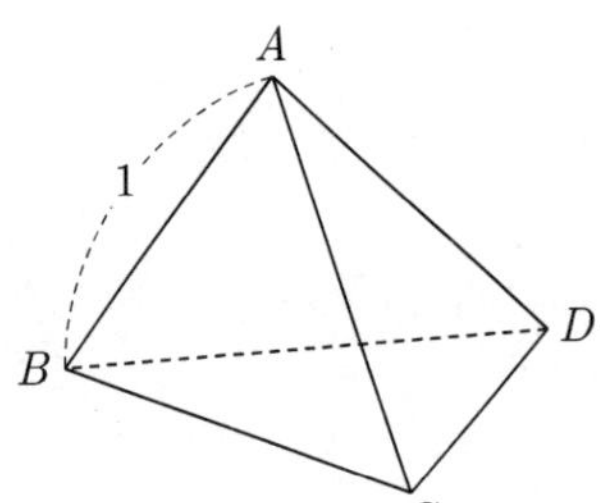

그림 3.5

3.2 평면상의 직선

다음은 직선의 방정식을 나타낼 수 있는 여러 가지 방법을 제시하고 있다.

정리 3.5 직선의 방정식

(1) 기울기가 m이고, y절편이 b인 직선의 방정식은 $y = mx + b$.

(2) 한 점 (x_1, y_1)을 지나고 기울기가 m인 직선의 방정식은 $y - y_1 = m(x - x_1)$.

(3) 두 점 (x_1, y_1), (x_2, y_2)를 지나는 직선의 방정식은 $y - y_1 = \dfrac{y_2 - y_1}{x_2 - x_1}(x - x_1)$.

(4) x절편이 a이고, y절편이 b인 직선의 방정식은 $\dfrac{x}{a} + \dfrac{y}{b} = 1$.

예제 3.7 다음을 만족하는 직선의 방정식을 구하여라.

(1) 기울기가 3이고 $(1, 2)$를 지나는 직선

(2) x절편이 4이고 기울기가 -1인 직선

풀이•• (1) $y - 2 = 3(x - 1)$이므로 $y = 3x - 1$.

(2) x절편이 4이므로 $(4, 0)$을 지난다.

따라서 $y = -(x - 4)$이므로 $y = -x + 4$. ■

문제 3.6 다음을 만족하는 직선의 방정식을 구하여라.

(1) 직선 $2x + 3y = 1$에 평행하며 원점을 지나는 직선

(2) x축에 수직이며 $(3, 4)$를 지나는 직선

정리 3.6 점과 직선 사이의 거리

한 점 (x_1, y_1)과 직선 $ax + by + c = 0$ 사이의 거리 h는

$$h = \frac{|ax_1 + by_1 + c|}{\sqrt{a^2 + b^2}}.$$

예제 3.8 직선 $2x+y-3=0$과 원점과의 거리는 얼마인가?

풀이•• 거리는 $\dfrac{|2\cdot 0+1\cdot 0-3|}{\sqrt{2^2+1^2}}=\dfrac{3}{\sqrt{5}}$ 이다. ■

문제 3.7 직선 $4x+3y+1=0$과의 거리가 1이 되는 점들 가운데 x축과 만나는 점을 구하여라.

두 직선 $l_1 : a_1x_1+b_1y_1+c_1=0$과 $l_2 : a_2x_2+b_2y_2+c_2=0$ 사이에는 다음과 같은 관계를 가지고 있다.

정리 3.7 두 직선의 위치 관계

(1) l_1과 l_2가 평행 $(l_1 \,//\, l_2)$: $\dfrac{a_1}{a_2}=\dfrac{b_1}{b_2}$ (단, $a_2b_2 \neq 0$)

(2) l_1과 l_2가 수직 $(l_1 \perp l_2)$: $a_1a_2+b_1b_2=0$

(3) l_1과 l_2가 이루는 각 θ : (단, $0 \le \theta \le \dfrac{\pi}{2}$)

$$\cos\theta=\frac{|\overrightarrow{u_1}\cdot\overrightarrow{u_2}|}{|\overrightarrow{u_1}|\cdot|\overrightarrow{u_2}|} \quad (\text{단, } \overrightarrow{u_1}=(a_1,\ b_1),\ \overrightarrow{u_2}=(a_2,\ b_2)\ )$$

예제 3.9 두 점 $(1,\ 2)$, $(-1,\ 3)$을 지나는 직선과 평행하고 $(1,\ 1)$을 지나는 직선의 식을 구하여라.

풀이•• 두 점 $(1,\ 2)$, $(-1,\ 3)$을 지나는 직선과 평행하므로

기울기는 $\dfrac{3-2}{-1-1}=-\dfrac{1}{2}$이 된다.

따라서 구하는 직선의 식은 $y-1=-\dfrac{1}{2}(x-1)$이고, 이를 간단히 하면

$x+2y-3=0$이 된다. ■

문제 3.8 두 점 $(-1,\ 2)$, $(3,\ -4)$를 지나는 직선과 수직이며 $(2,\ 1)$을 지나는 직선의 식을 구하여라.

3.2 연습문제

01 두 직선 $2x-y=2$, $mx-y+2m-1=0$이 제4사분면에서 만나도록 하는 실수 m의 값의 범위를 구하여라.

02 세 점 $(3,\ a)$, $(1,\ -1)$, $(-3,\ -2)$가 한 직선에 있도록 a의 값을 정하여라.

03 점 $(a,\ 0)$과 직선 $y=ax+1$ 사이의 거리를 구하여라.

04 두 직선 $x+2y-1=0$, $x+2y+2=0$ 사이의 거리를 구하여라.

05 점 $(x_0,\ y_0)$에서 직선 $l: ax+by+c=0$까지의 거리를 구하는 공식을 유도하여라.

06 두 직선 $l_1: 3x-y+2=0$, $l_2: mx-y+1=0$이 다음 조건을 만족하도록 m의 값을 정하여라.

(1) l_1과 l_2는 평행

(2) l_1과 l_2는 수직

(3) l_1과 l_2는 $(2,\ 8)$에서 만난다.

07 네 점 $A(-2,\ -1)$, $B(8,\ a+b)$, $C(4,\ 2)$, $D(6,\ ab)$가 한 직선에 있을 때, a^2+b^2의 값을 구하여라.

08 원점을 지나고 점 $(-3,\ -1)$에서의 거리가 $\sqrt{5}$가 되는 직선을 구하여라.

3.3 원과 타원의 방정식

평면에서 한 점 $(a,\ b)$와 거리(r)가 일정한 점들의 집합을 **원**이라 하고, $(a,\ b)$를 **원의 중심**, r을 **원의 반지름**이라 한다.

정의 3.2

한 점 $(a,\ b)$에서 거리가 r인 점들의 집합은

$$(x-a)^2+(y-b)^2=r^2$$

으로 나타낼 수 있다. 여기서 $(a,\ b)$는 원의 중심, r은 원의 반지름이다.

예제 3.10 중심이 $(3,\ 4)$이고 원점을 지나는 원의 방정식을 구하여라.

풀이•• 중심이 $(3,\ 4)$인 원의 방정식은 $(x-3)^2+(y-4)^2=r^2$이 되는데, 이것이 원점을 지나므로 $(0,\ 0)$을 대입하면 $3^2+4^2=r^2$이고 $r=5$가 되어
$(x-3)^2+(y-4)^2=5^2$이 된다. ■

문제 3.9 다음 방정식으로 주어진 원의 중심과 반지름을 구하여라.

(1) $x^2+y^2+2x-y-7=0$

(2) $x^2+y^2+Ax+By+C=0$

예제 3.11 중심이 $x+y=1$ 위에 있으며 원점을 지나는 원 중 반지름의 크기가 가장 작은 원의 방정식을 구하여라.

풀이•• 중심의 x좌표를 t라 하면 y좌표는 $1-t$가 된다.
따라서 구하는 원의 방정식은 $(x-t)^2+(y-1+t)^2=r^2$.
이 원이 원점을 지나므로 $t^2+(t-1)^2=r^2$이 된다. 이때

$$r^2 = t^2 + (t-1)^2 = 2t^2 - 2t + 1 = 2\left(t^2 - t + \frac{1}{4}\right) - \frac{1}{2} + 1$$

이 되므로 $t = \frac{1}{2}$일 때, $r = \frac{1}{\sqrt{2}}$이 가장 작다.

따라서 반지름은 $\frac{1}{\sqrt{2}}$이다.

따라서 원의 방정식은 $\left(x - \frac{1}{2}\right)^2 + \left(y - \frac{1}{2}\right)^2 = \frac{1}{2}$. ■

문제 3.10 중심이 $(1, 2)$이고 한 점 $(-1, 4)$를 지나는 원의 반지름을 구하여라.

정리 3.8 원과 직선의 위치 관계

원 $x^2 + y^2 = r^2$과 직선 $y = mx + n$의 위치 관계는 두 식에서 y를 소거하여 얻은 이차방정식 $(1 + m^2)x^2 + 2mnx + n^2 - r^2 = 0$의 판별식 D를 이용한다.

(1) $D > 0 \Leftrightarrow$ 서로 다른 두 점에서 만난다.

(2) $D = 0 \Leftrightarrow$ 한 점에서 만난다. (접한다)

(3) $D < 0 \Leftrightarrow$ 만나지 않는다.

예제 3.12 원 $x^2 + y^2 = 5$와 직선 $y = x + k$의 위치 관계가 다음과 같을 때, 실수 k값 또는 범위를 구하여라.

(1) 서로 다른 두 점에서 만난다.

(2) 한 점에서 만난다.

(3) 만나지 않는다.

풀이•• (1) 원 $x^2 + y^2 = 5$와 직선 $y = x + k$에서 y를 제거한 식은 $2x^2 + 2kx + k^2 - 5 = 0$이므로 $D > 0 \Leftrightarrow k^2 - 2(k^2 - 5) > 0$으로부터 $k^2 < 10$.

따라서 $-\sqrt{10} < k < \sqrt{10}$.

(2) $D = 0 \Leftrightarrow k^2 = 10$. 따라서 $k = \pm\sqrt{10}$.

(3) $D < 0 \Leftrightarrow k^2 > 10$. 따라서 $k > \sqrt{10}$ 또는 $k < -\sqrt{10}$. ■

문제 3.11 원 $x^2 + (y+1)^2 = 1$과 직선 $3x + 4y + k = 0$이 서로 다른 두 점에서 만날 때, 상수 k값의 범위를 구하여라.

원 $x^2+y^2=r^2$ 위의 한 점 $P(x_1, y_1)$에서 접선의 방정식을 구해보자. 접선의 기울기는 원의 중심과 P를 연결하는 직선과 서로 수직이 된다. 따라서 $m \cdot \dfrac{y_1}{x_1}=-1$이다. 또 $P(x_1, y_1)$이 원상의 점이므로 $x_1^2+y_1^2=r^2$이 성립한다. 따라서 접선의 방정식은 $y-y_1=-\dfrac{x_1}{y_1}(x-x_1)$, 즉 $x_1x+y_1y=x_1^2+y_1^2=r^2$이다.

정리 3.9 원의 접선의 방정식

원 $x^2+y^2=r^2$ 위의 점 (x_1, y_1)에서의 접선의 방정식은 $xx_1+yy_1=r^2$이다.

예제 3.12 중심이 $(3, 4)$이고 직선 $x-2y+3=0$에 접하는 원의 방정식을 구하여라.

풀이•• 원의 반지름을 r이라 하면 $(x-3)^2+(y-4)^2=r^2$이 되고 이 원과 직선 $x-2y+3=0$이 서로 접하므로, y를 소거한 이차방정식은 $5x^2-34x+61-4r^2=0$이다.

이때 판별식 $D=17^2-5(61-4r^2)=0$이므로 $r=\dfrac{2\sqrt{5}}{5}$이다.

따라서 원의 방정식은 $(x-3)^2+(y-4)^2=\dfrac{4}{5}$이다. ■

문제 3.12 원 $x^2+y^2=10$ 위의 점 $P(a, 1)$에서 그은 접선의 방정식은? (단, $a>0$)

평면상의 고정된 두 점에서 거리의 합이 일정한 점들의 집합은 **타원**이 된다. 그림 3.6과 같이 두 점 $F(c, 0)$과 $F'(-c, 0)$을 고정하고 길이가 $2a$인 실로 묶은 뒤 실을 팽팽하게 당겨서 한 바퀴 돌리면 점 $P(x, y)$가 움직이는 점들의 자취가 타원이 된다.

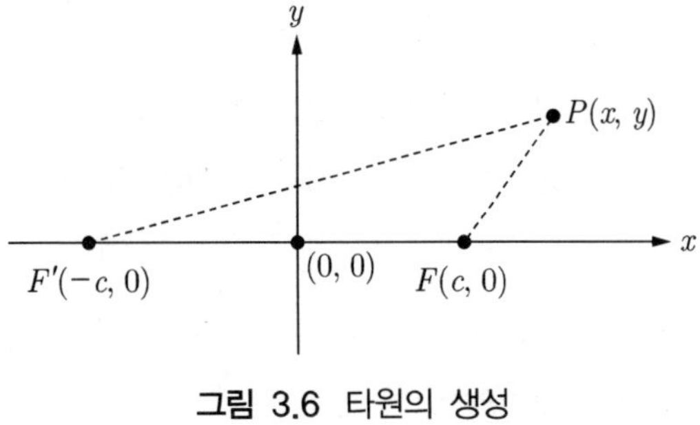

그림 3.6 타원의 생성

정의 3.10 타원의 방정식

두 점 $F(c, 0)$과 $F'(-c, 0)$을 초점으로 하는 타원의 방정식은

$$(a^2-c^2)x^2+a^2y^2=a^2(a^2-c^2)$$

이다. 여기서, $2a$는 타원 상의 한 점과 두 점 F와 F'와의 거리의 합이다. 만약 $b^2=a^2-c^2$이라 하고 양변을 a^2b^2으로 나누면 타원의 방정식은 다음과 같은 표준형으로 표현된다.

$$\frac{x^2}{a^2}+\frac{y^2}{b^2}=1$$

예제 3.14 $4x^2+9y^2=36$의 그래프를 그려라.

풀이•• 양변을 36으로 나누면 $\frac{x^2}{9}+\frac{y^2}{4}=1$이고 $x=0$일 때 $y=\pm 2$, $y=0$일 때 $x=\pm 3$이 된다.

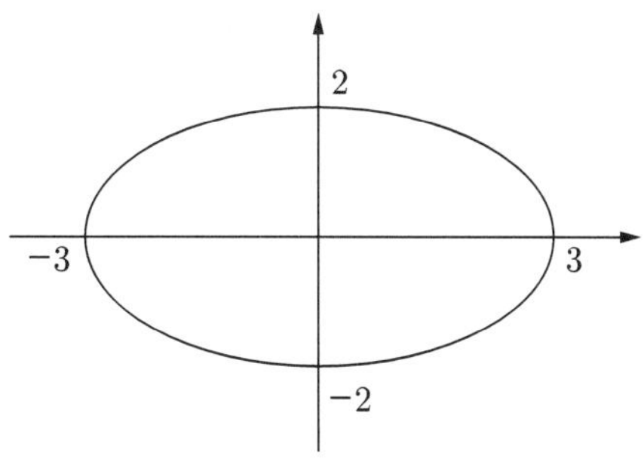

그림 3.7 타원 $\frac{x^2}{3^2}+\frac{y^2}{2^2}=1$ ■

문제 3.13 타원 $4x^2+12x+y^2-3y-9=0$을 그려라.

3.3 연습문제

01 다음 원 또는 타원의 그래프를 그려라.

(1) $2x^2 + 2y^2 - 4x - 3 = 0$

(2) $4x^2 = 100 - 25y^2$

(3) 원점을 지나고 초점이 $(-1,\ -1)$, $(1,\ -1)$인 타원

(4) 세 점 $(4,\ 2)$, $(1,\ 3)$, $(-4,\ -2)$를 지나는 원

02 직선 $y = 3x + 2$와 원 $x^2 + y^2 = r^2$이 서로 접할 때 r값을 구하여라.

03 두 점 $(-3,\ 5)$와 $(1,\ -1)$을 연결하는 선분이 지름이 되는 원의 방정식을 구하여라.

04 다음 타원의 초점을 구하여라.

$$x^2 + 4y^2 = 4$$

04

함수

4.1 집합의 표현과 연산

집합이란 사물들을 선택하여 끌어모은 것이다. 주어진 집합에서 끌어모은 사물들은 그 **집합의 원소**라 한다. 집합을 만들기 위해 사물들을 선택하는 기준에는 제한을 두지 않지만 어떤 사물이 주어진 집합의 원소인가 여부는 객관적으로 명확해야 한다. 집합은 보통 알파벳 문자로 나타내고, x가 집합 A의 원소일 때 x가 A에 속한다 하고 $x \in A$로 나타낸다. 또 x가 A의 원소가 아닐 때 x가 A에 속하지 않는다고 하고 $x \notin A$로 나타낸다.

집합을 만드는 방법에는 크게 두 가지가 있다. 첫째 방법은 **원소나열법**인데, 이것은 집합의 원소를 모두 나열하는 방법이다. 어떤 사물이 나열된 명단에 있으면 이 사물은 주어진 집합의 원소이고 명단에 없으면 원소가 아니다. 이 방법으로 집합을 만들 때 집합기호 '{'와 '}'를 사용한다. 다시 말하면 집합기호 '{'와 '}' 사이에 나열된 사물들이 이 집합의 원소들이다. 예를 들어 $A = \{1, 2, 3\}$이면 집합 A는 오직 1, 2, 3만을 원소로 갖는 집합이다. 경우에 따라 $B = \{1, 3, 5, \cdots\}$와 같이 무한개의 원소를 나열할 수도 있다.

다음으로 집합을 만드는 방법에는 **조건제시법**이 있다. 이 방법은 어떤 조건을 제시하여 이 조건을 만족하는 사물들만을 모두 모아 집합을 만드는 방법이다. 사물 x에 대한 조건명제 $P(x)$가 주어졌을 때 A가 $P(x)$를 만족하는 x들의 집합일 때 $A = \{x \mid P(x)\}$로 나타낸다. 예를 들어 모든 자연수들의 집합은 $\{x \mid x$는 자연수$\}$이고 1 이상 5 이하의 모든 실수들의 집합은 $\{x \mid x$는 실수, $1 \le x \le 5\}$로 나타낸다. 아무 원소도 가지지 않는 집합을 공집합이라 하고 $\{\ \}$ 또는 $\varnothing$으로 나타낸다.

정의 4.1 집합의 상등

두 집합 A, B가 주어졌을 때 A와 B의 원소들이 정확히 일치하면, 다시 말해 A의 원소들이 모두 B의 원소들이고 B의 원소들이 모두 A의 원소들이면 A와 B는 같다고 하고 기호로 $A = B$로 나타낸다. 이때 A와 B는 같은 집합이라고 하거나 A와 B는 상등이라고 하기도 한다.

예를 들면 네 집합

$$A = \{1,\ 2,\ 3\}$$
$$B = \{1,\ 3,\ 2,\ 2\}$$
$$C = \{x \mid x\text{는 자연수},\ x \le 3\}$$
$$D = \{x \mid x\text{는 실수},\ (x-1)(x-2)(x-3) = 0\}$$

에 대해 $A = B = C = D$가 성립한다.

예제 4.1 (1) 두 집합 $A = \{1,\ 2,\ 3,\ a\}$, $B = \{1,\ 3,\ 5,\ b\}$에 대해 $A = B$일 때 a, b를 구하여라.

(2) a가 실수이고 $A = \{a,\ a+1,\ 2a\}$일 때 A의 원소의 개수가 2일 a값을 모두 구하여라.

풀이•• (1) $2 \in A$이고 $A = B$이므로 $2 \in B$이다. 따라서 $b = 2$이다. $5 \in B = A$이므로 $a = 5$이다.

(2) A의 원소의 개수가 2이므로 $a = 2a$ 또는 $a + 1 = 2a$이다. 따라서 a는 0 또는 1이다. ■

문제 4.1 (1) 두 집합 $A = \{1,\ 2,\ 3,\ a\}$, $B = \{x \mid x\text{는 정수},\ a-3 \le x \le 4\}$에 대해 $A = B$일 때 자연수 a를 구하여라.

(2) a가 실수이고 $A = \{2a-1,\ a+2,\ 3a\}$일 때 A의 원소의 개수가 2일 a값을 모두 구하여라.

정의 4.2

주어진 두 집합 A, B에 대해 A의 원소들이 모두 B의 원소들이면 A는 B의 **부분집합**이라 하고 기호로 $A \subset B$ 또는 $B \supset A$로 나타낸다.

두 집합 A, B가 같은 집합일 조건은 $A \subset B$이고 $B \supset A$이다. 또 집합 S와 x에 대한 조건명제 $P(x)$에 대해 집합 $\{x \mid x \in S,\ P(x)\}$를 $\{x \in S \mid P(x)\}$로 나타낸다. 예를 들어 $\{x \mid x\text{는 실수},\ 0 \le x \le 1\}$을 $\{x \in \mathbb{R} \mid 0 \le x \le 1\}$로 나타낸다.

예를 들어 집합 $\{1,\ 2,\ 3\}$은 집합 $\{1,\ 2,\ 3,\ 4\}$의 부분집합이고 $\{x \mid x\text{는 짝수}\}$는 $\{x \mid x$

는 정수}의 부분집합이다.

예제 4.2 두 집합 $A=\{1, 3, 4, 7, 9\}$, $B=\{a, a+2\}$일 때 $B\subset A$일 a값을 모두 구하여라.

풀이•• $a, a+2\in A$이므로 a는 1또는 7이다. ■

문제 4.2 두 집합 $A=\{x\in\mathbb{R}\mid 3\le x\le 9\}$이고 $B=\{a-1, a, a+2\}$일 때 $B\subset A$일 a의 조건은?

정의 4.3

주어진 두 집합 A, B에 대해 A의 모든 원소들과 B의 모든 원소들을 모은 집합 $\{x\mid x\in A$ 또는 $x\in B\}$를 집합 A와 B의 **합집합**이라 하고, 기호로 $A\cup B$로 나타낸다. 또 동시에 A와 B의 원소가 되는 사물을 모은 집합 $\{x\mid x\in A$이고 $x\in B\}$를 집합 A와 B의 **교집합**이라 하고, 기호로 $A\cap B$로 나타낸다. 그리고 B의 원소가 아닌 A의 모든 원소들의 집합 $\{x\mid x\in A$이고 $x\notin B\}$를 A와 B의 **차집합**이라 하고 $A-B$ 또는 $A\setminus B$로 나타낸다. 어떤 상황에서 전체집합 U가 주어져 있고, 이때 고려하는 모든 집합이 U의 부분집합일 때 U의 부분집합 A에 대해 $U-A$를 A의 **여집합**이라 하고 A^c로 나타낸다.

예제 4.3 (1) 두 집합 $A=\{x\in\mathbb{R}\mid 0\le x<2\}$, $B=\{x\in\mathbb{R}\mid 1<x\le 3\}$일 때 $A\cup B$와 $A\cap B$, $A-B$를 구하여라.

(2) 전체집합 $U=\mathbb{R}$이고 $A=\{x\in\mathbb{R}\mid x>0\}$, $B=\{x\in\mathbb{R}\mid x\ge 1\}$일 때 $A\cap B^c$을 구하여라.

풀이•• (1) $0\le x<2$ 또는 $1<x\le 3$이면 $0\le x\le 3$이다.

따라서 $A\cup B=\{x\in\mathbb{R}\mid 0\le x\le 3\}$이다.

또 $0\le x<2$이고 $1<x\le 3$이면 $1<x<2$이다.

따라서 $A\cap B=\{x\in\mathbb{R}\mid 1<x<2\}$이다.

$x\in A-B$이면 $x\in A$이므로 $0\le x<2$이고 $x\notin B$이므로 $x\le 1$이거나

$x>3$이다. 따라서 $0 \le x \le 1$이다.

그러므로 $A-B=\{x \in \mathbb{R} \mid 0 \le x \le 1\}$이다.

(2) $B^c=\{x \in \mathbb{R} \mid x<1\}$이므로 $A \cap B^c=\{x \in \mathbb{R} \mid 0<x<1\}$이다. ■

문제 4.3 (1) $A=\{x \in \mathbb{R} \mid x \ge 2\}$이고 $B=\{x \in \mathbb{R} \mid 1<x<5\}$일 때 $A \cup B$와 $A \cap B$, $A-B$를 구하여라.

(2) 전체집합이 $U=\mathbb{R}$이고 $A=\{x \in \mathbb{R} \mid x \ge 2\}$, $B=\{x \in \mathbb{R} \mid -1<x<5\}$일 때 $(A \cap B)^c$을 구하여라.

정의 4.4

모든 자연수들의 집합을 $\mathbb{N}$, 모든 정수들의 집합을 $\mathbb{Z}$, 모든 유리수들의 집합을 $\mathbb{Q}$, 모든 실수들의 집합을 $\mathbb{R}$, 그리고 모든 복소수들의 집합을 $\mathbb{C}$로 나타낸다.

정리 4.1

세 집합 A, B, C에 대하여

$$A \cup (B \cup C)=(A \cup B) \cup C$$

이다.

증명 $x \in A \cup (B \cup C)$일 때 $x \in A$이거나 $x \in B \cup C$이다. $x \in A$이면 $x \in A \cup B$이므로 $x \in (A \cup B) \cup C$이다. $x \in B \cup C$이면 $x \in B$ 또는 $x \in C$이다. $x \in B$이면 역시 $x \in A \cup B$이므로 $x \in (A \cup B) \cup C$이다. 또 $x \in C$이면 $x \in (A \cup B) \cup C$이다.

따라서 $A \cup (B \cup C) \subset (A \cup B) \cup C$이다.

마찬가지로 $A \cup (B \cup C) \supset (A \cup B) \cup C$이다.

따라서 $A \cup (B \cup C)=(A \cup B) \cup C$이다. ■

정의 4.5

두 집합 A, B가 있을 때 이들의 원소 $a \in A$, $b \in B$를 (a, b)와 같은 모양으로 나타낸 것을 a, b의 순서쌍이라 하고, 모든 A의 원소들과 B의 원소들의 순서쌍을 모은 집합을 A와 B의 **곱집합**이라 하고 $A \times B$로 나타낸다.
집합 A와 B의 곱집합 $A \times B$의 두 원소 (a, b), (c, d)는 $a = c$이고 $b = d$일 때 같다 또는 상등이라고 하고 $(a, b) = (c, d)$로 나타낸다.

예를 들어 $A = \{1, 2, 3\}$이고 $B = \{3, 4\}$일 때 A와 B의 원소들의 순서쌍은

$$(1, 3), (1, 4), (2, 3), (2, 4), (3, 3), (3, 4)$$

이다. 따라서 A와 B의 곱집합은 다음과 같다.

$$A \times B = \{(1, 3), (1, 4), (2, 3), (2, 4), (3, 3), (3, 4)\}$$

예제 4.4 (1) 두 집합 $A = \{x \in \mathbb{N} \mid 3 \leq x \leq 7\}$, $B = \{5, 9, 12\}$일 때 $A \times B$의 원소의 개수는?

(2) 두 집합 $A = \{2, 3, 4, 5\}$, $B = \{x \in \mathbb{R} \mid 3 \leq x < 7\}$일 때

$$\{(x, y) \in A \times B \mid x = y\}$$

의 원소를 모두 써라.

풀이•• (1) $(x, y) \in A \times B$일 때 x는 A의 원소이고 y는 B의 원소이다. $A = \{3, 4, 5, 6, 7\}$이므로 5개의 원소를 가지고 B의 원소는 3개이다. 따라서 $A \times B$의 원소는 15개이다.

(2) $A \times B$의 원소 (x, y) 가운데 $x = y$인 원소를 모두 쓰면 되므로 $(3, 3)$, $(4, 4)$, $(5, 5)$이다. ■

문제 4.4 (1) 두 집합 $A = \{x \in \mathbb{N} \mid 1 \leq x \leq 8\}$, $B = \{a, a+1, a+2\}$일 때 $A \times B$의 원소의 개수는?

(2) 두 집합 $A = \mathbb{N}$, $B = \{x \in \mathbb{R} \mid -1 < x < 5\}$일 때 $\{(x, y) \in A \times B \mid x = y\}$의 원소를 모두 써라.

평면의 좌표 (x, y)는 두 실수의 순서쌍으로 생각할 수 있다. 따라서 $\mathbb{R} \times \mathbb{R} = \{(x, y) \mid x, y \in \mathbb{R}\}$을 좌표평면으로 생각할 수 있다. 보통 $\mathbb{R} \times \mathbb{R}$을 $\mathbb{R}^2$으로 나타낸다. 마찬가지로

$\mathbb{R}^3 = \{(x,\ y,\ z) \mid x,\ y,\ z \in \mathbb{R}\}$을 3차원 공간으로 생각한다.

4.1 연습문제

01 A가 집합이고 $\{x+2 \mid x \in A\} = \{1,\ 2,\ 7\}$일 때 집합 A을 구하여라.

02 a가 실수이고 $\{a+3,\ 2a+1,\ 4a-1\}$의 원소 가운데 가장 큰 원소가 5일 a값을 구하여라.

03 $A=\{1,\ 2,\ 3,\ 4,\ 5\}$이고 B는 3의 배수들의 집합일 때 $C=\{x \in A \mid x+1 \in B\}$를 구하여라.

04 $A=\{1,\ 2,\ 3\}$, $B=\{3,\ 4,\ 5,\ 6,\ 7\}$일 때 $A \cup B$, $A \cap B$, $A-B$를 구하여라.

05 $\{(1,\ a),\ (2,\ b),\ (3,\ c)\} \subset \{(x,\ y) \mid x \in \mathbb{R},\ y=x+3\}$일 때 a, b, c를 구하여라.

06 $A=\{1,\ 2,\ 3\}$, $B=\{2,\ 3,\ 4\}$, $C=\{3,\ 4,\ 5\}$일 때 $(A \times B) \cap (C \times A)$를 구하여라.

4.2 함수의 개념과 연산

다음의 보기들을 생각해보자.

1. 다음은 2010년 8월 첫째 주의 날짜별 최고기온을 표로 나타낸 것이다.

날짜	1	2	3	4	5	6	7
최고기온	35.2°C	25.5°C	24.8°C	31.0°C	37.1°C	34.9°C	29.9°C

2. 다음으로 한 변의 길이가 x인 정사각형의 넓이 y를 생각해보자. $x>0$이어야 하고 $y=x^2$으로 나타낼 수 있다. 예를 들어 $x=3$이면 $y=9$이다.

위의 보기들과 같이 세상에는 한 가지 값이 변하면 다른 값도 따라서 변하는 경우가 많이 있는데, 이런 관계는 수학에서 많이 생길 뿐 아니라 수학의 여러 분야에서 매우 핵심적인 역할을 한다. 첫째 보기에서는 날짜가 변하면 최고기온이 변하고, 다음 보기에서는 한 변의 길이가 변하면 정사각형의 넓이가 변한다. 앞의 두 보기 가운데 하나에서는 이런 변화가 불규칙적이고 다른 하나에서는 규칙적이다. 이와 같이 한 가지 값이 변하면 다른 값이 따라서 변하는 관계를 함수 또는 사상이라 한다. 이때 주어진 값에 따라서 변하는 값은 단 하나여야 한다. 앞의 보기들에서 날짜나 한 변의 길이와 같이 처음에 주어진 값을 독립변수라 하고 최고기온이나 넓이 같이 독립변수에 따라 변하는 값을 종속변수라 한다. 첫째 보기에서는 독립변수는 날짜인데, 이는 1에서 7까지의 자연수로 나타낼 수 있고 뒤의 보기에서 독립변수는 양의 실수이다. 위의 두 보기에서 종속변수는 단위를 생략하면 모두 실수로 생각할 수 있다. 이와 같이 독립변수가 변하는 범위를 집합으로 나타낸 것을 정의역이라 하고, 종속변수가 변하는 범위를 공역이라 한다. 함수를 보통 알파벳 소문자로 나타내는데, 정의역이 집합 X이고 공역이 집합 Y인 함수를 $f:X\to Y$로 나타낸다.

앞의 첫째 보기에서는 정의역이 $\{1, 2, \cdots, 7\}$이고 둘째 보기에서는 정의역이 $\{x\in\mathbb{R} \mid x>0\}$이며, 두 보기 모두 공역은 $\mathbb{R}$이다.

함수를 나타내기 위해서는 정의역의 모든 값에 대해 함숫값을 주어야 하는데, 첫째 보기에서 주어진 함수를 f라 하면 함숫값은 특별한 규칙이 없으므로 앞의 보기에서와 같이 표로 만들거나 $f(1)=35.2,\ f(2)=25.5,\ \cdots,\ f(7)=29.9$와 같이 모두 나열해야 한다. 그러나 둘째 보기에서 주어진 함수를 g라 하면 함수 g는 식 $g(x)=x^2$으로 나타낼 수 있다.

다시 말해 $g(3)=3^2=9$, $g(5)=5^2=25$, $g(2.1)=2.1^2=4.41$과 같이 주어진 식의 x에 숫자를 대입하여 계산하면 원하는 함숫값을 모두 얻을 수 있다. 이를 종합하면 g는 $g:\{x\in\mathbb{R} \mid x>0\} \to \mathbb{R}$, $g(x)=x^2$으로 나타낼 수 있다. 또 함수 g를 $x>0$일 때 $g(x)=x^2$, $g(x)=x^2\ (x>0)$ 또는 $y=x^2\ (x>0)$으로 나타내기도 한다. 이때 x는 독립변수이고 y는 종속변수이다. 이런 의미에서 함수 f를 함수 $f(x)$로 나타내기도 한다. 이런 방법을 쓰면 정의역의 원소의 개수가 무한히 많아도 매우 간단하고 편리하게 함수를 나타낼 수 있다. 이와 같이 함수를 식으로 나타내는 방법을 발견하고 이를 발전시키면서 수학은 비약적으로 발전하였다. 위의 사실들을 정리하여 함수를 다시 엄밀하게 정의하면 다음과 같다.

정의 4.6

두 집합 X, Y가 주어졌을 때 집합 X로부터 집합 Y로의 **함수** f는 X의 각 원소에 대해 Y의 원소를 단 하나 대응시키는 대응관계이다. 이때 X를 **정의역**이라 하고 Y를 **공역**이라 한다. 정의역이 X이고 공역이 Y인 함수는 $f:X\to Y$로 나타낸다.

정의 4.7 함수의 상등

집합 X로부터 집합 Y로의 두 함수 f, g에 대해 f와 g의 정의역이 같고 모든 X의 원소 x에 대해 $f(x)=g(x)$이면 두 함수 f, g는 같다고 하고 기호로 $f=g$로 나타낸다. 또 두 함수 f, g가 같은 함수가 아니면 기호로 $f\neq g$로 나타낸다.

다음은 서로 다른 방법으로 나타난 두 함수가 같은 경우를 몇 가지 예를 든 것이다.

(1) $X=\{1,\ 2,\ 3\}$, $Y=\mathbb{R}$, $f,\ g:X\to Y$이고 $f(1)=2$, $f(2)=4$, $f(3)=6$이며 $g(x)=2x$일 때 $f=g$이다.

(2) $X=\{-1,\ 0,\ 1\}$, $Y=\mathbb{R}$, $f,\ g:X\to Y$이고 $f(x)=x$, $g(x)=x^3$일 때 $f=g$이다.

(3) $X=\{0,\ 1,\ 2\}$, $Y=\mathbb{R}$, $f,\ g:X\to Y$이고 $f(x)=x$, $g(x)=x^3$일 때 $f(2)=2\neq 8=g(2)$이므로 $f\neq g$이다.

(4) $X=\mathbb{Z}$, $Y=\mathbb{R}$, $f,\ g:X\to Y$, $f(x)=\begin{cases} 1, & x\text{는 짝수} \\ -1, & x\text{는 홀수} \end{cases}$, $g(x)=(-1)^x$이면 $f=g$이다.

예제 4.5 (1) $X=\mathbb{Z},\ Y=\mathbb{R},\ f,\ g: X \to Y$이고 $f(x)=x+a,\ g(x)=x+b$일 때 $f=g$이면 $a=b$임을 보여라.

(2) $X=\mathbb{Z},\ Y=\mathbb{R},\ f,\ g: X \to Y$이고 $f(x)=ax+b,\ g(x)=0$일 때 $f=g$이면 $a=b=0$임을 보여라.

풀이•• (1) $f=g$이므로 $a=f(0)=g(0)=b$이다.

(2) $f=g$이므로 $b=f(0)=g(0)=0$이다.

그리고 $f(1)=a\cdot 1+0=a=g(1)=0$이므로 $a=0$이다. ■

문제 4.5 (1) $f,\ g:\mathbb{R}\to\mathbb{R}$이고 $f(x)=ax,\ g(x)=bx$일 때 $f=g$이면 $a=b$임을 보여라.

(2) $X=\mathbb{Z},\ Y=\mathbb{R},\ f,\ g: X \to Y$이고 $f(x)=ax^2,\ g(x)=bx+c$일 때 $f=g$이면 $a=b=c=0$임을 보여라.

정의 4.8 항등함수

정의역과 공역이 모두 같은 집합 X이고 모든 $x\in X$에 대해 $f(x)=x$일 때 f를 항등함수라 한다. 집합 X로부터 X로의 항등함수를 보통 I_X로 나타낸다.

정의 4.9 상수함수

f가 집합 X로부터 집합 Y로의 함수이고 c가 Y의 한 원소일 때 모든 $x\in X$에 대해 $f(x)=c$이면 f를 상수함수라 한다. 이때 $f=c$로 나타낸다.

정의 4.10 함수의 사칙연산

$f,\ g$가 모두 집합 X로부터 모든 실수의 집합 $\mathbb{R}$로의 함수이고 a가 실수일 때 두 함수 f와 g의 합 $f+g$, 차 $f-g$, 상수와 f의 곱 af, f와 g의 곱 $f\cdot g$를 다음과 같이 정의한다.

$$f+g,\ f-g,\ af,\ f\cdot g: X\to\mathbb{R}$$

그리고 모든 $x\in X$에 대해

$$(f+g)(x)=f(x)+g(x),$$
$$(f-g)(x)=f(x)-g(x),$$
$$af(x)=af(x),$$
$$(f\cdot g)(x)=f(x)g(x).$$

또 모든 $x\in X$에 대해 $g(x)\neq 0$이면 f를 g로 나눈 몫 $\dfrac{f}{g}:X\rightarrow\mathbb{R}$을 다음과 같이 정의한다. 모든 $x\in X$에 대해

$$\left(\frac{f}{g}\right)(x)=\frac{f(x)}{g(x)}.$$

$f,\ g:\mathbb{R}\rightarrow\mathbb{R},\ f(x)=3x-1,\ g(x)=x^2+3$일 때

$$(f+g)(x)=x^2+3x+2,$$
$$(f-g)(x)=-x^2+3x-4,$$
$$(5f)(x)=15x-5,$$
$$(f\cdot g)(x)=3x^3-x^2+9x-3$$

이고

$$\left(\frac{f}{g}\right)(x)=\frac{3x-1}{x^2+3}$$

이다.

예제 4.6 (1) $f,\ g:\mathbb{R}\rightarrow\mathbb{R},\ f(x)=x+2,\ g(x)=5x-4$일 때 $3f+2g$와 $f\cdot g$를 구하여라.

(2) $f,\ g:\mathbb{R}\rightarrow\mathbb{R}$이고 $f,\ g$가 모두 상수함수이면 $f-g$와 $f\cdot g$도 상수함수임을 보여라.

풀이•• (1) 모든 x에 대해

$$(3f+2g)(x)=3f(x)+2g(x)=3(x+2)+2(5x-4)=13x-2$$

이고

$$(f \cdot g)(x) = (x+2)(5x-4) = 5x^2 + 6x - 8$$

이다.

(2) f, g가 모두 상수함수이므로 $f(x) = c$, $g(x) = d$인 상수 c, d가 있다. 이때 모든 $x \in X$에 대해 $(f-g)(x) = f(x) - g(x) = c - d$이고 $(f \cdot g)(x) = f(x)g(x) = cd$이므로 $f-g$와 $f \cdot g$는 상수함수이다. ■

문제 4.6 $f, g : \mathbb{R} \to \mathbb{R}$, $f(x) = 3x+2$, $g(x) = x-1$일 때 $f^2 + g^2$을 구하여라.

밑면이 한 변의 길이가 x인 정사각형이고 높이가 9인 사각뿔의 부피 $h(x)$를 구해보자. 우리는 밑면이 한 변의 길이가 x인 정사각형의 넓이 $f(x)$를 함수로 나타내면 $f(x) = x^2$이란 것과 밑면의 넓이가 y이고 높이가 9인 사각뿔의 부피는 $g(y) = 3y$라는 두 가지 사실로부터 우리가 구하려고 하는 사각뿔의 부피를

$$h(x) = g(f(x)) = g(x^2) = 3x^2$$

과 같이 구할 수 있다. 이와 같이 수학에서, 그리고 수학이 응용되는 여러 가지 상황에서 두 함수를 연결하여 새로운 함수를 만들어야 할 필요가 있는 경우가 많다. 이를 함수의 합성이라 하는데 이에 대한 정확한 정의는 다음과 같다.

정의 4.11 합성함수

세 집합 X, Y, Z와 두 함수 $f : X \to Y$, $g : Y \to Z$가 주어졌을 때 g와 f의 합성함수 $g \circ f : X \to Z$는 다음과 같이 정의한다. 모든 $x \in X$에 대해

$$(g \circ f)(x) = g(f(x)).$$

예제 4.7 (1) $f, g : \mathbb{R} \to \mathbb{R}$, $f(x) = x^2 - 1$, $g(x) = x^3$일 때 $f \circ g$와 $g \circ f$를 구하여라.

(2) $f, g : \mathbb{R} \to \mathbb{R}$이고 f가 항등함수이면 $f \circ g = g$임을 보여라.

풀이•• (1) 모든 x에 대해

$$(f \circ g)(x) = f(g(x)) = f(x^3) = (x^3)^2 - 1 = x^6 - 1$$

이고

$$(g \circ f)(x) = g(f(x)) = g(x^2 - 1) = (x^2 - 1)^3 = x^6 - 3x^4 + 3x^2 - 1$$

이다.

(2) f가 항등함수이므로 모든 x에 대해 $f(x) = x$이다. 이때 모든 $x \in X$에 대해 $(f \circ g)(x) = f(g(x)) = g(x)$이므로 $f \circ g = g$이다. ■

문제 4.7 (1) $f,\ g : \mathbb{R} \to \mathbb{R}$, $f(x) = x^2$, $g(x) = 2x - 1$일 때 $f \circ g$와 $g \circ f$를 구하여라.

(2) $f,\ g : \mathbb{R} \to \mathbb{R}$이고 f 또는 g가 상수함수이면 $f \circ g$도 상수함수임을 보여라.

4.2 연습문제

01 $X = \{-1,\ 0,\ 1\}$, $f,\ g : X \to \mathbb{R}$이고 $f(x) = ax^2 + b$, $g(x) = (-1)^x$일 때 $f = g$가 성립하는 a, b를 구하여라.

02 $f,\ g : \mathbb{R} \to \mathbb{R}$이고 $f(x) = ax^5 + bx^4$, $g(x) = cx$일 때 $f = g$이면 $a = b = c = 0$임을 보여라.

03 $f,\ g : \mathbb{R} \to \mathbb{R}$, $f(x) = 2x + 3$, $(3f + 2g)(x) = 0$일 때 $g(x)$를 구하여라.

04 $f,\ g : \mathbb{R} \to \mathbb{R}$, $f(x) = 2x^2$, $g(x) = 3x - 2$일 때 $f \circ g$와 $g \circ f$를 구하여라.

05 $f,\ g : \mathbb{R} \to \mathbb{R}$, $f(x) = 2x + 1$, $g \circ f(x) = 3x^2$일 때 $g(x)$를 구하여라.

4.3 역함수

앞 절에서 함수의 보기 가운데 하나로 $x>0$일 때 한 변의 길이가 x인 정사각형의 넓이를 나타내는 함수 $f(x)=x^2$을 들었다. 그런데 거꾸로 $x>0$일 때 넓이가 x인 정사각형의 한 변의 길이를 함수로 나타낼 수 없을까 하는 문제를 생각해보자. 넓이가 같은 정사각형은 모두 합동이므로, 이때 한 변의 길이는 언제나 일정하다. 따라서 넓이가 x인 정사각형 한 변의 길이는 함수로 나타낼 수 있다. 그리고 이 함수를 g라 하면 $g(x)=y$일 때 $f(y)=y^2=x$이므로 $g(x)=y=\sqrt{x}$이다. 이렇게 어떤 함수와 같은 문제를 반대 방향에서 생각하여 함수로 나타낸 것을 주어진 함수의 역함수라 한다. 보통 어떤 함수가 무슨 행동을 하거나 계산을 한 결과일 때 역함수는 그 행동이나 계산을 거꾸로 한 결과로 해석할 수 있다. 어떤 고속도로에서 차량의 위치를 기준점으로부터의 거리로 나타낼 때 한 자동차의 위치가 x km이면 이 위치에서 100 km 앞으로 주행한 위치는 $(x+100)$km이고, 이를 함수로 나타내면 $f(x)=x+100$이다. 이때 $f(x)$의 역함수 $g(x)=x-100$은 100 km 앞으로 주행한 후의 위치로부터 주행하기 전의 위치를 찾아낸 것으로 볼 수도 있고, 자동차의 현재 위치에서 반대 방향으로 100 km 주행한 결과로 볼 수도 있다. 따라서 주어진 함수와 역함수는 서로 매우 밀접한 관련이 있다. 그런데 실제로 모든 함수가 역함수를 가지지는 않는다. 예를 들어 사람마다 생일이 있지만 생일만으로 그 사람이 누군지를 판단할 수 없다. 생일이 같은 사람도 많기 때문이다. 또 정사각형의 넓이를 실수로 나타낼 수 있지만 넓이가 -1인 정사각형이 없듯이 주어진 실수를 넓이로 갖는 정사각형이 있다고 할 수도 없다. 이런 경우는 역함수를 가질 수 없다. 따라서 우리는 어떤 함수가 역함수를 가질 조건을 생각해보자.

정의 4.12

집합 X로부터 집합 Y로의 함수 f가 $x \neq y$인 모든 $x,\ y \in X$에 대해 항상 $f(x) \neq f(y)$이면 f를 **일대일 함수** 또는 **단사함수**라 한다.

함수 $f: X \to Y$가 일대일 함수라는 것과 $f(x)=f(y)$인 모든 $x,\ y \in X$에 대해 항상 $x=y$가 성립한다는 사실은 동치이다.

예제 4.8 다음 함수들이 일대일 함수인가 여부를 결정하여라.

(1) $f_1 : \mathbb{R} \to \mathbb{R},\ f_1(x) = 3x - 7$

(2) $f_2 : \mathbb{R} \to \mathbb{R},\ f_2(x) = 2x^3$

(3) $f_3 : \mathbb{R} \to \mathbb{R},\ f_3(x) = x^2 + 4x$

풀이•• (1) $x \neq y$이면 $f_1(x) - f_1(y) = (3x-7) - (3y-7) = 3(x-y) \neq 0$이다. 그러므로 $f_1(x) \neq f_1(y)$이고, 따라서 f_1은 일대일 함수이다.

(2) $x \neq y$이면 $f_2(x) - f_2(y) = 2x^3 - 2y^2 = 2(x-y)(x^2+xy+y^2) \neq 0$이다. 그러므로 $f_2(x) \neq f_2(y)$이고, 따라서 f_2는 일대일 함수이다.

(3) $-4 \neq 0$이지만 $f_3(-4) = 0 = f_3(0)$이다. 따라서 f_3은 일대일 함수가 아니다. ■

문제 4.8 다음 함수들이 일대일 함수인가 여부를 결정하여라.

(1) $f_1 : \mathbb{R} \to \mathbb{R},\ f_1(x) = -2x + 3$

(2) $f_2 : \mathbb{R} \to \mathbb{R},\ f_2(x) = x^2 - x + 3$

(3) $f_3 : \mathbb{R} \to \mathbb{R},\ f_3(x) = \begin{cases} x^3, & x \geq 0 \\ -1, & x < 0 \end{cases}$

정의 4.13

집합 X로부터 집합 Y로의 함수 f에 대해 $\mathrm{Im}(f) = \{f(x) \mid x \in X\}$를 f의 **상** 또는 **치역**이라 한다. 그리고 $\mathrm{Im}(f) = Y$이면 f를 Y 위로의 함수 또는 **전사함수**라 한다. f가 일대일 함수이고 Y 위로의 함수이면 f는 일대일 대응 또는 **전단사함수**라 한다.

f가 Y 위로의 함수라는 사실과 모든 $y \in Y$에 대해 항상 $f(x) = y$를 만족하는 $x \in X$가 있다는 사실은 동치이다.

예제 4.9 다음 함수들이 $\mathbb{R}$ 위로의 함수인가 여부를 결정하여라.

(1) $f_1 : \mathbb{R} \to \mathbb{R},\ f_1(x) = 2x + 3$

(2) $f_2 : \mathbb{R} \to \mathbb{R},\ f_2(x) = x^2 - x$

풀이•• (1) $y \in \mathbb{R}$일 때 $x = \frac{y-3}{2}$이면 $f(x) = f\left(\frac{y-3}{2}\right) = 2\left(\frac{y-3}{2}\right) = y$이므로 f는 $\mathbb{R}$ 위로의 함수이다.

(2) 모든 $x \in \mathbb{R}$에 대해 $f(x) = x^2 - x \geq -\frac{1}{4}$이므로 $f(x) = -1$이 되는 x가 없다. 따라서 f는 $\mathbb{R}$ 위로의 함수가 아니다. ■

문제 4.9 다음 함수들이 $\mathbb{R}$ 위로의 함수인가 여부를 결정하여라.

(1) $f_1 : \mathbb{R} \to \mathbb{R},\ f_1(x) = -8x + 1$

(2) $f_2 : \mathbb{R} \to \mathbb{R},\ f_2(x) = 5x^2 + 3$

예제 4.10 $f : \mathbb{R} \to \mathbb{R},\ f(x) = \begin{cases} x^2, & x \geq 0 \\ -x^2, & x < 0 \end{cases}$이면 f는 일대일 대응임을 보여라.

풀이•• $x,\ y \in \mathbb{R}$이고 $f(x) = f(y)$일 때 $f(x)^2 = x^4 = y^4 = f(y)^2$이므로 $x = y$ 또는 $x = -y$이다. 이때 $x > 0$이면 $f(x) = x^2 \neq -x^2 = f(-x)$이고 $x < 0$이면 $f(x) = -x^2 \neq x^2 = f(-x)$이므로 모순이다. 따라서 $x = y$이고, 그러므로 f는 일대일 함수이다. 모든 $y \in \mathbb{R}$에 대해 $y \geq 0$이면 $f(\sqrt{y}) = y$이고 $y < 0$이면 $-y > 0$이다. 이때 $f(-\sqrt{-y}) = -(-\sqrt{-y})^2 = y$이므로 f는 $\mathbb{R}$ 위로의 함수이다. 따라서 f는 일대일 대응이다. ■

문제 4.10 $f : \mathbb{R} \to \mathbb{R},\ f(x) = \begin{cases} x, & x \geq 0 \\ 2x, & x < 0 \end{cases}$이면 f는 일대일 대응임을 보여라.

정의 4.14 역함수

집합 X로부터 집합 Y로의 함수 f가 있을 때 모든 $x \in X$에 대해 $f(x) = y$이면 항상 $g(y) = x$가 성립하는 함수 $g : Y \to X$를 f의 역함수라 하고 $g = f^{-1}$로 나타낸다.

다음은 $X = \{1,\ 2,\ 3\}$이고 $Y = \{4,\ 5,\ 6\}$일 때 $f(1) = 5,\ f(2) = 6,\ f(3) = 4$인 함수 f와 f의 역함수 f^{-1}를 그림으로 나타낸 것이다.

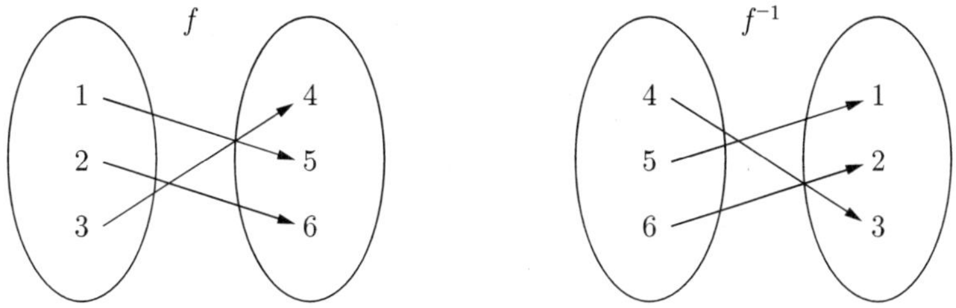

그림 4.1 f와 f^{-1}

예제 4.11 (1) $f:\mathbb{R}\to\mathbb{R},\ f(x)=5x+3$일 때 f의 역함수를 구하여라.

(2) $X=\{x\in\mathbb{R}\mid x>0\}$이고 $f:X\to X,\ f(x)=x^2$일 때 f의 역함수를 구하여라.

풀이•• (1) $y=f(x)=5x+3$일 때 $x=\dfrac{y-3}{5}$이므로 $f^{-1}(x)=\dfrac{x-3}{5}$이다.

(2) $y=f(x)=x^2$일 때 $x=\sqrt{y}$이므로 $f^{-1}(x)=\sqrt{x}$이다. ■

문제 4.11 (1) $f:\mathbb{R}\to\mathbb{R},\ f(x)=7x-8$일 때 f의 역함수를 구하여라.

(2) $f:\mathbb{R}\to\mathbb{R},\ f(x)=x^3$일 때 f의 역함수를 구하여라.

정리 4.2

집합 X로부터 집합 Y로의 함수 f는 일대일 대응일 때 역함수 f^{-1}를 가지면 $f\circ f^{-1}:Y\to X$와 $f^{-1}\circ f:X\to Y$는 모두 항등함수이다.

예를 들어 $f:\mathbb{R}\to\mathbb{R},\ f(x)=3x+2$라 하자. 이때 $y=3x+2$에서 $x=\dfrac{y-2}{3}$이므로 $f^{-1}(x)=\dfrac{x-2}{3}$이다. 그러면 모든 x에 대해

$$f\circ f^{-1}(x)=f(f^{-1}(x))=f\left(\frac{x-2}{3}\right)=3\left(\frac{x-2}{3}\right)+2=x$$

이고

$$f^{-1}\circ f(x)=f^{-1}(f(x))=f^{-1}(3x+2)=\frac{(3x+2)-2}{3}=x$$

이므로 $f\circ f^{-1}$와 $f^{-1}\circ f$는 모두 항등함수이다.

정리 4.3

집합 X로부터 집합 Y로의 함수 f는 일대일 대응일 때 역함수를 가지고, f가 역함수를 가지면 f는 일대일 대응이다.

$f: X \to Y$가 일대일 함수일 때, $Z = \mathrm{Im}(f)$일 때 f가 Y 위로의 함수가 아니더라도 f는 X로부터 Z 위로의 함수로 생각할 수 있으므로 이때 f의 역함수 $f^{-1}: Z \to X$를 생각할 수 있다.

4.3 연습문제

01 다음 함수들이 일대일 함수인지 아닌지를 결정하여라.

(1) $f: \mathbb{R} \to \mathbb{R},\ f(x) = x^3 + 5$

(2) $f: \mathbb{R} \to \mathbb{R},\ f(x) = 2x^3 + x^2$

(3) $f: \mathbb{R} \to \mathbb{R},\ f(x) = \begin{cases} 0, & x = 0 \\ \dfrac{1}{x}, & x \neq 0 \end{cases}$

02 다음 함수들이 $\mathbb{R}$ 위로의 함수인지 아닌지를 결정하여라.

(1) $f: \mathbb{R} \to \mathbb{R},\ f(x) = \begin{cases} x^2, & x \geq 0 \\ 2x, & x < 0 \end{cases}$

(2) $f: \mathbb{R} \to \mathbb{R},\ f(x) = \dfrac{x}{x^2 + 1}$

03 다음 함수들의 역함수를 구하여라.

(1) $f: \mathbb{R} \to \mathbb{R},\ f(x) = 7x - 4$

(2) $f: X \to \mathbb{R},\ f(x) = x^2 + 2x\ (X = \{x \in \mathbb{R} \mid x > 0\})$

04 $X = \{x \in \mathbb{R} \mid x > 0\}$이고 $f: X \to X,\ f(x) = \sqrt{x+4} - 2$일 때 $g: X \to X$이고 모든 $x \in X$에 대해 $f \circ g(x) = x,\ g \circ f(x) = x$인 함수 g를 구하여라.

4.4 함수의 그래프

함수 $f: X \to Y$의 그래프는 곱집합 $X \times Y$의 부분집합 $\{(x, f(x)) \in X \times Y \mid x \in X\}$이다. 특히 $X \subset \mathbb{R}$이고 $Y = \mathbb{R}$일 때 f의 그래프를 좌표평면에 그릴 수 있다. 다시 말해 모든 $x \in X$에 대해 점 $(x, f(x))$를 모두 평면에 나타내면 그것이 함수 $f(x)$의 그래프이다.

$f: \mathbb{R} \to \mathbb{R}$, $f(x) = ax + b$일 때 일차함수 $f(x)$의 그래프는 직선이다. 아래 그림은 일차함수 $f(x) = x + 1$과 $f(x) = 2x - 1$의 그래프를 좌표평면에 나타낸 것이다.

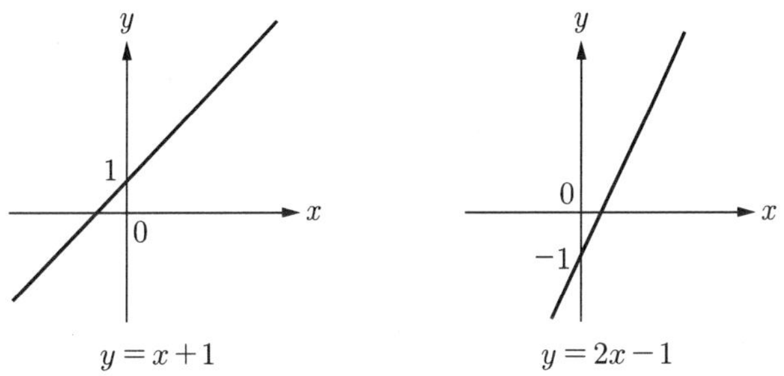

그림 4.2 일차 함수의 그래프

다음은 2장에서 배운 직선의 방정식에 대한 내용을 일차함수에 대한 내용으로 바꿔 쓴 것이다.

정의 4.15

일차함수의 그래프 $y = ax + b$에서 a를 이 **직선의 기울기**라 한다.

정리 4.4

기울기가 a이고 $f(p) = q$인 일차함수는 $f(x) = a(x - p) + q = ax - pa + q$이다.

정리 4.5

일차함수 $f(x)$가 $p_1 \neq p_2$인 두 실수 p_1, p_2에 대해 $f(p_1) = q_1$이고 $f(p_2) = q_2$이면 $f(x) = \frac{q_2 - q_1}{p_2 - p_1}(x - p_1) + q_1$이다.

예제 4.12 (1) 기울기가 3이고 $f(1)=-1$인 일차함수 $f(x)$는?

(2) $f(1)=2$이고 $f(3)=-5$인 일차함수 $f(x)$는?

풀이•• (1) 정리 4.4에 의해 $f(x)=3(x-1)-1=3x-4$이다.

(2) 정리 4.5에 의해 $f(x)=\dfrac{-5-2}{3-1}(x-1)+2=-\dfrac{7}{2}x+\dfrac{11}{2}$이다. ■

문제 4.12 (1) 기울기가 5이고 $f(2)=3$인 일차함수 $f(x)$는?

(2) $f(-1)=0$이고 $f(2)=-5$인 일차함수 $f(x)$는?

정의 4.16

$a,\ b$가 $a<b$인 실수일 때

$$(a,\ b)=\{x\in\mathbb{R}\mid a<x<b\},$$
$$[a,\ b)=\{x\in\mathbb{R}\mid a\le x<b\},$$
$$(a,\ b]=\{x\in\mathbb{R}\mid a<x\le b\},$$
$$[a,\ b]=\{x\in\mathbb{R}\mid a\le x\le b\}$$

를 **구간**이라 하고, 특히 $(a,\ b)$를 **개구간**, $[a,\ b]$를 **폐구간**이라 한다. 그리고 무한대 기호 ∞를 사용하여 나타낸 집합

$$(a,\ \infty)=\{x\in\mathbb{R}\mid x>a\},$$
$$[a,\ \infty)=\{x\in\mathbb{R}\mid x\ge a\},$$
$$(-\infty,\ a)=\{x\in\mathbb{R}\mid x<a\},$$
$$(-\infty,\ a]=\{x\in\mathbb{R}\mid x\le a\},$$
$$(-\infty,\ \infty)=\mathbb{R}$$

도 구간으로 생각한다.

정의 4.17

X가 구간일 때 $f:X\to\mathbb{R}$가 $x<y$인 모든 $x,\ y\in X$에 대해 $f(x)\le f(y)$이면 $f(x)$는 **증가함수**라 하고, $x<y$인 모든 $x,\ y\in X$에 대해 $f(x)\ge f(y)$이면 $f(x)$는 **감소함수**라 한다.

특히 $x<y$인 모든 $x,\ y\in X$에 대해 $f(x)<f(y)$이면 $f(x)$는 **단조증가함수**라 하고, $x<y$인 모든 $x,\ y\in X$에 대해 $f(x)>f(y)$이면 $f(x)$는 **단조감소함수**라 한다.

예제 4.13 다음 함수들 가운데 증가함수를 찾아라.

(1) $f:\mathbb{R}\to\mathbb{R},\ f(x)=9x-4$

(2) $f:(0,\ \infty)\to\mathbb{R},\ f(x)=x^2+x$

(3) $f:(0,\ \infty)\to\mathbb{R},\ f(x)=x^2-3x$

(4) $f:\mathbb{R}\to\mathbb{R},\ f(x)=\begin{cases} x, & x\ge 0 \\ 2x, & x<0 \end{cases}$

풀이 (1) $x<y$일 때 $f(y)-f(x)=9y-4-(9x-4)=9(y-x)>0$이므로 $f(x)<f(y)$이다. 따라서 f는 증가함수이다.

(2) $x<y$일 때 $f(y)-f(x)=(y^2+y)-(x^2+x)=(y-x)(x+y+1)>0$이므로 $f(x)<f(y)$이다. 따라서 f는 증가함수이다.

(3) $f(1)=f(2)=-2$이므로 f는 증가함수가 아니다.

(4) $0<x<y$일 때 $f(y)-f(x)=y-x>0$이므로 $f(x)<f(y)$이다.
$x<0<y$일 때 $f(x)=2x<0<y=f(y)$이므로 $f(x)<f(y)$이다.
$x<y<0$일 때 $f(y)-f(x)=2y-2x=2(y-x)>0$이므로 $f(x)<f(y)$이다. 따라서 f는 증가함수이다. ■

문제 4.13 다음 함수들 가운데 감소함수를 찾아라.

(1) $f:\mathbb{R}\to\mathbb{R},\ f(x)=-5x+1$

(2) $f:(-\infty,\ 1)\to\mathbb{R},\ f(x)=x^2+2x$

(3) $f:(0,\ \infty)\to\mathbb{R},\ f(x)=-x^2-2x$

(4) $f:\mathbb{R}\to\mathbb{R},\ f(x)=\begin{cases} -3x, & x\ge 0 \\ x, & x<0 \end{cases}$

증가함수와 감소함수는 그래프를 보고 금방 판단할 수 있다. 좌표평면에서 x값은 x축을 따라 왼쪽에서 오른쪽으로 가면서 증가하고 y값은 y축을 따라 아래에서 위로 가면서 증가하므로 증가함수의 그래프는 왼쪽에서부터 그리면 점점 올라가는 모양이다.

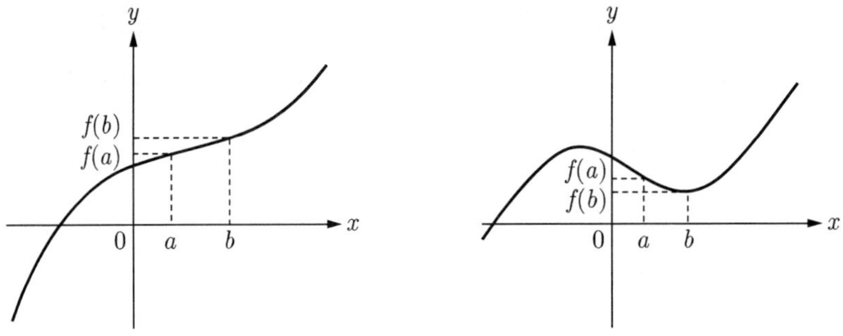

(a) 증가함수　　　　(b) 증가함수가 아닌 함수

그림 4.3

예제 4.14 다음 그래프 가운데 증가함수의 그래프를 찾아라.

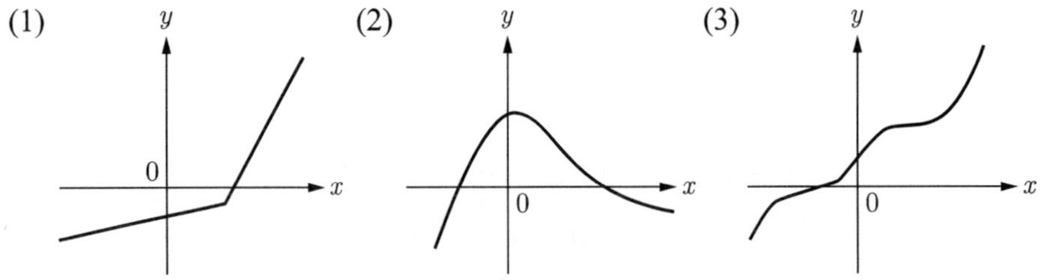

풀이•• (1)과 (3)이 증가함수이다. ■

문제 4.14 다음 그래프 가운데 감소함수의 그래프를 찾아라.

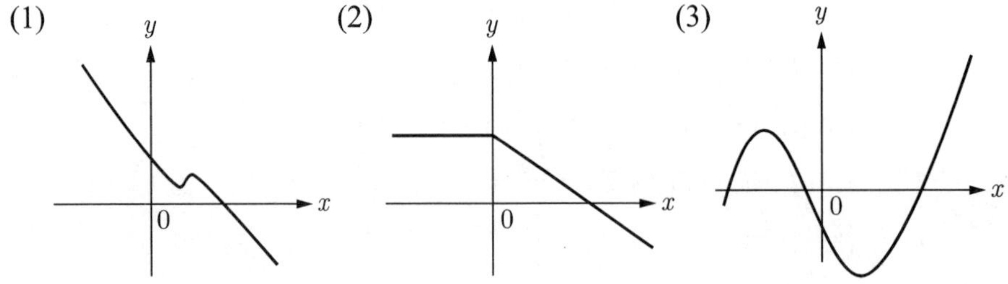

정리 4.6

구간 X로부터 $\mathbb{R}$로의 함수 f가 단조증가 또는 단조감소함수이고 $Y = \mathrm{Im}(f)$이면 f는 역함수 $f^{-1} : Y \to \mathbb{R}$를 가진다.

4.4 연습문제

01 기울기가 2이고 $f(1)=3$인 일차함수가 $f(x)$일 때 $f(2)$를 구하여라.

02 $f(1)=a$, $f(3)=2-a$인 일차함수의 그래프 기울기가 2일 때 a를 구하여라.

03 $a>0$일 때 $f(x)=ax+b$는 증가함수임을 보여라.

04 $f(x)$, $g(x)$가 모두 $\mathbb{R}$로부터 $\mathbb{R}$로의 증가함수일 때 $f+g$도 증가함수임을 보여라.

05 다음 그래프 가운데 증가함수의 그래프를 찾아라.

(1)

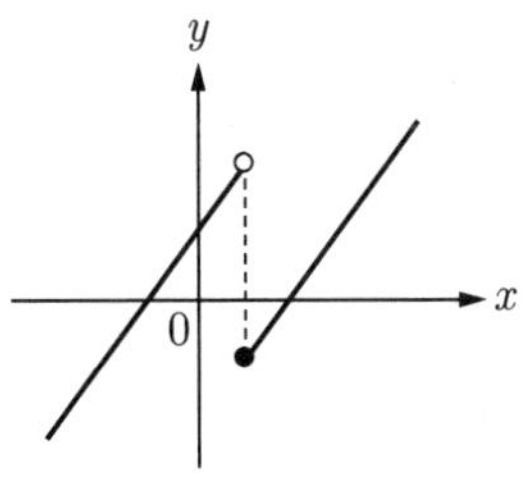

(2)

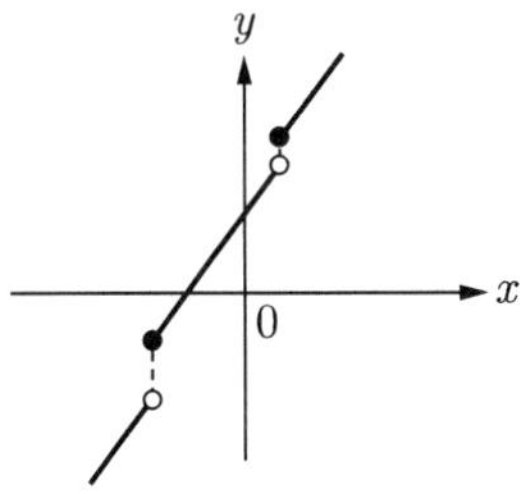

(3)

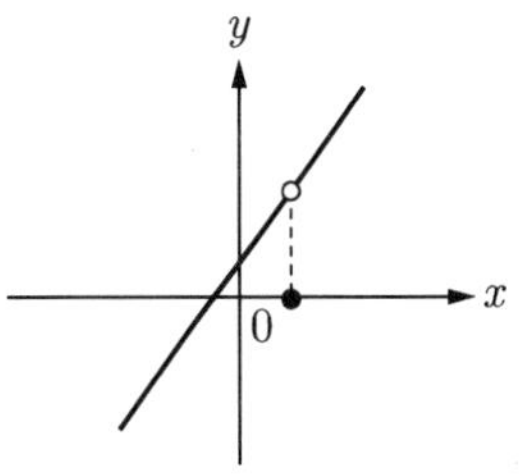

4.5 그래프의 조작

이 절에서는 함수 $y=f(x)$의 그래프를 좌표평면에 그리고 이 그래프에 몇 가지 조작을 하여 나오는 그래프가 어떤 함수인지 알아보자. 그래프의 조작 가운데 가장 간단하게 생각할 수 있는 것이 y축 방향으로의 평행이동이다. 이것은 좌표평면에서 그래프를 그대로 위로 올려 그리는 것으로 볼 수 있다.

그림 4.4(a)는 $y=x$와 $y=x+1$의 그래프를 같이 그린 것이다. 이 그래프들에서 보듯이 $y=x+1$의 그래프는 $y=x$의 그래프를 y축 양의 방향으로 1만큼 평행이동시킨 그래프이다. 좀더 일반적으로 $y=f(x)$의 그래프를 y축 양의 방향으로 a만큼 평행이동시킨 그래프는 $y=f(x)+a$의 그래프이다.

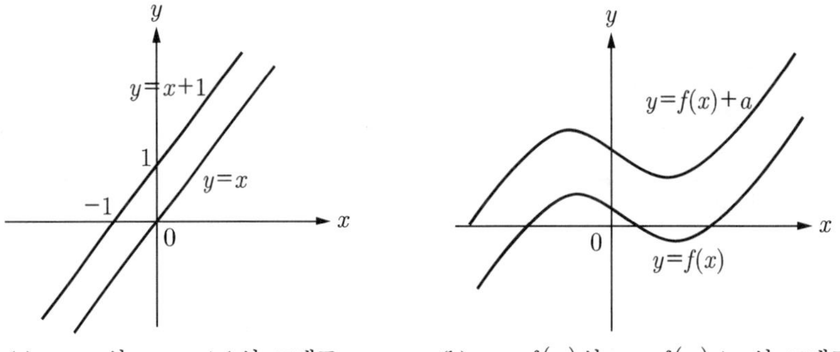

(a) $y=x$와 $y=x+1$의 그래프 (b) $y=f(x)$와 $y=f(x)+a$의 그래프

그림 4.4 그래프의 평행이동(y축 방향)

정리 4.7

함수 $f(x)$의 그래프를 y축 양의 방향으로 a만큼 평행이동시키면 함수 $f(x)+a$의 그래프가 된다.

이 정리는 좌표평면 위의 점 (x, y)를 y축 양의 방향으로 a만큼 평행이동시킨 점은 $(x, y+a)$라는 사실로부터 얻을 수 있다.

예제 4.15 (1) 함수의 그래프 $y=3x+2$를 y축 양의 방향으로 5만큼 평행이동시킨 그래프는 어떤 함수의 그래프인가?

(2) 함수의 그래프 $y=3x^2-x+1$을 y축 양의 방향으로 -1만큼 평행이동시킨 그래프는 어떤 함수의 그래프인가?

풀이•• (1) 정리 4.7에 의해 $y=(3x+2)+5=3x+7$의 그래프이다.

(2) 정리 4.7에 의해 $y=(3x^2-x+1)-1=3x^2-x$의 그래프이다. ■

문제 4.15 함수의 그래프 $y=x^3+x$를 y축 양의 방향으로 2만큼 평행이동시킨 그래프는 어떤 함수의 그래프인가?

다음으로 함수의 그래프를 x축 방향으로 평행이동시킨 그래프에 대해 알아보자. 이는 직관적으로 좌표평면에서 그래프를 왼쪽이나 오른쪽으로 움직인 것으로 생각할 수 있다.

그림 4.5(a)에서 보듯이 $y=x$의 그래프를 오른쪽, 다시 말해 x축 양의 방향으로 1만큼 평행이동시킨 그래프는 $y=x-1$의 그래프이다. 좀더 일반적으로 $y=f(x)$의 그래프를 x축 양의 방향으로 a만큼 평행이동시킨 그래프는 $y=f(x-a)$의 그래프이다.

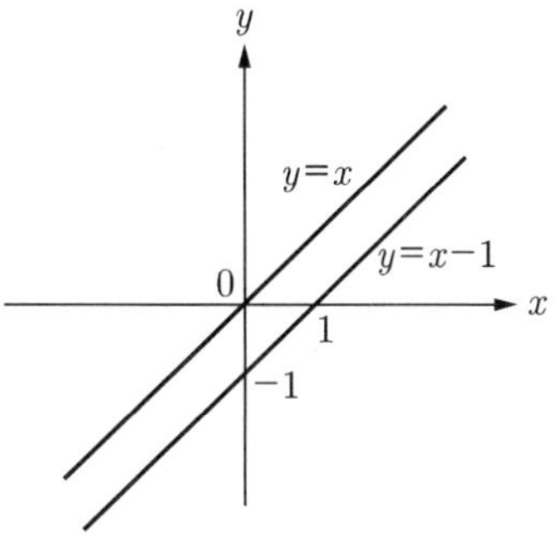

(a) $y=x$와 $y=x-1$의 그래프

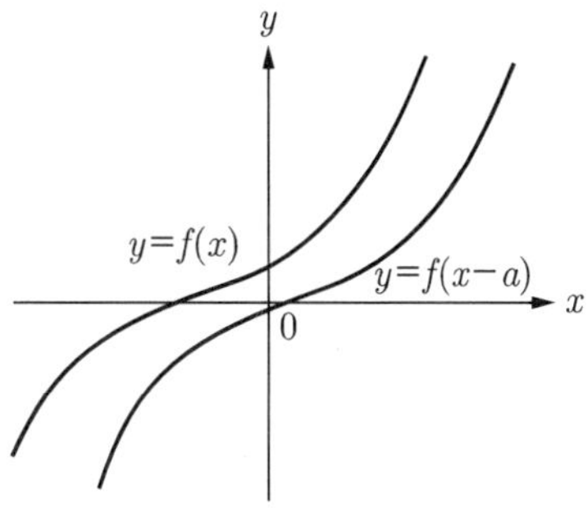

(b) $y=f(x)$와 $y=f(x-a)$의 그래프

그림 4.5 그래프의 평행이동(x축 방향)

정리 4.8

함수 $f(x)$의 그래프를 x축 양의 방향으로 a만큼 평행이동시키면 함수 $f(x-a)$의 그래프가 된다.

이 정리에 대해 다음과 같이 설명할 수 있다. 함수 f가 역함수 f^{-1}를 갖는 경우 $y=f(x)$는 $x=f^{-1}(y)$로 쓸 수 있다. 이때 이 그래프를 x축 양의 방향으로 a만큼 평행이동시키면 $x=f^{-1}(y)+a$의 그래프가 된다. 이것은 $x-a=f^{-1}(y)$와 같으므로 결국 $f(x-a)=y$의 그래프가 된다. 예를 들어 설명하면 $y=2x$의 그래프는 $x=\frac{y}{2}$로 쓸 수 있고, 이 그래프를 x축 양의 방향으로 1만큼 평행이동시키면 $x=\frac{y}{2}+1$의 그래프가 된다. 이 식은 $y=2x-2=2(x-1)$과 같다.

예제 4.16 함수의 그래프 $y=x^4$을 x축 양의 방향으로 -2만큼 평행이동시킨 그래프는 어떤 함수의 그래프인가?

풀이•• 정리 4.8에 의해 $y=2(x+2)^4$의 그래프이다. ■

문제 4.16 함수의 그래프 $y=-x^2+2x$를 x축 양의 방향으로 7만큼 평행이동시킨 그래프는 어떤 함수의 그래프인가?

예제 4.17 아래의 그래프들을 x축 양의 방향으로 3만큼 평행이동시킨 그래프를 그려라.

(1)

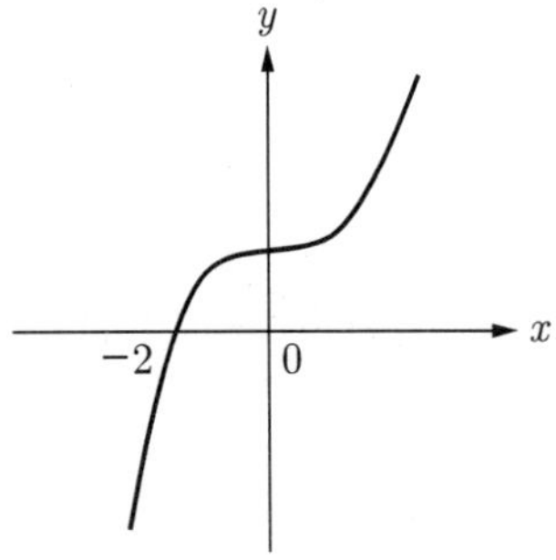

(2)

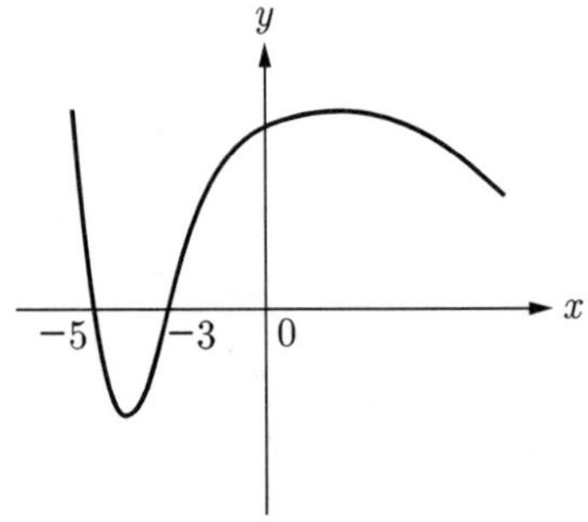

풀이•• (1)

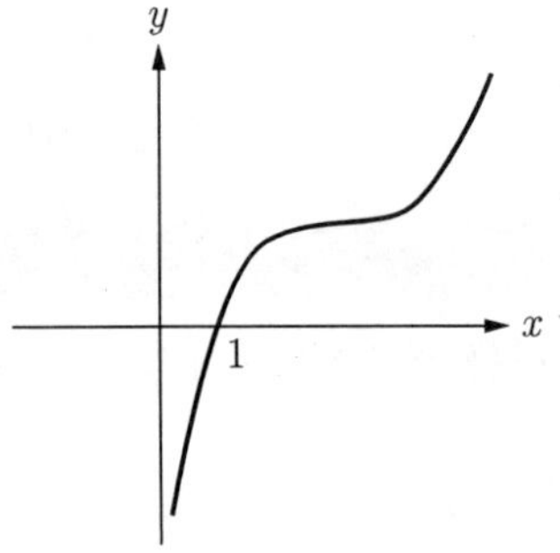

(2)

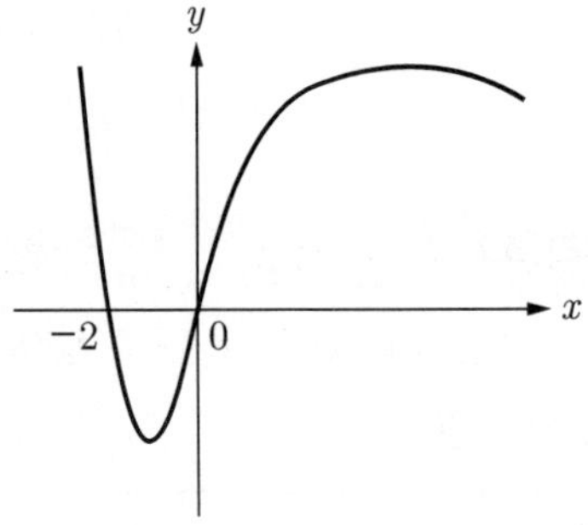

■

문제 4.17 아래의 그래프들을 y축 양의 방향으로 -2만큼 평행이동시킨 그래프를 그려라.

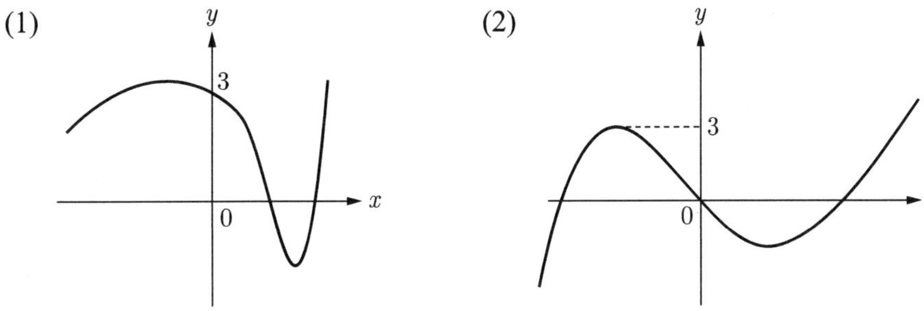

다음으로 함수의 그래프를 y축에 평행한 직선에 대해 대칭이동시킨 그래프에 대해 알아보자. 이는 직관적으로 좌표평면에서 그래프의 위아래를 뒤집은 것으로 생각할 수 있다.

그림 4.6(a)에서 보듯이 $y=x+1$의 그래프를 y축에 대해 대칭이동시킨 그래프는 $y=-x+1$의 그래프이다. 일반적으로 $y=f(x)$의 그래프를 y축에 대해 대칭이동시킨 그래프는 $y=f(-x)$의 그래프이다.

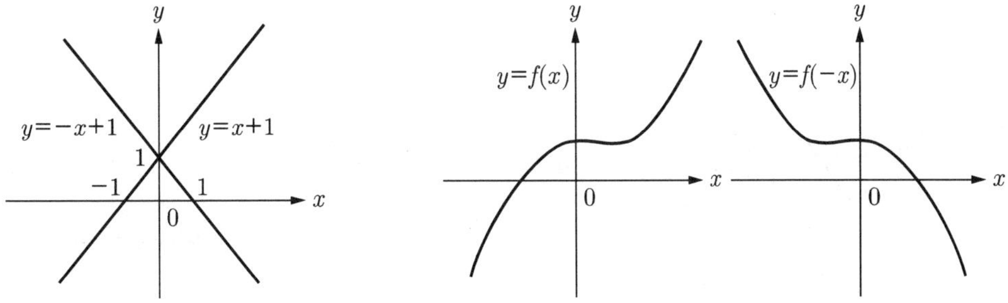

(a) $y=x+1$과 $y=-x+1$의 그래프 (b) $y=f(x)$와 $y=f(-x)$의 그래프

그림 4.6 그래프의 대칭이동(y축 대칭)

다음으로 함수의 그래프를 x축에 평행한 직선에 대해 대칭이동시킨 그래프에 대해 알아보자. 이는 직관적으로 좌표평면에서 그래프의 위아래를 뒤집은 것으로 생각할 수 있다.

그림 4.7(a)에서 보듯이 $y=x+1$의 그래프를 x축에 대해 대칭이동시킨 그래프는 $y=-(x+1)=-x-1$의 그래프이다. 일반적으로 $y=f(x)$의 그래프를 y축에 대해 대칭이동시킨 그래프는 $y=-f(x)$의 그래프이다.

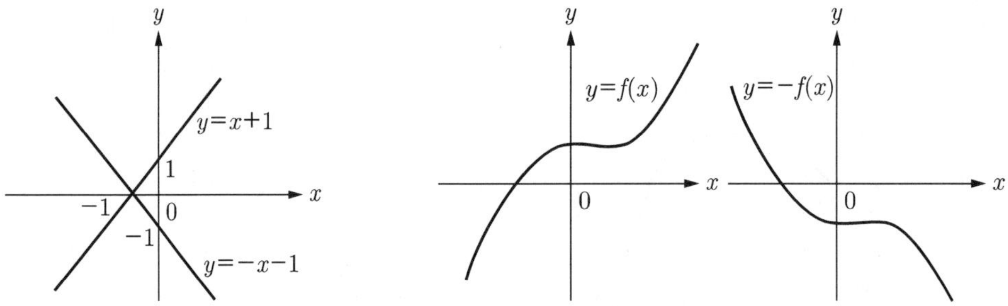

(a) $y=x+1$과 $y=-x-1$의 그래프 (b) $y=f(x)$와 $y=-f(x)$의 그래프

그림 4.7 그래프의 대칭이동(x축 대칭)

다음으로 함수의 그래프를 원점에 대해 대칭이동시킨 그래프에 대해 알아보자. 이는 직관적으로 좌표평면에서 그래프를 원점을 중심으로 뒤집은 것으로 생각할 수 있다.

그림 4.8(a)에서 보듯이 $y=x+1$의 그래프를 x축에 대해 대칭이동시킨 그래프는 $y=-((-x)+1)=x-1$의 그래프이다. 일반적으로 $y=f(x)$의 그래프를 원점에 대해 대칭이동시킨 그래프는 $y=-f(-x)$의 그래프이다.

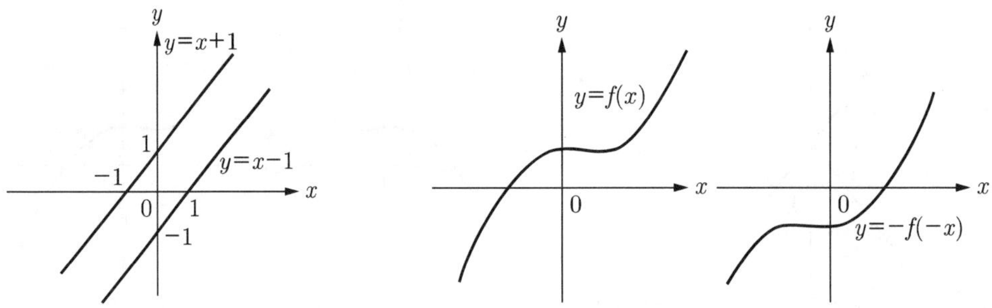

(a) $y=x+1$과 $y=x-1$의 그래프 (b) $y=f(x)$와 $y=-f(-x)$의 그래프

그림 4.8 그래프의 대칭이동(원점에 대한 대칭)

좀더 일반적으로 다음 정리가 성립한다.

정리 4.9

함수 $f(x)$의 그래프를 직선 $x=a$에 대해 대칭이동시킨 그래프는 $y=f(2a-x)$의 그래프가 되고, 함수 $f(x)$의 그래프를 직선 $y=b$에 대해 대칭이동시킨 그래프는 함수 $y=2b-f(x)$의 그래프가 되며, 점 (a, b)에 대해 대칭이동시킨 그래프는 $y=2b-f(2a-x)$의 그래프가 된다.

이 정리는 점 $P(x,\ y)$의 직선 $x=a$에 대한 대칭점은 $Q(2a-x,\ y)$이고, 직선 $y=b$에 대해 대칭이동시킨 점은 $R(x,\ 2b-y)$이며, 점 $(a,\ b)$에 대해 대칭이동시킨 점은 $S(2a-x,\ 2b-y)$라는 사실로부터 알 수 있다.

그림 4.9는 점 $P(x,\ y)$의 y축에 대한 대칭점 Q와 x축에 대한 대칭점 R과 원점에 대한 대칭점 S를 좌표평면에 나타낸 것이다.

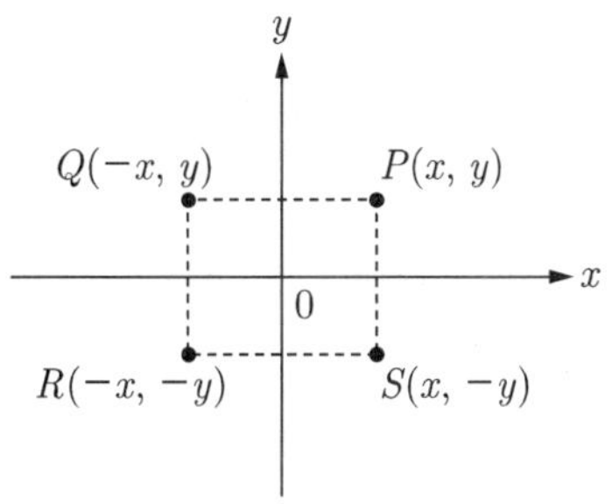

그림 4.9 한 점의 대칭점

따름정리 4.10

함수 $f(x)$의 그래프를 y축에 대해 대칭이동시킨 그래프는 $y=f(-x)$의 그래프가 되고, 함수 $f(x)$의 그래프를 x축에 대해 대칭이동시킨 그래프는 함수 $y=-f(x)$의 그래프가 되며, 원점에 대해 대칭이동시킨 그래프는 $y=-f(-x)$의 그래프가 된다.

함수의 그래프를 직선이나 점에 대해 대칭이동시킨 그래프와 원래 그래프가 일치한다면 이 그래프는 대칭이동의 중심이 되는 직선이나 점에 대해 대칭이다. 따라서 다음의 따름정리를 얻을 수 있다.

따름정리 4.11

함수 $f(x)$의 그래프는 $f(x)=f(2a-x)$이면 직선 $x=a$에 대해 대칭이 되고 $f(x)=2b-f(2a-x)$이면 점 $(a,\ b)$에 대해 대칭이다.

직선 $y=b$에 대해 대칭인 함수의 그래프는 상수함수 $f(x)=b$의 그래프뿐이다.

예제 4.18 (1) 함수 $f(x)=7x-2$의 그래프를 x축에 대해 대칭이동시키면 어떤 함수의 그래프인가?

(2) 함수 $f(x)=x^2-1$의 그래프를 y축에 대해 대칭이동시키면 어떤 함수의 그래프인가?

(3) 함수 $f(x)=x^3-x+1$의 그래프를 원점에 대해 대칭이동시키면 어떤 함수의 그래프인가?

(4) 함수 $f(x)=2x^2+x+3$의 그래프를 직선 $y=3$에 대해 대칭이동시키면 어떤 함수의 그래프인가?

(5) 함수 $f(x)=5x+3$의 그래프를 점 $(2,\ 1)$에 대해 대칭이동시키면 어떤 함수의 그래프인가?

풀이•• (1) 따름정리 4.10에 의해 $y=-f(x)=-(7x-2)=-7x+2$의 그래프이다.

(2) 따름정리 4.10에 의해 $y=f(-x)=(-x)^2-1=x^2-1$의 그래프이다.

(3) 따름정리 4.10에 의해 $y=-f(-x)=-((-x)^3-(-x)+1)=x^3-x-1$의 그래프이다.

(4) 정리 4.11에 의해 $y=3\cdot 2-f(x)=6-(2x^2+x+3)=-2x^2-x+3$의 그래프이다.

(5) 정리 4.11에 의해 $y=2\cdot 1-f(2\cdot 2-x)=2-(5(4-x)+3)=5x-21$의 그래프이다. ■

문제 4.18 (1) 함수 $f(x)=x^3+x^2$의 그래프를 x축에 대해 대칭이동시키면 어떤 함수의 그래프인가?

(2) 함수 $f(x)=3x-2$의 그래프를 직선 $x=-1$에 대해 대칭이동시키면 어떤 함수의 그래프인가?

(3) 함수 $f(x)=2x^2$의 그래프를 점 $(2,\ 1)$에 대해 대칭이동시키면 어떤 함수의 그래프인가?

예제 4.19 다음의 그래프를 밑에 주어진 직선이나 점에 대해 대칭이동시킨 그래프를 그려라.

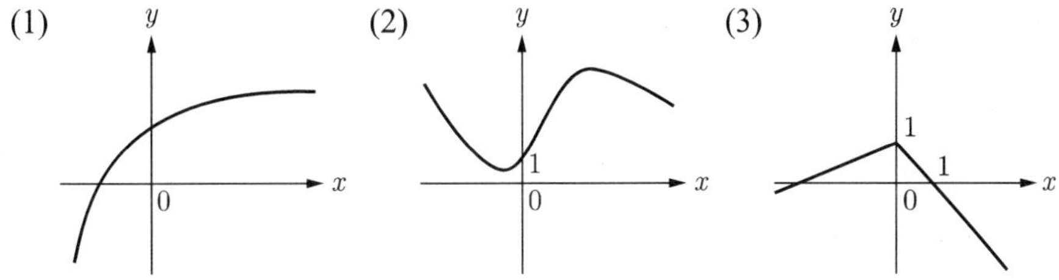

y축　　　　직선 $y=1$　　　　점 $(0,\ 1)$

풀이••

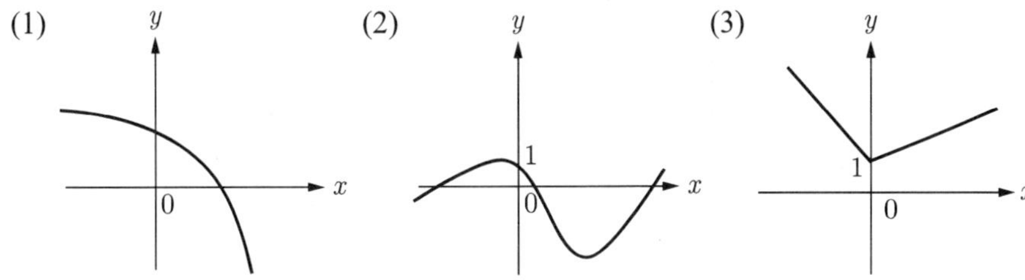

■

문제 4.19 아래의 그래프를 밑에 주어진 직선이나 점에 대해 대칭이동시킨 그래프를 그려라.

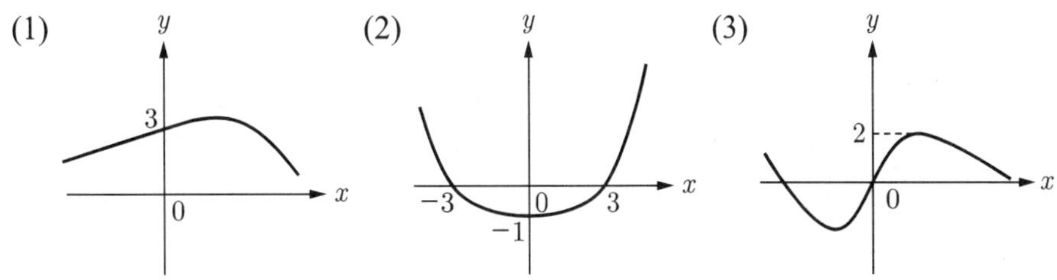

원점　　　　직선 $x=\frac{1}{2}$　　　　직선 $y=1$

예제 4.20 (1) 함수의 그래프 $y=3x$는 원점에 대해 대칭임을 보여라.

(2) 함수의 그래프 $y=x+1$은 점 $(0,\ 1)$에 대해 대칭임을 보여라.

풀이•• (1) $f(x)=3x$일 때 $-f(-x)=-(3(-x))=3x=f(x)$이므로 함수의 그래프 $y=3x$는 원점에 대해 대칭이다.

(2) $f(x)=x+1$일 때

$$2\cdot 1-f(2\cdot 0-x)=2-f(-x)=2-(-x+1)=x+1=f(x)$$

이므로 함수의 그래프 $y=x+1$은 점 $(0,\ 1)$에 대해 대칭이다. ■

문제 4.20 함수의 그래프 $y=2x-1$은 점 $(1,\ 1)$에 대해 대칭임을 보여라.

다음으로 절댓값이 들어간 함수의 그래프를 그려보자.

먼저 함수 $f(x)=|x|$의 그래프를 그리면 $f(x)=\begin{cases} x, & x \ge 0 \\ -x, & x<0 \end{cases}$이므로 $x \ge 0$인 구간과 $x<0$인 구간으로 나누어 그래프를 그리면 그림 4.10(a)와 같다. 마찬가지로 $y=|x-1|$의 그래프를 그리면 그림 4.10(b)와 같다.

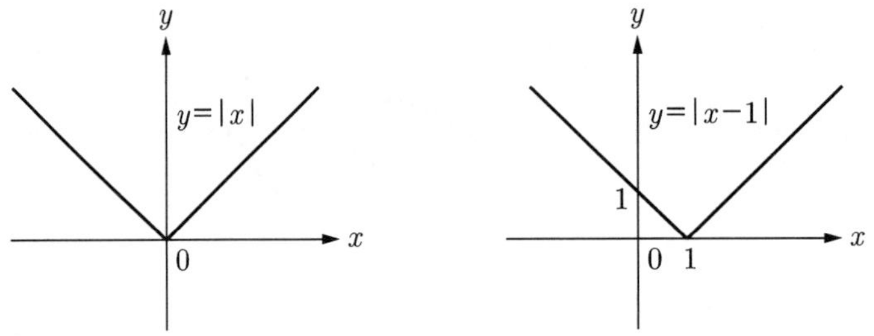

(a) $y=|x|$ (b) $y=|x-1|$

그림 4.10 절댓값이 들어간 함수의 그래프

일반적으로 $y=|f(x)|$의 그래프를 그리는 방법은 다음과 같다.

$y=f(x)$의 그래프를 그린 후 x축의 아랫부분을 x축에 대해 대칭이동시킨다. 예를 들어 그림 4.11(a)와 같이 $y=2x-2$의 그래프를 그리고 점선으로 표시된 x축 아랫부분을 x축에 대해 대칭이동시키면 $y=|2x-2|$의 그래프를 얻을 수 있다. $y=|f(x)|$의 그래프를 얻는 일반적인 방법에 대해서는 그림 4.11(b)를 참조하여라.

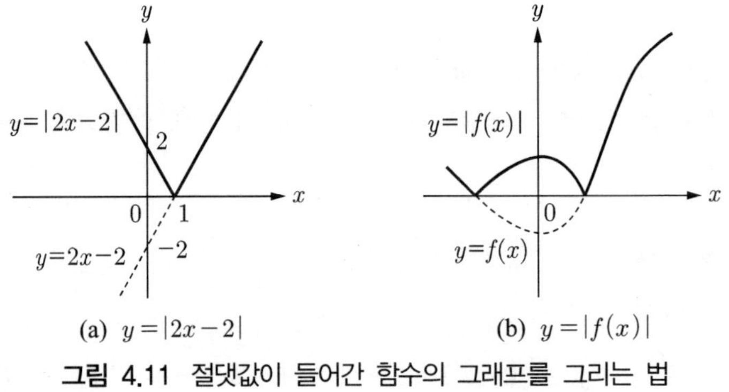

(a) $y=|2x-2|$ (b) $y=|f(x)|$

그림 4.11 절댓값이 들어간 함수의 그래프를 그리는 법

예제 4.21 $y=|-2x+1|$의 그래프를 그려라.

풀이•• $y=-2x+1$의 그래프를 아래 왼쪽 그림과 같이 그리고, 이 그래프의 x축 아랫부분을 x축에 대해 대칭이동시키면 아래 오른쪽 그림과 같은 그래프를 그릴 수 있다.

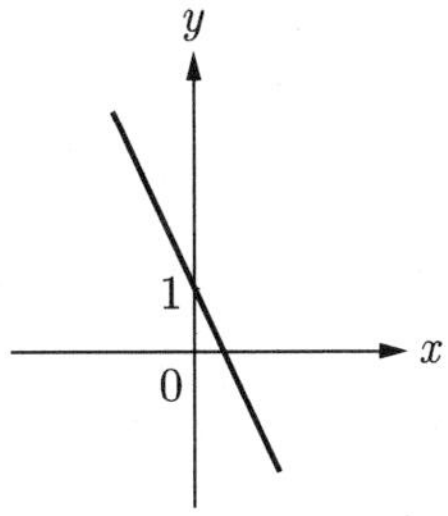

$y=-2x+1$

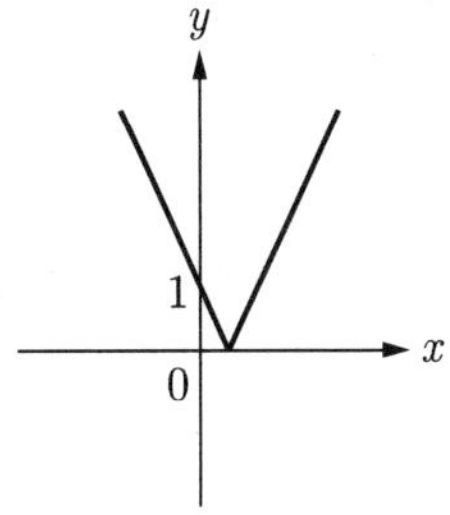

$y=|-2x+1|$ ■

문제 4.21 $y=|2x+3|$의 그래프를 그려라.

예제 4.22 $y=f(x)$의 그래프가 아래 그림과 같을 때 $y=|f(x)|$의 그래프를 그려라.

(1)

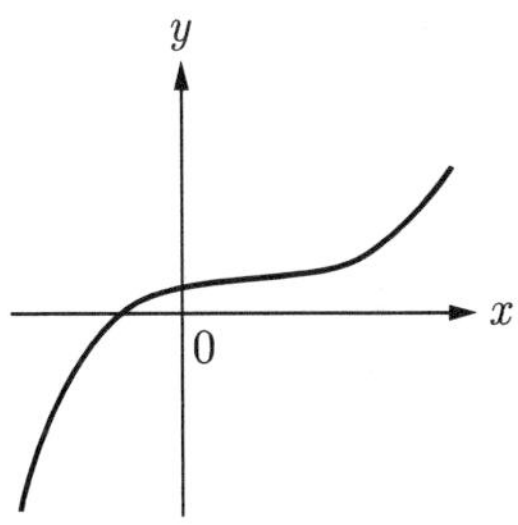

(2)

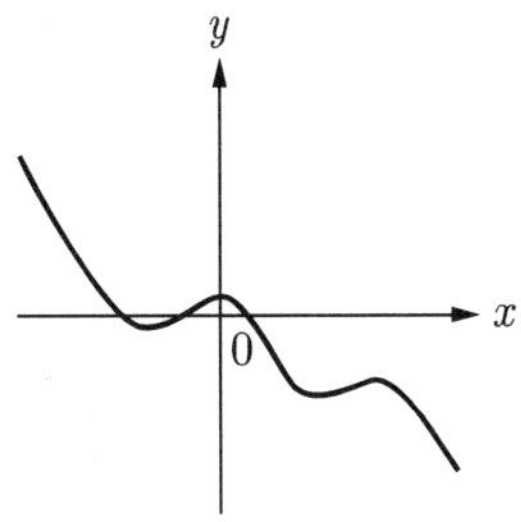

풀이•• (1)

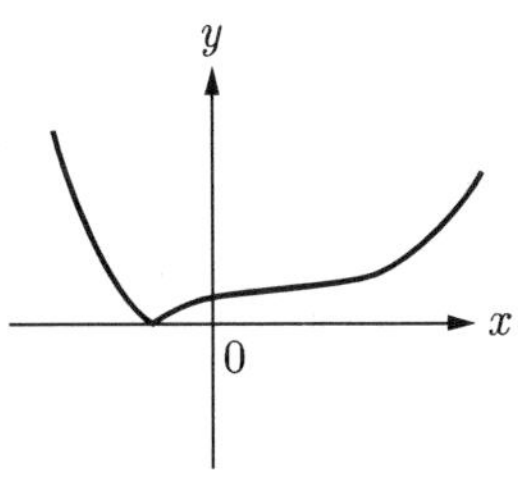

(2)

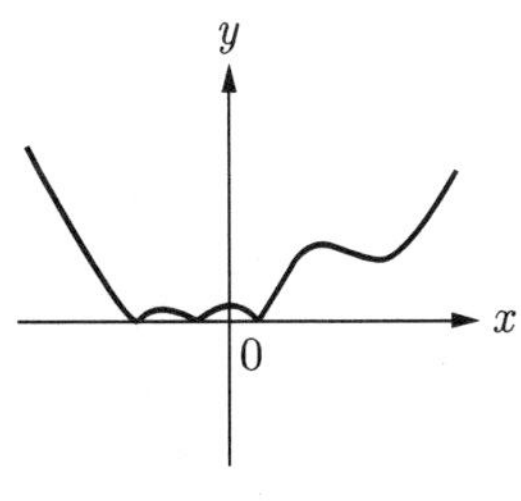

■

문제 4.22 $y=f(x)$의 그래프가 다음 그림과 같을 때 $y=|f(x)|$의 그래프를 그려라.

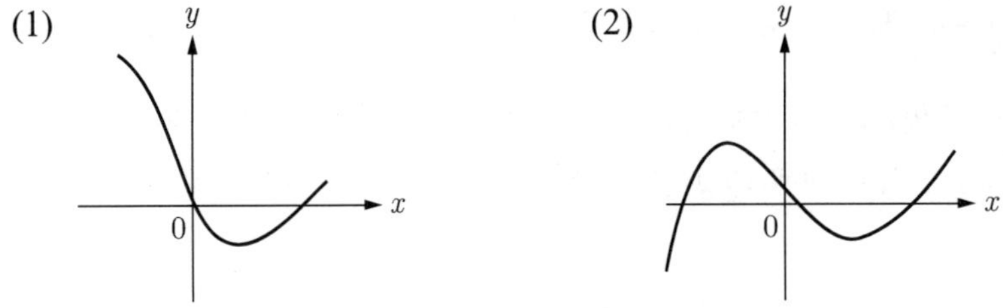

예제 4.23 함수의 그래프 $y=|x|$는 y축에 대해 대칭임을 보여라.

풀이•• $f(x)=|x|$일 때 $f(-x)=|-x|=|x|=f(x)$이므로 함수의 그래프 $y=|x|$는 y축에 대해 대칭이다. ■

문제 4.23 함수의 그래프 $y=|2x-1|$은 직선 $x=\frac{1}{2}$에 대해 대칭임을 보여라.

다음으로 함수 f가 역함수 f^{-1}를 가질 때 $y=f(x)$ 그래프와 $y=f^{-1}(x)$ 그래프의 관계에 대해 알아보자. 함수 $f(x)=2x+3$의 역함수는 $f^{-1}(x)=\frac{x-3}{2}$이고 그림 4.12는 이들의 그래프이다.

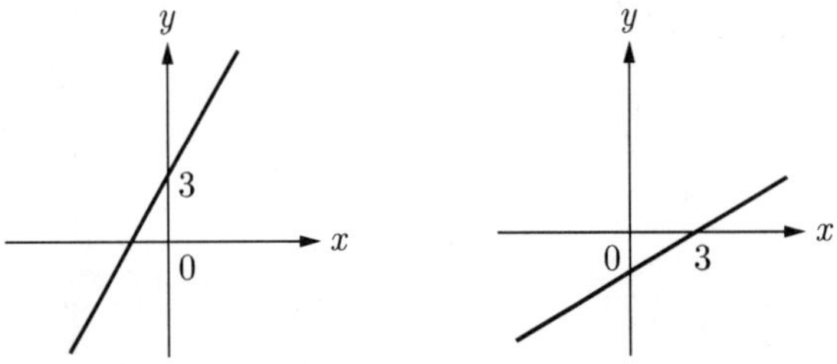

(a) $y=2x+3$ (b) $y=\frac{x-3}{2}$

그림 4.12 일차함수와 그 역함수의 그래프

이 그래프들을 관찰해볼 때 두 그래프는 직선 $y=x$에 대해 대칭임을 알 수 있다. 따라서 우리는 다음 정리가 성립함을 짐작할 수 있다.

정리 4.12 역함수의 그래프

함수 f가 역함수 f^{-1}를 가질 때 $y=f(x)$ 그래프와 $y=f^{-1}(x)$ 그래프는 직선 $y=x$에 대해 대칭이다.

이 정리가 성립하는 이유는 다음과 같이 간략히 설명할 수 있다.

함수 f의 역함수가 f^{-1}이면 $f(a)=b$일 때 $f^{-1}(b)=a$이다. 즉 $y=f(x)$ 그래프 위에 점 (a, b)가 있으면 $y=f^{-1}(x)$ 그래프 위에 (b, a)가 있다. 그런데 점 (b, a)는 점 (a, b)의 직선 $y=x$에 대한 대칭점이다.

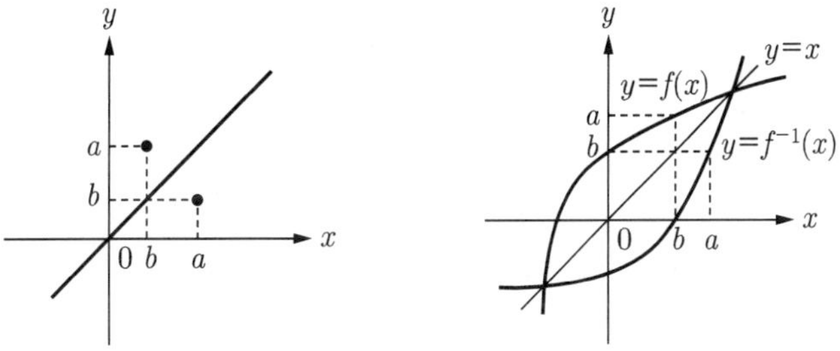

그림 4.13 함수의 그래프와 그 역함수의 그래프

예제 4.24 $y=f(x)$의 그래프가 아래 그림과 같을 때 $y=f^{-1}(x)$의 그래프를 그려라.

(1)

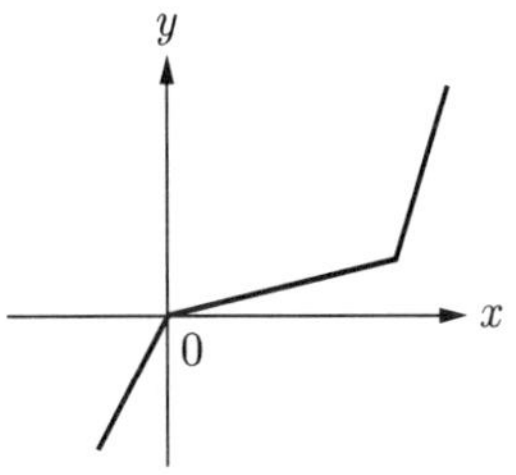

(2)

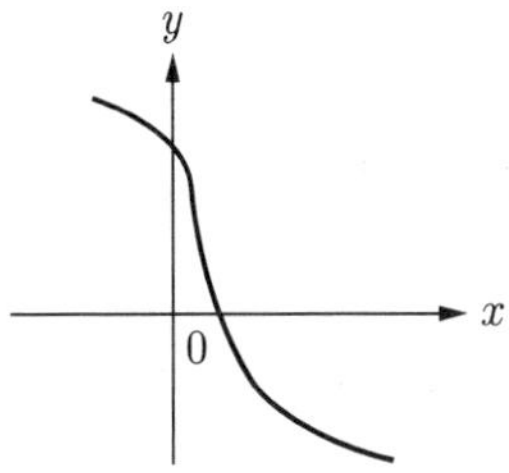

풀이•• (1)

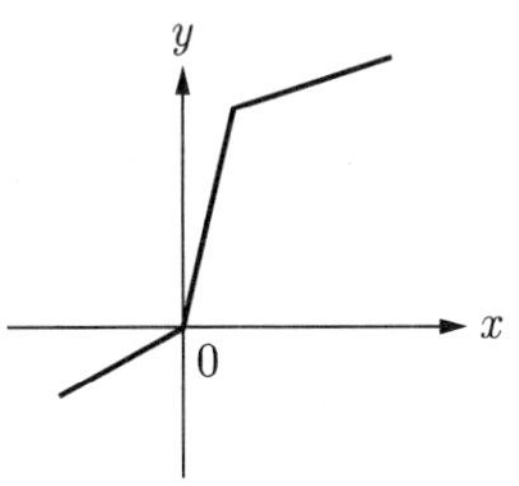

(2)

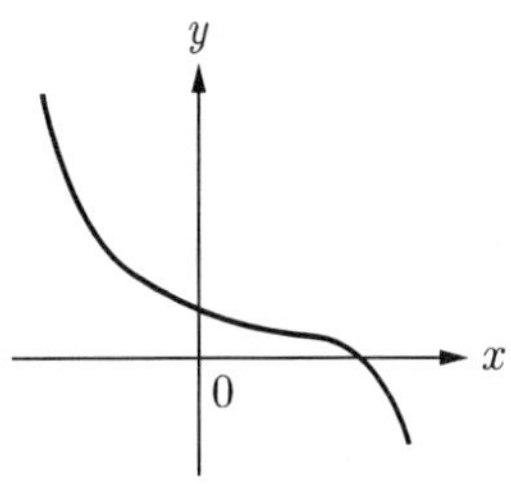

■

문제 4.24 $y=f(x)$의 그래프가 아래 그림과 같을 때 $y=f^{-1}(x)$의 그래프를 그려라.

(1)

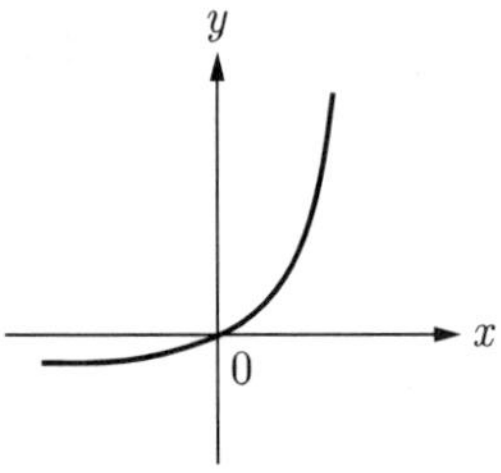

(2)

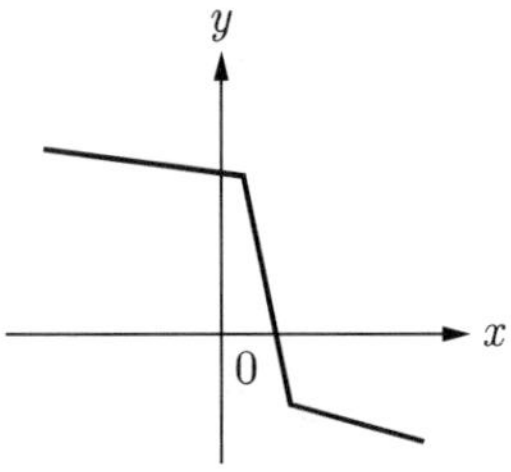

정리 4.13

함수 $f: X \to \mathbb{R}$가 역함수 f^{-1}를 가질 때 $f(x)$가 증가함수이면 $f^{-1}(x)$도 증가함수이다.

증명•• $z,\ w \in \mathrm{Im}(f)$이고 $z < w$일 때 $x = f^{-1}(z)$이고 $y = f^{-1}(w)$라 하자. 이때 $f(x) = z$이고 $f(y) = w$이다. 여기서 $x > y$이면 f가 증가함수이므로 $z = f(x) > f(y) = w$가 되어 모순이다. 따라서 $f^{-1}(z) = x < y = f^{-1}(w)$이므로 f^{-1}는 증가함수이다. ■

4.5 연습문제

01 어떤 함수의 그래프를 x축 양의 방향으로 3만큼, y축 양의 방향으로 -1만큼 평행이동시킨 그래프가 $y=x^2+3$의 그래프일 때, 원래 그래프의 방정식을 구하여라.

02 $y=3x+1$의 그래프를 직선 $x=2$를 중심으로 대칭이동시킨 뒤 다시 y축 양의 방향으로 2만큼 평행이동시킨 그래프의 방정식을 구하여라.

03 $y=|x|$의 그래프를 $(1,\ 0)$에 대해 대칭이동시킨 뒤 다시 $(0,\ 1)$에 대해 대칭이동시킨 그래프의 방정식을 구하여라.

04 $y=x^3+x$의 그래프는 원점에 대해 대칭임을 보여라.

05 $0 \le x \le 1$일 때 $f(x)=x$이고, $y=f(x)$의 그래프는 직선 $x=0$과 $x=1$에 대해 대칭이다. $2 \le x \le 3$일 때 $y=f(x)$의 그래프를 그려라.

06 $y=|3x-1|+2$의 그래프를 그려라.

07 $y=f(x)$의 그래프를 직선 $y=x$에 대해 대칭이동시킨 뒤 x축 양의 방향으로 2만큼 평행이동시킨 그래프가 $y=5x-2$의 그래프일 때 $f(x)$를 구하여라.

08 아래의 그래프들을 x축 양의 방향으로 2만큼 평행이동시킨 뒤 x축에 대해 대칭이동시킨 그래프를 그려라.

(1)

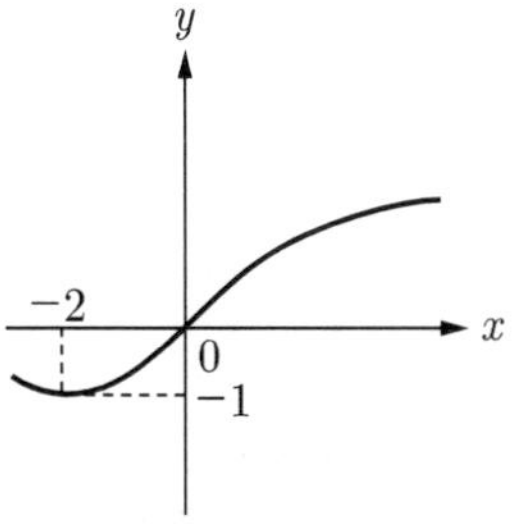

(2)

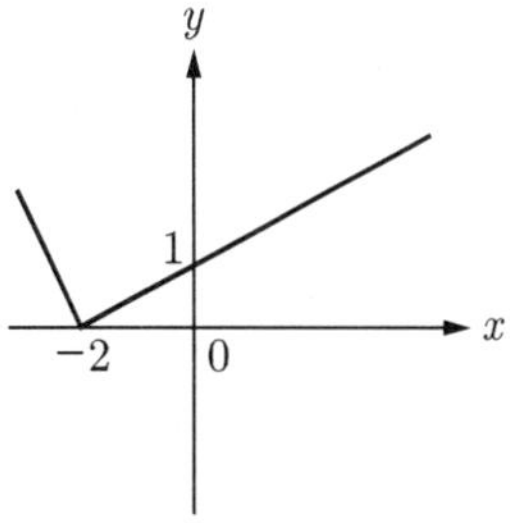

09 $y=f(x)$의 그래프가 아래와 같을 때 $y=-|f(x)|+1$의 그래프를 그려라.

(1)

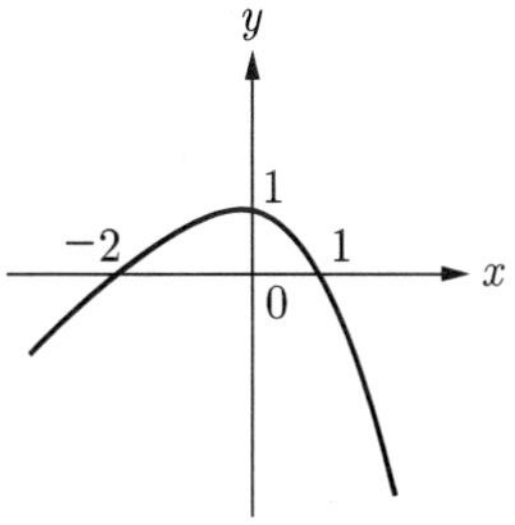

(2)

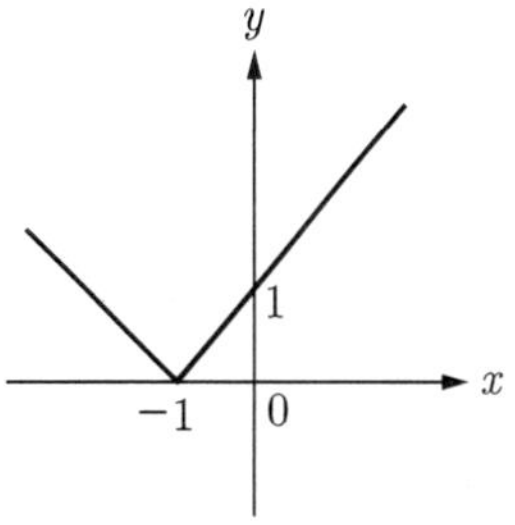

4.6 이차함수, 유리함수, 무리함수의 그래프

이 절에서는 식으로 나타난 여러 가지 함수의 그래프에 대해 알아보자. 일차함수의 그래프에 대해서는 앞 절에서 공부하였다. 따라서 이 절에서는 먼저 이차함수의 그래프에 대해 알아보자. 이차함수 가운데 먼저 $y = ax^2$의 그래프에 대해 알아보자. 그림 4.14(a)는 $y = x^2$의 그래프를 그린 것이고 그림 4.14(b)는 여러 가지 a값에 대한 $y = ax^2$의 그래프들을 비교한 것이다. $y = ax^2$의 그래프는 모두 원점을 지나는 포물선이고, $a > 0$이면 아래로 볼록하고 $a < 0$이면 위로 볼록하다. 그리고 a의 절댓값이 클수록 $y = ax^2$의 그래프는 y축에 가까워지고 포물선의 꼭짓점은 원점이다. 또 $a > 0$일 때 $f(x) = ax^2$은 $[0, \infty) = \{x \in \mathbb{R} \mid x \geq 0\}$에서 증가함수이고, $(-\infty, 0] = \{x \in \mathbb{R} \mid x \geq 0\}$에서 감소함수이며, $a < 0$인 경우는 이 반대다. 따라서 $a > 0$일 때 $f(x) = ax^2$은 $x = 0$일 때 최솟값 0을 갖고, $a < 0$일 때 $f(x) = ax^2$은 $x = 0$일 때 최댓값 0을 갖는다.

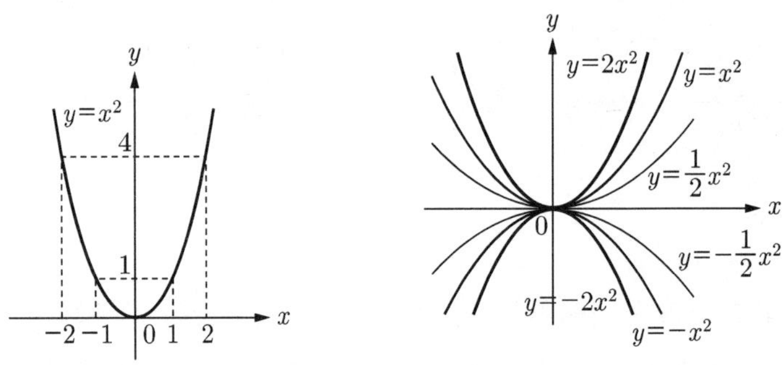

(a) $y = x^2$

(b) $y = ax^2$
$(a = \frac{1}{2}, 1, 2, -\frac{1}{2}, -1, -2)$

그림 4.14 $y = ax^2$의 그래프

$f(x) = ax^2$일 때 $f(-x) = a(-x)^2 = ax^2$이므로 이차함수의 그래프 $y = ax^2$은 y축에 대해 대칭이다. 따라서 y축을 그래프 $y = ax^2$의 **대칭축**이라 한다.

예제 4.25 이차함수의 그래프 $y = ax^2$을 x축에 대해 대칭이동시킨 그래프는 어떤 함수의 그래프인가?

풀이•• 구하는 그래프는 따름정리 4.10에 의해 $y=-f(x)=-(ax^2)=-ax^2$의 그래프이다. ■

문제 4.25 이차함수의 그래프 $y=ax^2$을 원점에 대해 대칭이동시킨 그래프는 어떤 함수의 그래프인가?

다음으로 이차함수의 그래프 $y=ax^2$을 x축이나 y축의 방향으로 평행이동시킨 그래프를 구해보자. 그래프 $y=ax^2$을 x축 양의 방향으로 p만큼 평행이동시키면 $y=a(x-p)^2$의 그래프가 나오고 이 그래프를 다시 y축 양의 방향으로 q만큼 평행이동시키면 그림 4.15에서 보듯이 $y=a(x-p)^2+q$의 그래프가 나온다. 이때 그래프의 대칭축은 y축에서 직선 $x=p$로 이동하고 꼭짓점은 원점에서 점 $(p,\ q)$로 이동한다.

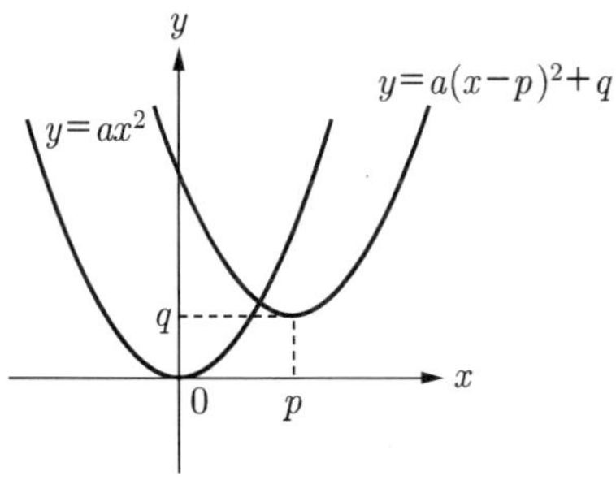

그림 4.15 $y=ax^2$의 그래프의 평행이동

정리 4.14

이차함수 $f(x)=ax^2+bx+c\ (a\neq 0)$의 그래프는 $y=ax^2$의 그래프를 x축 양의 방향으로 $-\dfrac{b}{2a}$만큼, 그리고 y축 양의 방향으로 $\dfrac{4ac-b^2}{4a}$만큼 평행이동시킨 그래프이다.

증명••
$$\begin{aligned} f(x)=ax^2+bx+c &= a\left(x^2+2\frac{b}{2a}x+\left(\frac{b}{2a}\right)^2-\left(\frac{b}{2a}\right)^2\right)+c \\ &= a\left(x+\frac{b}{2a}\right)^2-a\frac{b^2}{4a^2}+c = a\left(x-\left(-\frac{b}{2a}\right)\right)^2+\frac{4ac-b^2}{4a} \end{aligned}$$

이므로 $p=-\dfrac{b}{2a}$이고 $q=\dfrac{4ac-b^2}{4a}$일 때 $f(x)=a(x-p)^2+q$이다. ■

예제 4.26 이차함수 $y=2x^2$을 x축 양의 방향으로 3만큼, 그리고 y축 양의 방향으로 -2

만큼 평행이동시킨 그래프는 어떤 함수의 그래프인가?

풀이•• 정리 4.14에 의해 $f(x)=2(x-3)^2-2=x^2-12x+14$의 그래프이다. ■

문제 4.26 이차함수 $y=-3x^2$의 그래프를 x축 양의 방향으로 -3만큼, 그리고 y축 양의 방향으로 1만큼 평행이동시킨 그래프는 어떤 함수의 그래프인가?

따름정리 4.15

이차함수 $f(x)=ax^2+bx+c\ (a\neq 0)$의 그래프의 대칭축은 $x=-\dfrac{b}{2a}$이고 꼭짓점은 $\left(-\dfrac{b}{2a},\ \dfrac{4ac-b^2}{4a}\right)$이다. 또 $a>0$이면 $f(x)$는 $\left[-\dfrac{b}{2a},\ \infty\right)$에서 증가함수이고 $\left(-\infty,\ -\dfrac{b}{2a}\right]$에서 감소함수이다. $a<0$이면 $f(x)$는 $\left[-\dfrac{b}{2a},\ \infty\right)$에서 감소함수이고 $\left(-\infty,\ -\dfrac{b}{2a}\right]$에서 증가함수이다. 따라서 $a>0$이면 $f(x)$는 $x=-\dfrac{b}{2a}$일 때 최솟값 $\dfrac{4ac-b^2}{4a}$을 갖고 $a<0$이면 $f(x)$는 $x=-\dfrac{b}{2a}$일 때 최댓값 $\dfrac{4ac-b^2}{4a}$을 갖는다.

예제 4.27 이차함수 $y=x^2+2x-1$과 $y=-2x^2+x+3$의 그래프를 그리고 이들의 대칭축과 꼭짓점을 구하여라.

풀이•• 정리 4.14에 의해 이들 함수는 각각 $y=x^2$과 $y=-2x^2$의 그래프를 x축 양의 방향으로 -1과 $\dfrac{1}{4}$만큼, 그리고 y축 양의 방향으로 -2와 $\dfrac{25}{8}$만큼 평행이동시킨 그래프이다. 따라서 이들의 그래프는 그림 4.16과 같고 대칭축은 각각 $x=-1$과 $x=\dfrac{1}{4}$이고, 꼭짓점은 각각 $(-1,\ -2)$와 $\left(\dfrac{1}{4},\ \dfrac{25}{8}\right)$이다.

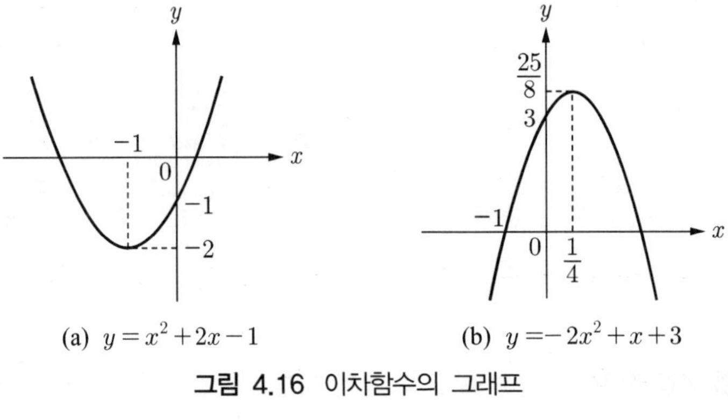

(a) $y=x^2+2x-1$ (b) $y=-2x^2+x+3$

그림 4.16 이차함수의 그래프 ■

문제 4.27 이차함수 $y=3x^2-4x+1$의 그래프를 그리고 이들의 대칭축과 꼭짓점을 구하여라.

예제 4.28 이차함수 $f(x)$의 그래프는 $y=3x^2$의 그래프를 평행이동시킨 그래프이고, $x=1$에서 최솟값 -2를 가진다. 이때 $f(x)$를 구하여라.

풀이•• 따름정리 4.15에 의해 $f(x)$의 그래프는 $y=3x^2$의 그래프를 x축 양의 방향으로 1만큼, 그리고 y축 양의 방향으로 -2만큼 평행이동시킨 그래프이다.
따라서 $f(x)=3(x-1)^2-2=3x^2-6x+1$이다. ■

문제 4.28 이차함수 $f(x)$의 그래프는 $y=-5x^2$의 그래프를 평행이동시킨 그래프이고, $x=1$이 대칭축이고 최댓값은 3이다. 이때 $f(x)$를 구하여라.

다음으로 **유리함수**에 대해 알아보자. 유리함수는 원래 $\dfrac{2x^2+x-1}{3x^3-x+5}$ 같이 분자와 분모가 모두 다항식인 분수 꼴의 함수를 말하지만, 이 절에서 살펴볼 유리함수는 분자와 분모가 모두 0이 아닌 상수 또는 1차식인 분수함수 $f(x)=\dfrac{cx+d}{ax+b}(a\neq 0)$이다. 먼저 함수 $f(x)=\dfrac{a}{x}(a\neq 0)$에 대해 알아보자. 이 함수는 $x=0$에서는 분모가 0이므로 함숫값이 정의되지 않는다. 따라서 이 함수의 정의역은 $\{x\in\mathbb{R}\mid x\neq 0\}$이다. 그림 4.17에서 $y=\dfrac{1}{x}$의 그래프와 $y=-\dfrac{1}{x}$의 그래프를 살펴보았다. 이 두 함수의 그래프는 모두 원점에 대해서 대칭이고, $f(x)=\dfrac{1}{x}$의 그래프는 1사분면과 3사분면에 생기고 $f(x)=-\dfrac{1}{x}$의 그래프는 2사분면과 4사분면에 생긴다. 또 x가 0에 가까이 가는 경우 이 두 그래프는 y축과 매우 가까워지고 x가 무한히 커지면 x축과 점점 가까워진다. 따라서 x축과 y축을 이 두 곡선의 **점근선**이라 한다. 그리고 $f(x)=\dfrac{1}{x}$은 구간 $(0,\infty)$와 $(-\infty,0)$에서는 각각 감소함수이지만 전체적으로는 감소함수가 아니다. 반면에 $f(x)=-\dfrac{1}{x}$은 구간 $(0,\infty)$와 $(-\infty,0)$에서는 각각 증가함수이지만 전체적으로는 증가함수가 아니다. 이들은 모두 일대일 함수이므로 역함수를 갖는데 이 두 함수는 모두 자기 자신이 역함수이다.

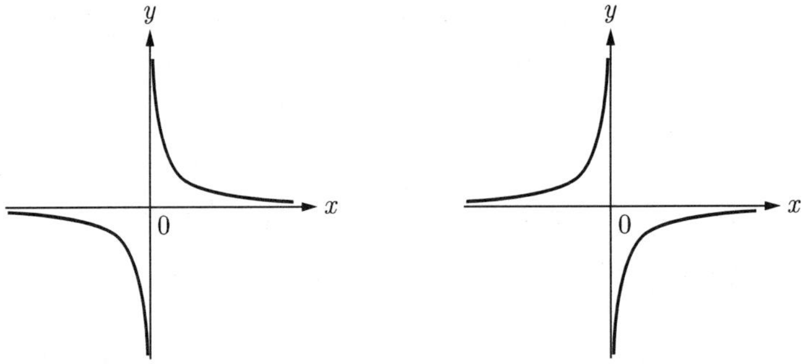

(a) $y=\frac{1}{x}$ (b) $y=-\frac{1}{x}$

그림 4.17 $y=\frac{a}{x}\ (a=\pm 1)$의 그래프

일반적으로 $f(x)=\frac{a}{x}$의 그래프들은 이들과 매우 비슷한 성질을 가지고 있다. 다음 정리에서 이 가운데 몇 가지를 살펴보기로 하자.

정리 4.16

(1) $a \neq 0$일 때 유리함수 $f(x)=\frac{a}{x}$의 그래프는 원점에 대해 대칭이다.

(2) $a>0$이면 유리함수 $f(x)=\frac{a}{x}$는 구간 $(0,\infty)$와 $(-\infty,0)$에서는 각각 감소함수이지만 전체적으로는 감소함수가 아니다. $a<0$이면 유리함수 $f(x)=\frac{a}{x}$는 구간 $(0,\infty)$와 $(-\infty,0)$에서는 각각 증가함수이지만 전체적으로는 증가함수가 아니다.

(3) 유리함수 $f(x)=\frac{a}{x}$는 자기 자신을 역함수로 가진다.

증명•• (1) $-f(-x)=-\frac{a}{(-x)}=\frac{a}{x}=f(x)$이므로 따름정리 4.10에 의해 $f(x)=\frac{a}{x}$의 그래프는 원점에 대해 대칭이다.

(2) $a>0$이고 $y>x>0$일 때 $f(y)-f(x)=\frac{a}{y}-\frac{a}{x}=a\frac{x-y}{xy}<0$이므로 $f(x)$는 $(0,\infty)$에서 감소함수이다. $x<y<0$일 때 $f(y)-f(x)=\frac{a}{y}-\frac{a}{x}=a\frac{x-y}{xy}<0$이므로 $f(x)$는 $(-\infty,0)$에서 $f(x)$는 감소함수이다. 그러나 $f(-1)=-\frac{1}{a}<0<\frac{1}{a}=f(1)$이므로 $f(x)$는 감소함수가 아니다. $a<0$인 경우의 증명도 마찬가지다.

(3) $f(x) = \frac{a}{x} = y$일 때 $x = \frac{a}{y}$이므로 $f(x)$의 역함수는 $f^{-1}(x) = \frac{a}{x} = f(x)$이다. ■

아래 그림은 몇 가지 a에 대해 $f(x) = \frac{a}{x}$의 그래프를 살펴본 것이다.

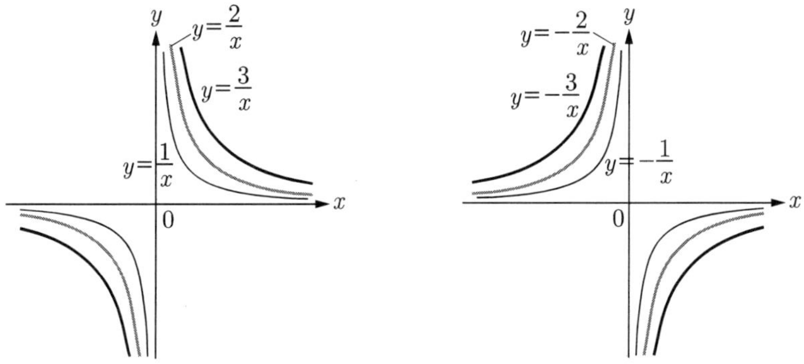

(a) $y = \frac{a}{x}\ (a = 1,\ 2,\ 3)$ (b) $y = \frac{a}{x}\ (a = -1,\ -2,\ -3)$

그림 4.18 $y = \frac{a}{x}$의 그래프

$a > 0$이면 $f(x) = \frac{a}{x}$의 그래프는 1사분면과 3사분면에 생기고 $a < 0$이면 $f(x) = \frac{a}{x}$의 그래프는 2사분면과 4사분면에 생긴다. 또 $f(x) = \frac{a}{x}$의 그래프는 모두 x축과 y축을 점근선으로 가진다.

이제 $f(x) = \frac{a}{x}$의 그래프를 x축이나 y축의 방향으로 평행이동시킨 그래프를 구해보자. 그래프 $y = \frac{a}{x}$를 x축 양의 방향으로 p만큼 평행이동시키면 $y = \frac{a}{x-p}$의 그래프가 나오고 이 그래프를 다시 y축 양의 방향으로 q만큼 평행이동시키면 그림 4.19에서 보듯이 $y = \frac{a}{x-p} + q$의 그래프가 나온다. 이때 이 함수는 $x = p$에서 함숫값이 정의되지 않고 $(p,\ q)$에 대해 대칭이고 점근선은 x축과 y축에서 직선 $y = q$와 $x = p$로 각각 바뀐다. 또 $a > 0$이면 구간 $(p,\ \infty)$와 $(-\infty,\ p)$에서 각각 감소함수이고 $a < 0$이면 구간 $(p,\ \infty)$와 $(-\infty,\ p)$에서 각각 증가함수이다.

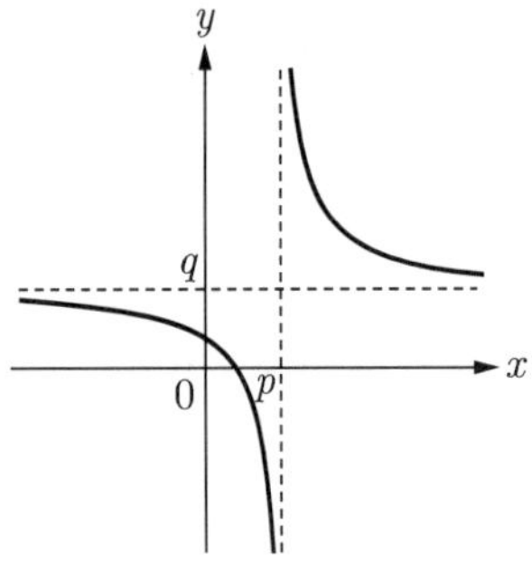

(a) $a>0$일 때

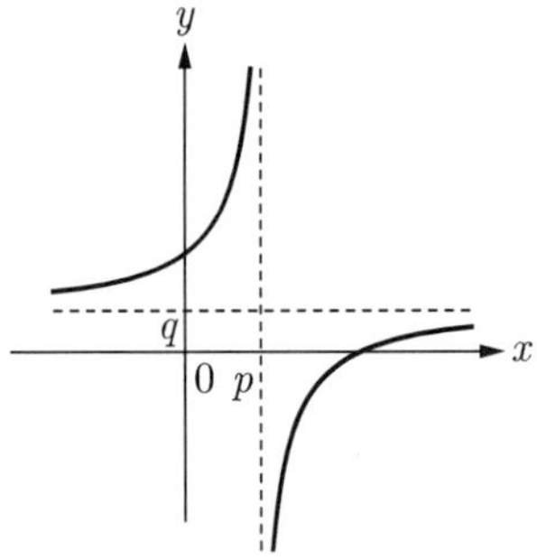

(b) $a<0$일 때

그림 4.19 $y=\dfrac{a}{x}$의 그래프의 평행이동

정리 4.17

유리함수 $f(x)=\dfrac{cx+d}{ax+b}\,(a\neq 0,\ ad-bc\neq 0)$의 그래프는 $k=\dfrac{ad-bc}{a^2}$일 때 $y=\dfrac{k}{x}$의 그래프를 x축 양의 방향으로 $-\dfrac{b}{a}$만큼, 그리고 y축 양의 방향으로 $\dfrac{c}{a}$만큼 평행이동시킨 그래프이다.

증명••

$$f(x)=\frac{cx+d}{ax+b}=\frac{\frac{c}{a}(ax+b)-\frac{bc}{a}+d}{ax+b}=\frac{c}{a}+\frac{\frac{-bc+ad}{a}}{a\left(x+\frac{b}{a}\right)}$$

$$=\frac{\frac{ad-bc}{a^2}}{x+\frac{b}{a}}+\frac{c}{a}=\frac{k}{x+\frac{b}{a}}+\frac{c}{a}$$

이므로 $p=-\dfrac{b}{a}$이고 $q=\dfrac{c}{a}$일 때 $f(x)=\dfrac{k}{x-p}+q$이다. ■

예제 4.29 (1) 유리함수 $y=\dfrac{4}{x}$를 x축 양의 방향으로 -2만큼, 그리고 y축 양의 방향으로 5만큼 평행이동시킨 그래프는 어떤 함수의 그래프인가?

(2) 유리함수의 그래프 $y=\dfrac{x+1}{x-1}$은 그래프 $y=\dfrac{a}{x}$을 x축 양의 방향으로 p만큼, y축 양의 방향으로 q만큼 평행이동시킨 그래프일 때 $a,\ p,\ q$를 구하여라.

풀이•• (1) $f(x)=\dfrac{4}{x+2}+5=\dfrac{5x+14}{x+2}$의 그래프이다.

(2) 정리 4.17에 의해 $p=-\dfrac{-1}{1}=1,\ q=\dfrac{1}{1}=1,\ a=\dfrac{1\cdot 1-(-1)1}{1^2}=2$이다. ■

문제 4.29 (1) 유리함수 $y=\frac{-1}{2x}$을 x축 양의 방향으로 -1만큼, 그리고 y축 양의 방향으로 3만큼 평행이동시킨 그래프는 어떤 함수의 그래프인가?

(2) 유리함수의 그래프 $y=\frac{x-2}{2x-3}$은 그래프 $y=\frac{a}{x}$을 x축 양의 방향으로 p만큼, y축 양의 방향으로 q만큼 평행이동시킨 그래프일 때 a, p, q를 구하여라.

따름정리 4.18

(1) $a \neq 0$이고 $ad-bc \neq 0$일 때 유리함수 $f(x)=\frac{cx+d}{ax+b}$의 그래프는 점 $\left(-\frac{b}{a}, \frac{c}{a}\right)$에 대해 대칭이다.

(2) $ad-bc>0$이면 유리함수 $f(x)=\frac{cx+d}{ax+b}$는 구간 $\left(-\frac{b}{a}, \infty\right)$와 $\left(-\infty, -\frac{b}{a}\right)$에서는 각각 감소함수이지만 전체적으로는 감소함수가 아니다. $ad-bc<0$이면 유리함수 $f(x)=\frac{cx+d}{ax+b}$는 구간 $\left(-\frac{b}{a}, \infty\right)$와 $\left(-\infty, -\frac{b}{a}\right)$에서는 각각 증가함수이지만 전체적으로는 증가함수가 아니다.

(3) 유리함수 $f(x)=\frac{cx+d}{ax+b}$는 역함수 $f^{-1}(x)=\frac{-bx+d}{ax-c}$를 가진다.

증명•• (1), (2)는 정리 4.16과 정리 4.17로부터 자명하게 얻을 수 있다.

(3) $y=\frac{cx+d}{ax+b}$일 때 $(ax+b)y=cx+d$에서 $x=\frac{d-by}{ay-c}$이므로 $f^{-1}(x)=\frac{-bx+d}{ax-c}$이다. ■

예제 4.30 (1) 유리함수의 그래프 $y=\frac{2x}{x-3}$와 $y=\frac{2x+1}{-3x+2}$을 그리고 이들의 점근선을 구하여라.

(2) 유리함수 $y=\frac{2x-5}{x+3}$의 역함수를 구하여라.

풀이•• (1) 따름정리 4.18에 의해 이들 함수는 각각 $y=\frac{6}{x}$과 $y=\frac{-7}{x}$의 그래프를 x축 양의 방향으로 3과 $\frac{2}{3}$만큼, 그리고 y축 양의 방향으로 2와 $-\frac{2}{3}$만큼 평행이동시킨 그래프이다. 따라서 이들의 그래프는 다음 그림과 같고 $y=\frac{2x}{x-3}$의 점근선은 $x=3$과 $y=2$, $y=\frac{2x+1}{-3x+2}$의 점근선은 $x=\frac{2}{3}$와 $y=-\frac{2}{3}$이다.

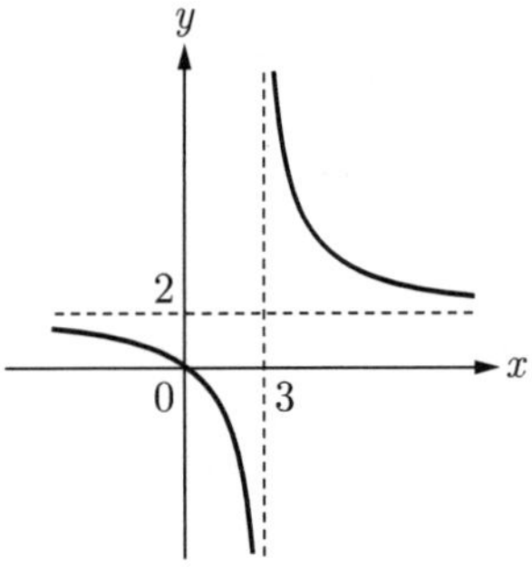

(a) $y=\frac{2x}{x-3}$

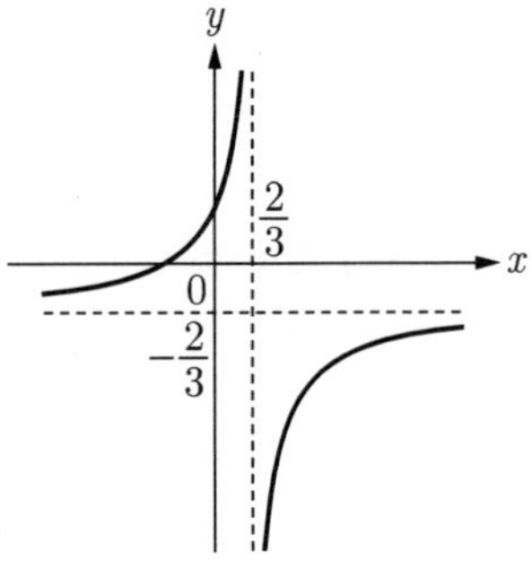

(b) $y=\frac{2x+1}{-3x+2}$

(2) 따름정리 4.18에 의해 $f^{-1}(x)=\frac{-3x-5}{x-2}$ 이다. ■

문제 4.30 (1) 유리함수 $y=\frac{3}{4x-1}$ 의 그래프를 그리고 점근선을 구하여라.

(2) 유리함수 $y=\frac{7x-3}{-2x+1}$ 의 역함수를 구하여라.

다음으로 **무리함수**에 대해 알아보자. 여기에서는 $f(x)=\sqrt{ax+b}+c$ 또는 $f(x)=-\sqrt{ax+b}+c$ 꼴의 무리함수를 다룬다. 이 가운데 가장 기본적인 무리함수는 $a\neq 0$일 때 $g(x)=\sqrt{ax}$ 또는 $f(x)=-\sqrt{ax}$ 일 것이다. 이 가운데 먼저 $y=\sqrt{x}$ 의 그래프를 살펴보자. 물론 이때 함숫값이 정의되려면 $x\geq 0$이어야 한다. $f:[0,\infty)\to\mathbb{R}$, $f(x)=x^2$일 때 f는 일대일 함수이므로 역함수 $f^{-1}(x)=\sqrt{x}$ 를 가진다. 따라서 정리 4.12에 의해 $y=x^2$ $(x\geq 0)$의 그래프와 $y=\sqrt{x}$ 의 그래프는 직선 $y=x$에 대해 대칭이다. 이로부터 $y=\sqrt{x}$ 의 그래프를 그릴 수 있다.

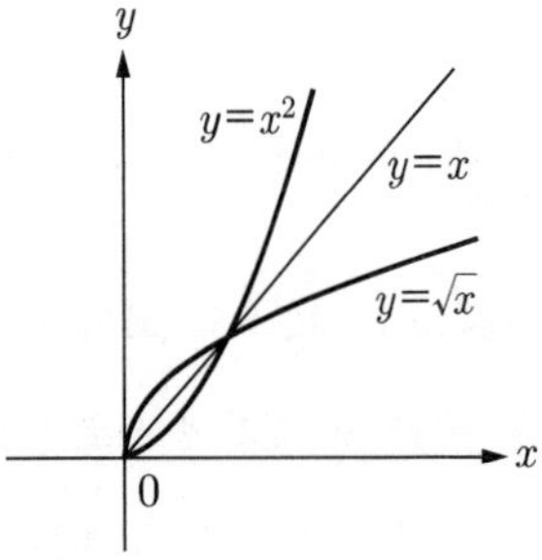

그림 4.20 $y=\sqrt{x}$ 의 그래프

이와 마찬가지로 $a > 0$일 때 $f(x) = \sqrt{ax}$는 $g(x) = \dfrac{x^2}{a}$ $(x \geq 0)$의 역함수이고 $a < 0$이면 $f(x) = \sqrt{ax}$는 $g(x) = \dfrac{x^2}{a}$ $(x \leq 0)$의 역함수임을 이용하여 다음과 같이 그래프를 그릴 수 있다.

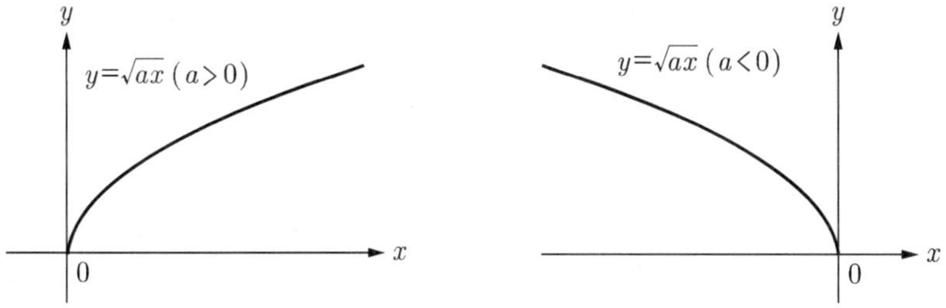

그림 4.21 $y = \sqrt{ax}$의 그래프

$a > 0$일 때 $f(x) = \sqrt{ax}$는 증가함수이고 $f(x) = -\sqrt{ax}$는 감소함수이다. $a < 0$일 때는 이와 완전히 반대이다.

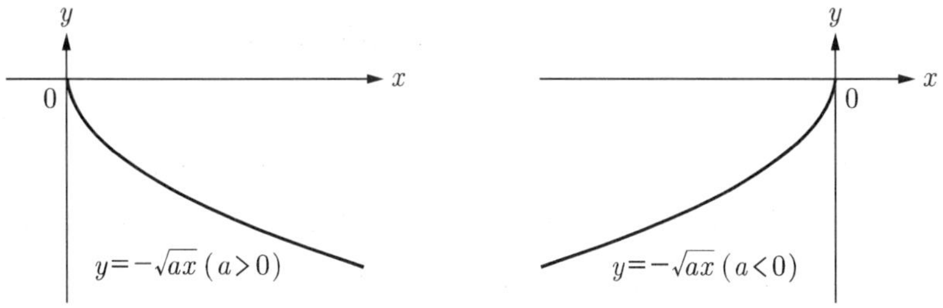

그림 4.22 $y = -\sqrt{ax}$의 그래프

정리 4.19

(1) $a \neq 0$일 때 무리함수 $f(x) = \sqrt{ax}$의 그래프를 y축에 대해 대칭이동시키면 $f(x) = \sqrt{-ax}$의 그래프가 된다.

(2) $a \neq 0$일 때 무리함수 $f(x) = \sqrt{ax}$의 그래프를 x축에 대해 대칭이동시키면 $f(x) = -\sqrt{ax}$의 그래프가 된다.

(3) $a \neq 0$일 때 무리함수 $f(x) = \sqrt{ax}$의 그래프를 원점에 대해 대칭이동시키면 $f(x) = -\sqrt{-ax}$의 그래프가 된다.

증명•• (1) $f(-x)=\sqrt{a(-x)}=\sqrt{-ax}$ 이므로 따름정리 4.10에 의해 그래프 $y=\sqrt{ax}$ 를 y축에 대해 대칭이동시키면 그래프 $y=\sqrt{-ax}$ 가 된다.

(2) $-f(x)=-\sqrt{ax}=-\sqrt{ax}$ 이므로 따름정리 4.10에 의해 그래프 $y=\sqrt{ax}$ 를 x축에 대해 대칭이동시키면 그래프 $y=-\sqrt{ax}$ 가 된다.

(3) $-f(-x)=-\sqrt{a(-x)}=-\sqrt{-ax}$ 이므로 따름정리 4.10에 의해 그래프 $y=\sqrt{ax}$ 를 원점에 대해 대칭이동시키면 그래프 $y=-\sqrt{-ax}$ 가 된다. ■

아래 그림은 몇 가지 a에 대해 $f(x)=\sqrt{ax}$ 의 그래프를 살펴본 것이다.

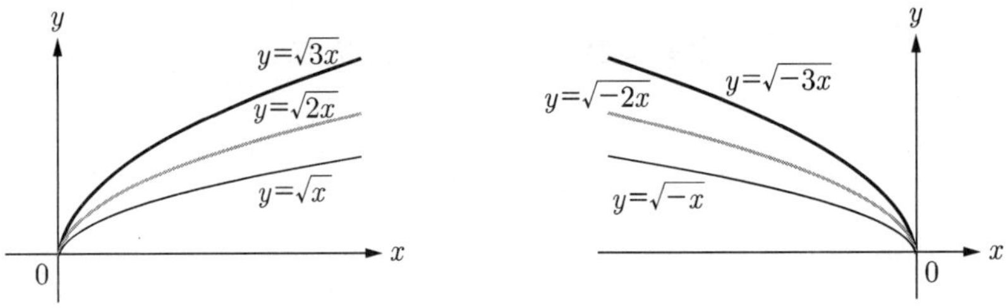

그림 4.23 $y=\sqrt{ax}$ 의 그래프의 비교

a가 크면 클수록 무리함수 $f(x)=\sqrt{ax}$ 또는 $f(x)=-\sqrt{ax}$ 의 그래프는 x축에서 멀어진다.

이제 $f(x)=\sqrt{ax}$ 의 그래프를 x축이나 y축의 방향으로 평행이동시킨 그래프를 구해보자. 그래프 $y=\sqrt{ax}$ 를 x축 양의 방향으로 p만큼 평행이동시킨 그래프는 $y=\sqrt{a(x-p)}$ 의 그래프이고, 이 그래프를 다시 y축 양의 방향으로 q만큼 평행이동시킨 그래프는 그림 4.24에서 보듯이 $y=\sqrt{a(x-p)}+q$의 그래프가 나온다. $a>0$이면 $x\geq p$일 때 $f(x)=\sqrt{a(x-p)}+q$의 함숫값이 정의되고, $a<0$이면 $x\leq p$일 때 $f(x)=\sqrt{a(x-p)}+q$의 함숫값이 정의된다. $f(x)=-\sqrt{ax}$ 의 그래프를 평행이동시키는 경우도 마찬가지다.

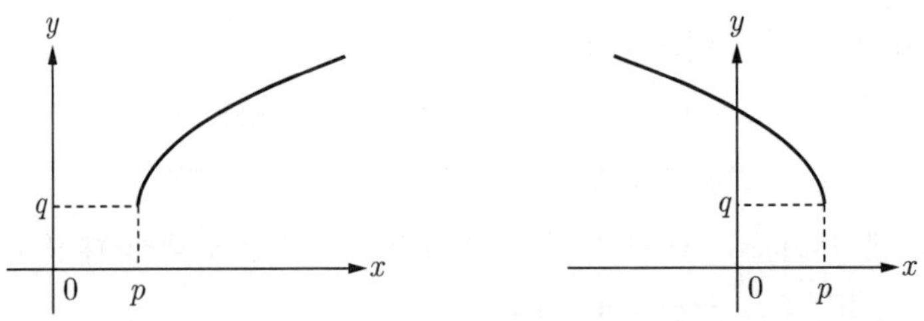

(a) $f(x)=\sqrt{a(x-p)}+q\,(a>0)$ (b) $f(x)=\sqrt{a(x-p)}+q\,(a<0)$

그림 4.24 $y=\sqrt{ax}$ 의 그래프의 평행이동

정리 4.20

무리함수 $f(x)=\sqrt{ax+b}+c\ (a\neq 0)$의 그래프는 $f(x)=\sqrt{ax}$의 그래프를 x축 양의 방향으로 $-\dfrac{b}{a}$만큼, 그리고 y축 양의 방향으로 c만큼 평행이동시킨 그래프이다.

증명•• $f(x)=\sqrt{ax+b}+c=\sqrt{a\left(x+\dfrac{b}{a}\right)}+c$

이므로 $p=-\dfrac{b}{a}$이고 $q=c$일 때 $f(x)=\sqrt{a(x-p)}+q$이다. ■

예제 4.31 (1) 무리함수의 그래프 $y=\sqrt{3x}$를 x축 양의 방향으로 1만큼, 그리고 y축 양의 방향으로 $-\dfrac{1}{2}$만큼 평행이동시킨 그래프는 어떤 함수의 그래프인가?

(2) $f(x)=\sqrt{-x}$의 그래프를 x축 양의 방향으로 p만큼, y축 양의 방향으로 q만큼 평행이동시킨 그래프가 $x\leq 3$일 때 정의되고 최솟값이 -1일 때 p, q를 구하여라.

(3) 무리함수 $y=\sqrt{2x+1}+3$의 그래프를 그려라.

풀이•• (1) $f(x)=\sqrt{3(x-1)}-\dfrac{1}{2}=\sqrt{3x-3}-\dfrac{1}{2}$의 그래프이다.

(2) $p=3$, $q=-1$이다.

(3) $y=\sqrt{2x+1}+3=\sqrt{2\left(x+\dfrac{1}{2}\right)}+3$이므로 $y=\sqrt{2x+1}+3$의 그래프는 다음과 같다.

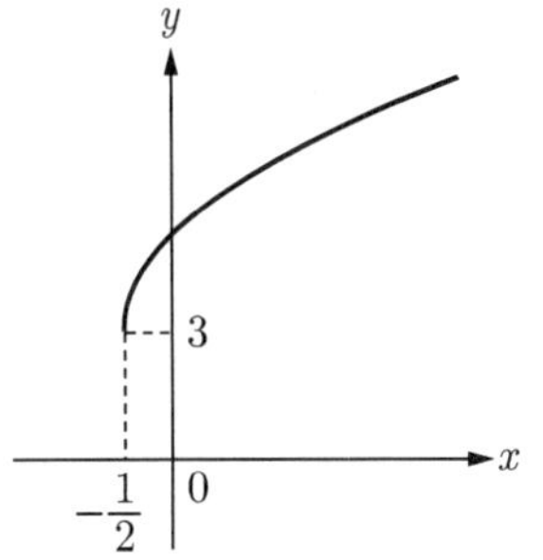

■

문제 4.31 (1) 무리함수의 그래프 $y=\sqrt{-2x}$를 x축 양의 방향으로 5만큼, 그리고 y축 양의 방향으로 3만큼 평행이동시킨 그래프는 어떤 함수의 그래프인가?

(2) 무리함수 $f(x)=-\sqrt{x}$의 그래프를 x축 양의 방향으로 p만큼, y축 양의

방향으로 q만큼 평행이동시킨 그래프가 $x \geq -2$일 때 정의되고 $f(-2)=7$일 때 p, q를 구하여라.

(3) 무리함수 $y=\sqrt{2x+1}+3$의 그래프를 그려라.

4.6 연습문제

01 $y=3x^2+1$의 그래프를 x축에 대해 대칭이동시키면 어떤 함수의 그래프가 되는가?

02 $y=x^2-1$의 그래프를 x축 양의 방향으로 2만큼 평행이동시킨 다음 y축을 중심으로 대칭이동시킨 그래프의 방정식을 구하여라.

03 대칭축이 $x=3$이고 최솟값이 2인 이차함수의 그래프가 점 $(1,\ 5)$를 지날 때 이 그래프의 방정식을 구하여라.

04 $y=\dfrac{a}{x}$의 그래프를 x축 양의 방향으로 p만큼 y축 양의 방향으로 q만큼 평행이동시킨 그래프가 $y=\dfrac{2x+1}{x-2}$의 그래프일 때 a, p, q를 구하여라.

05 $y=\dfrac{1}{x}$의 그래프를 평행이동시킨 그래프의 점근선이 $x=3$, $y=2$일 때 이 그래프는 어떤 함수의 그래프인가?

06 $y=\dfrac{x+3}{2x-1}$의 역함수를 구하여라.

07 $y=\sqrt{3x-1}-2$의 그래프를 그려라.

05

수열

5.1 수열의 개념

수열이란 수를 한 줄로 끝없이 늘어놓은 것이다. 예를 들면

$$1,\ 2,\ 3,\ 4,\ \cdots$$

이나

$$3,\ 7,\ 2,\ 1,\ 6,\ \cdots$$

등이 있는데 수열에는 앞의 보기처럼 규칙이 있는 수열이 있고 뒤의 보기처럼 특별한 규칙이 보이지 않는 것도 있다. 숫자 이외에 함수나 집합 행렬 등을 늘어놓은 경우도 있는데, 이때에는 각각 함수의 수열, 집합의 수열, 행렬의 수열 등으로 부른다. 또 수를 끝없이 늘어놓지 않고 유한개만 한 줄로 늘어놓은 경우도 있는데, 이것을 유한수열이라 부른다.

수열에서 맨 처음에 오는 수를 **초항**, 그 다음에 오는 수를 제2항, 그 다음은 3항 등으로 부르는데, 일반적으로 n번째에 오는 수를 제n항 또는 **일반항**이라 한다. 수열은 보통 일반항을 가지고 $\{a_n\}$으로 나타낸다. 예를 들어 $\{a_n\}$이 규칙적으로 증가하는 수열

$$1,\ 3,\ 5,\ 7,\ \cdots$$

이면 $a_1=1,\ a_2=3,\ a_3=5$이고, 이에 따라 일반항은 $a_n=2n-1$로 나타낼 수 있다.

예제 5.1 (1) 수열 $\{a_n\}$이 $3,\ 7,\ 2,\ 9,\ 6,\ 3,\ 1,\ \cdots$일 때 이 수열의 3항과 a_7을 구하여라.

(2) 자연수 n에 대해 $a_n=2n^2+(-1)^n$일 때 수열 $\{a_n\}$의 3항과 5항을 구하여라.

풀이•• (1) 3항은 2이고 a_7은 1이다.

(2) 3항은 $a_3=2\cdot 3^2+(-1)^3=17$이고 5항은 $a_5=2\cdot 5^2+(-1)^5=49$이다. ■

문제 5.1 자연수 n에 대해 $a_n=2^n+n-2$일 때 수열 $\{a_n\}$의 2항과 4항을 구하여라.

정의 5.1 수열의 상등

두 수열 $\{a_n\}$, $\{b_n\}$이 모든 n에 대해 $a_n=b_n$이면 이 두 수열은 같다고 한다.

예를 들면 $a_n = \begin{cases} 1, & n\text{은 짝수} \\ -1, & n\text{은 홀수} \end{cases}$이고 $b_n = (-1)^n$일 때 모든 n에 대해 $a_n = b_n$이므로 $\{a_n\}$, $\{b_n\}$은 같다.

정의 5.2

두 수열 $\{a_n\}$이 모든 n에 대해 $a_n \le a_{n+1}$이면 이 수열은 **증가수열**이라 하고 모든 n에 대해 $a_n \ge a_{n+1}$이면 이 수열은 **감소수열**이라 한다.
또 수열 $\{a_n\}$이 모든 n에 대해 $a_n = c$인 상수 c가 있으면 이 수열은 **상수수열**이라 한다.

예제 5.2 자연수 n에 대해 $a_n = n^2 - n$일 때 수열 $\{a_n\}$은 증가수열인가?

풀이•• 모든 n에 대해 $a_{n+1} = (n+1)^2 - (n+1) = n^2 + n \ge n^2 - n = a_n$이므로 $\{a_n\}$은 증가수열이다. ■

문제 5.2 자연수 n에 대해 $a_n = n + (-1)^n$일 때 수열 $\{a_n\}$은 증가수열인가?

5.1 연습문제

01 $a_n = n^2 + an$이고 수열 $\{a_n\}$의 3항과 5항이 같다면 이 수열의 7항은 얼마인가?

02 (1) $a_n = (n+a)^2 + 10(-1)^n$일 때 $a < \dfrac{15}{2}$이면 수열 $\{a_n\}$은 증가수열이 아님을 보여라.

(2) $a_n = (n+a)^2 + 10(-1)^n$일 때 $a \ge \dfrac{15}{2}$이면 수열 $\{a_n\}$은 증가수열임을 보여라.

03 $a_n = an - n^2$일 때 수열 $\{a_n\}$이 감소수열이 되는 a의 범위를 구하여라.

5.2 등차수열과 등비수열

수열 가운데

$$1,\ 2,\ 3,\ 4,\ \cdots$$

이나

$$9,\ 7,\ 5,\ 3,\ \cdots$$

또는

$$5,\ 9,\ 13,\ 17,\ \cdots$$

등과 같이 일정하게 증가하거나 감소하는 수열을 **등차수열**이라 한다. 좀더 정확하게 말하면 n항과 $n+1$항의 차이가 n에 관계없이 일정한 수열이 등차수열이다. 따라서 수열 $\{a_n\}$이 등차수열일 조건은 모든 n에 대해 $a_{n+1}-a_n=d$인 상수 d가 있다는 것이다. 이때 d를 등차수열 $\{a_n\}$의 **공차**라 한다. 예를 들면

$$1,\ 3,\ 5,\ 7,\ \cdots$$

은 초항이 3이고 공차가 2인 등차수열이고

$$8,\ 5,\ 2,\ -1,\ \cdots$$

은 초항이 8이고 공차가 -3인 등차수열이다. 초항이 a이고 공차가 d인 등차수열 $\{a_n\}$의 일반항은

$$\begin{aligned} a_n &= (a_n-a_{n-1})+(a_{n-1}-a_{n-2})+\cdots+(a_2-a_1)+a_1 \\ &= (d+d+\cdots+d)+a=a+(n-1)d \end{aligned}$$

이다. 이를 늘어놓으면

$$a,\ a+d,\ a+2d,\ \cdots$$

이다. 등차수열 $\{a_n\}$의 초항부터 n항까지의 합 S_n을 계산해보자. $\{a_n\}$의 초항이 a, 공차가 d일 때 $S_n=a_1+a_2+\cdots+a_n$이므로

$$S_n = a + (a+d) + \cdots + (a+(n-1)d)$$
$$S_n = (a+(n-1)d) + (a+(n-2)d) + \cdots + a$$

에서

$$\begin{aligned} 2S_n &= (2a+(n-1)d) + (2a+(n-1)d) + \cdots + (2a+(n-1)d) \\ &= n(2a+(n-1)d) \end{aligned}$$

이고, 따라서

$$S_n = na + \frac{n(n-1)d}{2}$$

이다. 이 결과를 요약하면 다음과 같다.

정리 5.1

수열 $\{a_n\}$이 초항이 a이고 공차가 d인 등차수열일 때 $\{a_n\}$의 일반항은

$$a_n = a + (n-1)d$$

이고 $\{a_n\}$의 초항부터 n항까지의 합 $S_n = a_1 + a_2 + \cdots + a_n$은

$$na + \frac{n(n-1)d}{2}$$

이다.

특히 $a = d = 1$일 때 $1 + 2 + \cdots + n = \dfrac{n(n+1)}{2}$이다.

예제 5.3 (1) 초항이 3이고 공차가 2인 등차수열의 일반항과 초항부터 n항까지의 합을 구하여라.

(2) $3 + 7 + 11 + \cdots + 87$은 얼마인가?

풀이•• (1) 이 수열을 $\{a_n\}$이라 할 때 정리 5.1에 의해 이 수열의 일반항은

$$a_n = 3 + 2(n-1) = 2n + 1$$

이고 초항부터 n항까지의 합은 $3n+\dfrac{n(n-1)2}{2}=n^2+2n$이다.

(2) 수열 $\{3, 7, 11, \cdots\}$을 $\{a_n\}$이라 할 때 이 수열은 초항이 3이고 공차가 4인 등차수열이므로 일반항은 $a_n=3+4(n-1)=4n-1$이다. 이때 $a_n=4n-1=87$을 풀면 $n=22$이므로 87은 22항이다.

따라서 구하는 합은 정리 5.1에 의해 $22\cdot 3+\dfrac{22\cdot 21\cdot 4}{2}=990$이다. ■

문제 5.3 (1) 초항이 5이고 공차가 -3인 등차수열의 초항부터 50항까지의 합을 구하여라.

(2) $2+7+12+\cdots+(5n+2)$는 얼마인가?

다음으로

$$1,\ 2,\ 4,\ 8,\ 16,\ \cdots$$

이나

$$1,\ \frac{1}{10},\ \frac{1}{100},\ \frac{1}{1000},\ \cdots$$

같이 일정한 비율로 늘어나거나 줄어드는 수열을 생각해보자. 이런 수열은 은행에 복리로 돈을 맡길 때의 원금과 이자의 합이나 또는 바이러스의 증가 속도 등 사회현상이나 자연현상에서 많이 나오는 수열이다. 이런 수열은 이웃한 두 항의 비율이 일정하므로 **등비수열**이라 한다. 다시 말해 수열 $\{a_n\}$이 등비수열이라는 것은 모든 자연수 n에 대해 $\dfrac{a_{n+1}}{a_n}=r$인 0이 아닌 상수 r이 있다는 것이다. 이런 r을 이 등비수열의 **공비**라 한다.

정리 5.2 등비수열의 일반항

$\{a_n\}$이 초항이 a이고 공비가 r인 등비수열일 때 일반항은 다음과 같다.

$$a_n=ar^{n-1}$$

증명 n이 자연수일 때

$$a_n=\frac{a_n}{a_{n-1}}\frac{a_{n-1}}{a_{n-2}}\cdots\frac{a_2}{a_1}a_1=r\cdot r\cdot\ \cdots\ \cdot r\cdot a=ar^{n-1}$$

이다. ■

예제 5.4 초항이 2이고 공비가 5인 등비수열의 일반항을 구하고 $10 \cdot 5^{10}$이 몇 번째 항인지 결정하여라.

풀이 이 수열을 $\{a_n\}$이라 할 때 정리 5.2에 의해 이 수열의 일반항은 $a_n = 2 \cdot 5^{n-1}$이다. 그리고 $10 \cdot 5^{10} = 2 \cdot 5^{n-1}$이면 $n = 12$이므로 $10 \cdot 5^{10}$은 이 수열의 12번째 항이다. ■

문제 5.4 두 번째 항이 5이고 세 번째 항이 10인 등비수열의 일반항을 구하고 $5 \cdot 4^{10}$이 몇 번째 항인지 결정하여라.

다음으로 등비수열의 초항부터 n항까지의 합을 구해보자. 수열 $\{a_n\}$이 초항이 a이고 공비가 r인 등비수열일 때 $S_n = a_1 + a_2 + \cdots + a_n$이라 하자. $r \neq 1$이면

$$\begin{aligned} S_n &= a + ar + \cdots + ar^{n-2} + ar^{n-1} \\ r\,S_n &= \quad\; ar + ar^2 + \cdots + ar^{n-1} + ar^n \end{aligned}$$

이므로

$$S_n - rS_n = a - ar^n$$

이고, 따라서

$$S_n = \frac{a - ar^n}{1 - r} = \frac{1 - r^n}{1 - r}a = \frac{r^n - 1}{r - 1}a$$

이다. $r = 1$이면 $S_n = a + a + \cdots + a = na$이다.

이 결과를 요약하면 다음 정리를 얻을 수 있다.

정리 5.3

수열 $\{a_n\}$이 초항이 a이고 공비가 r인 등차수열일 때 $\{a_n\}$의 초항부터 n항까지의 합 $S_n = a_1 + a_2 + \cdots + a_n$은 $r \neq 1$일 때 $\dfrac{1 - r^n}{1 - r}a = \dfrac{r^n - 1}{r - 1}a$이고 $r = 1$이면 na이다.

예제 5.5 (1) 초항이 1이고 공비가 $\frac{1}{2}$인 등비수열의 초항부터 n항까지의 합을 구하여라.

(2) 초항이 7이고 공비가 3인 등비수열의 n항부터 $2n$항까지의 합을 구하여라.

풀이•• (1) 정리 5.3에 의해 구하는 합은 $\dfrac{1-\left(\frac{1}{2}\right)^n}{1-\frac{1}{2}} \cdot 1 = 2 - \dfrac{1}{2^{n-1}}$이다.

(2) 이 등비수열의 초항부터 $2n$항까지의 합은 $\dfrac{3^{2n}-1}{3-1}7 = \dfrac{7(3^{2n}-1)}{2}$이고 이 수열의 초항부터 $n-1$항까지의 합은 $\dfrac{3^{n-1}-1}{3-1}7 = \dfrac{7(3^{n-1}-1)}{2}$이므로 n항부터 $2n$항까지의 합은 $\dfrac{7(3^{2n}-1)}{2} - \dfrac{7(3^{n-1}-1)}{2} = \dfrac{7(3^{2n}-3^{n-1})}{2}$이다. ■

문제 5.5 (1) 초항이 $\frac{1}{3}$이고 공비가 4인 등비수열의 초항부터 n항까지의 합을 구하여라.

(2) 초항이 -1이고 공비가 2인 등비수열의 $n+5$항부터 $2n-1$항까지의 합을 구하여라.

5.2 연습문제

01 초항이 3인 등차수열의 초항부터 10항까지의 합이 165일 때 이 등차수열의 공차를 구하여라.

02 초항이 3이고 3항이 27인 등비수열의 5항부터 15항까지의 합을 구하여라.

03 등비수열 $\{a_n\}$의 초항부터 10항까지의 합이 10이고, 초항부터 20항까지의 합이 30이다. 이 수열의 초항부터 30항까지의 합을 구하여라.

5.3 합의 기호 Σ

수열 $\{a_n\}$이 주어져 있고 m, n이 $m \le n$인 자연수들일 때 $\{a_n\}$의 m항부터 n항까지의 합 $a_k + a_{k+1} + \cdots + a_n$을 기호로 $\sum_{k=m}^{n} a_k$로 나타낸다. 예를 들면 $\sum_{k=3}^{5} a_k = a_3 + a_4 + a_5$이다. 이때 k는 변수이므로 k 대신 다른 문자, 예를 들어 i를 사용하여 $\sum_{i=m}^{n} a_i$와 같이 나타내어도 마찬가지다. 원래 m, n이 자연수여야 하지만 a_0가 정의되어 있을 경우에는 0도 허용되는 경우가 있다. 예를 들면 $\sum_{k=0}^{2} a_k = a_0 + a_1 + a_2$이다. 상수 c에 대해 $\sum_{k=m}^{n} c = c + c + \cdots + c = (n-m+1)c$임은 쉽게 알 수 있다. 또 우리는 앞 절의 정리 5.1과 5.3으로부터 다음 사실들을 알 수 있다.

$$\sum_{k=1}^{n} (a + (k-1)d) = na + \frac{n(n-1)d}{2},$$

$$\sum_{k=1}^{n} ar^{k-1} = \frac{1-r^n}{1-r}a = \frac{r^n - 1}{r-1}a \quad (r \ne 1)$$

특히 $\sum_{k=1}^{n} k = \frac{n(n+1)}{2}$이다. $\sum$의 기본적인 성질은 다음과 같다.

정리 5.4

수열 $\{a_n\}$과 $\{b_n\}$에 대해 다음의 성질들이 성립한다.

(1) $l < m \le n$일 때 $\sum_{k=l}^{m-1} a_k + \sum_{k=m}^{n} a_k = \sum_{k=l}^{n} a_k$이다.

(2) $m \le n$일 때 $\sum_{k=m}^{n} (a_k + b_k) = \sum_{k=m}^{n} a_k + \sum_{k=m}^{n} b_k$이다.

(3) c가 상수일 때 $\sum_{k=m}^{n} (ca_k) = \sum_{k=m}^{n} ca_k$이다.

(4) $m \le n$이고 $m \le k \le n$인 모든 k에 대해 $a_k \le b_k$이면 $\sum_{k=m}^{n} a_k \le \sum_{k=m}^{n} b_k$이다.

증명•• (1) $\sum_{k=l}^{m-1} a_k + \sum_{k=m}^{n} a_k = (a_l + a_{l+1} + \cdots + a_{m-1}) + (a_m + a_{m+1} + \cdots + a_n)$

$$= a_l + a_{l+1} + \cdots + a_n = \sum_{k=l}^{n} a_k$$

(2) $\displaystyle\sum_{k=m}^{n}(a_k + b_k) = (a_m + b_m) + (a_{m+1} + b_{m+1}) + \cdots + (a_n + b_n)$

$$= (a_m + a_{m+1} + \cdots + a_n) + (b_m + b_{m+1} + \cdots + b_n)$$

$$= \sum_{k=m}^{n} a_k + \sum_{k=m}^{n} b_k$$

(3) $\displaystyle\sum_{k=m}^{n}(ca_k) = (ca_m + ca_{m+1} + \cdots + ca_n) = c(a_m + a_{m+1} + \cdots + a_n) = c\sum_{k=m}^{n} a_k$

(4) $\displaystyle\sum_{k=m}^{n} a_k = a_m + a_{m+1} + \cdots + a_n \leq b_m + b_{m+1} + \cdots + b_n = \sum_{k=m}^{n} b_k$ ■

예제 5.6 (1) $\displaystyle\sum_{k=1}^{100}(3k+7)$을 구하여라. (2) $\displaystyle\sum_{k=1}^{n}(5k-1)$을 구하여라.

(3) $\displaystyle\sum_{k=5}^{n}2^{k-1}$을 구하여라. (4) $\displaystyle\sum_{k=1}^{n}(3^{k+1}+k)$를 구하여라.

풀이•• (1) $\displaystyle\sum_{k=1}^{100}(3k+7) = 3(\sum_{k=1}^{100}k) + \sum_{k=1}^{100}7 = 3\frac{100 \cdot 101}{2} + 700 = 15850$

(2) $\displaystyle\sum_{k=1}^{n}(5k-1) = 5\sum_{k=1}^{n}k - \sum_{k=1}^{n}1 = 5\frac{n(n+1)}{2} - n = \frac{n(5n+3)}{2}$

(3) $a_n = 2^{n-1}$이면 $\{a_n\}$은 초항이 1이고 공비가 2인 등비수열이므로 정리 5.3에 의해 $\displaystyle\sum_{k=1}^{n}2^{k-1} = \frac{2^n - 1}{2-1} = 2^n - 1$이다. 따라서

$$\sum_{k=5}^{n}2^{k-1} = \sum_{k=1}^{n}2^{k-1} - \sum_{k=1}^{4}2^{k-1} = 2^n - 1 - \frac{2^4-1}{2-1} = 2^n - 16.$$

(4) $\displaystyle\sum_{k=1}^{n}(3^{k+1}+i) = \sum_{k=1}^{n}3^{k+1} + \sum_{k=1}^{n}k = \frac{3^n-1}{3-1}9 + \frac{n(n+1)}{2}$

$$= \frac{9}{2}(3^n - 1) + \frac{n(n+1)}{2}$$ ■

문제 5.6 (1) $\displaystyle\sum_{k=1}^{100}(5k+4)$을 구하여라.

(2) $\displaystyle\sum_{k=8}^{n}(8k-5)$을 구하여라.

(3) $\displaystyle\sum_{k=1}^{n}\left(\left(\frac{1}{2}\right)^{2k+1} - 3k\right)$을 구하여라.

정의 5.3 계차수열

수열 $\{a_n\}$이 주어졌을 때 모든 자연수 n에 대해 $b_n = a_{n+1} - a_n$이 성립하는 수열 $\{b_n\}$을 수열 $\{a_n\}$의 **계차수열**이라 한다.

계차수열이 상수수열이 되는 수열은 등차수열이다.

보조정리 5.5

수열 $\{a_n\}$의 계차수열이 $\{b_n\}$이면 $\sum_{k=1}^{n-1} b_k = \sum_{k=1}^{n-1}(a_{k+1} - a_k) = a_n - a_1$이다.

증명••

$$\begin{aligned}\sum_{k=1}^{n-1} b_k &= (a_2 - a_1) + (a_3 - a_2) + \cdots + (a_n - a_{n-1}) \\ &= (-a_1 + a_2) + (-a_2 + a_3) + \cdots + (-a_{n-1} + a_n) \\ &= -a_1 + (a_2 - a_2) + (a_3 - a_3) + \cdots + (a_{n-1} - a_{n-1}) + a_n = a_n - a_1\end{aligned}$$

■

정리 5.6

수열 $\{a_n\}$의 계차수열이 초항이 a이고 공차가 d인 등차수열일 때 이 수열의 일반항은 $a_n = (n-1)a + \frac{(n-1)(n-2)d}{2} + a_1$이다.

증명•• 보조정리 5.5에 의해

$$a_n - a_1 = \sum_{k=1}^{n-1}(a + (k-1)d) = (n-1)a + \frac{(n-1)(n-2)d}{2}$$

■

정리 5.7

수열 $\{a_n\}$의 계차수열이 초항이 a이고 공비가 r인 등비수열이고 $r \neq 1$일 때 이 수열의 일반항은 $a_n = \frac{r^{n-1} - 1}{r-1}a + a_1$이다.

증명•• 보조정리 5.5에 의해 $a_n - a_1 = \sum_{k=1}^{n-1} ar^{k-1} = \frac{r^{n-1} - 1}{r-1}a$이다. ■

예제 5.7 (1) 수열 $\{a_n\}$의 계차수열 $\{b_n\}$이 $b_n = 4n+3$이고 $a_1 = 2$일 때 수열 $\{a_n\}$의 일반항을 구하여라.

(2) 수열 $\{a_n\}$의 계차수열 $\{b_n\}$이 $b_n = 2^{n-1}+n+2$이고 $a_1 = -1$일 때 수열 $\{a_n\}$의 일반항을 구하여라.

풀이•• (1) $\{b_n\}$의 초항이 7이고 공차가 4이므로 정리 5.6에 의해

$$a_n = (n-1)7 + \frac{(n-1)(n-2)4}{2} + 2 = 2n^2 - 5n + 5.$$

(2) $$a_n = a_1 + \sum_{k=1}^{n-1}(2^{k-1}+k+2) = -1 + (2^{n-1}-1) + \frac{n(n-1)}{2} + 2(n-1)$$
$$= 2^{n-1} + \frac{n^2+3n-8}{2}$$ ■

문제 5.7 (1) 수열 $\{a_n\}$의 계차수열 $\{b_n\}$이 $b_n = \frac{3^n}{2}$이고 $a_1 = 0$일 때 $\{a_n\}$의 일반항을 구하여라.

(2) 수열 $\{a_n\}$의 계차수열 $\{b_n\}$이 $b_n = 2^{n-1} - 3n + 3$이고 $a_1 = 8$일 때 $\{a_n\}$의 일반항을 구하여라.

지금까지 우리는 보조정리 5.5를 이용하여 계차수열의 합을 구할 수 있는 수열의 일반항을 계산하였다. 이제 이 보조정리를 거꾸로 써서 다른 수열의 계차수열로 나타나는 수열의 합을 계산하자.

다음은 보조정리 5.5를 이용하여 수열의 합을 계산하는 몇 가지 전형적인 경우들이다.

(1) 자연수 n에 대해 $a_n = -\frac{1}{n}$일 때 수열 $\{a_n\}$의 계차수열 $\{b_n\}$은

$$b_n = a_{n+1} - a_n = -\frac{1}{n+1} + \frac{1}{n} = \frac{1}{n(n+1)}$$

이므로 보조정리 5.5에 의해

$$\sum_{k=1}^{n}\frac{1}{k(k+1)} = \sum_{k=1}^{n} b_k = a_{n+1} - a_1 = -\frac{1}{n+1} + 1 = \frac{n}{n+1}$$

이다.

(2) 자연수 n에 대해 $a_n = \log_2 n$일 때 수열 $\{a_n\}$의 계차수열 $\{b_n\}$은

$$b_n = a_{n+1} - a_n = \log_2(n+1) - \log_2 n = \log_2 \frac{n+1}{n}$$

이므로 보조정리 5.5에 의해

$$\sum_{k=1}^{n} \log_2 \frac{k+1}{k} = \sum_{k=1}^{n} b_k = a_{n+1} - a_1 = \log_2(n+1) - \log_2 1 = \log_2(n+1)$$

이다.

(3) 자연수 n에 대해 $a_n = (n-1)n(n+1)$일 때 수열 $\{a_n\}$의 계차수열 $\{b_n\}$은

$$\begin{aligned} b_n = a_{n+1} - a_n &= n(n+1)(n+2) - (n-1)n(n+1) \\ &= n(n+1)(n+2-(n-1)) = 3n(n+1) \end{aligned}$$

이므로 보조정리 5.5에 의해

$$3\sum_{k=1}^{n} k(k+1) = \sum_{k=1}^{n} b_k = a_{n+1} - a_1 = n(n+1)(n+2) - 0 = n(n+1)(n+2)$$

이다. 따라서

$$\sum_{k=1}^{n} k(k+1) = \frac{1}{3} n(n+1)(n+2)$$

이다.

이와 같은 방법으로 우리는 합을 구하는 방법을 모르던 여러 가지 수열에 대해 합을 구할 수 있다. 그런데 이런 방법에서의 문제점은 결과를 미리 알지 못하면 방법을 찾아내기 힘들다는 것이다. 따라서 이 문제들을

$$\begin{aligned} \sum_{k=1}^{n} \frac{1}{k(k+1)} &= \sum_{k=1}^{n} \left(\frac{1}{k} - \frac{1}{k+1}\right) = \left(1 - \frac{1}{2}\right) + \left(\frac{1}{2} - \frac{1}{3}\right) + \cdots + \left(\frac{1}{n} - \frac{1}{n+1}\right) \\ &= 1 + \left(-\frac{1}{2} + \frac{1}{2}\right) + \left(-\frac{1}{3} + \frac{1}{3}\right) + \cdots + \left(-\frac{1}{n} + \frac{1}{n}\right) - \frac{1}{n+1} \\ &= 1 - \frac{1}{n+1} = \frac{n}{n+1}, \end{aligned}$$

$$\begin{aligned} \sum_{k=1}^{n} \log_2 \frac{k+1}{k} &= \sum_{k=1}^{n} (\log_2(k+1) - \log_2 k) \\ &= (\log_2 2 - \log_2 1) + (\log_2 3 - \log_2 2) + \cdots + (\log_2(n+1) - \log_2 n) \\ &= -\log_2 1 + \log_2(n+1) = \log_2(n+1) \end{aligned}$$

과 같이 전개해서 푸는 방법도 함께 알아두면 도움이 많이 될 것이다.

예제 5.8 (1) $\sum_{k=1}^{n}((k+1)^{k+1}-k^k)$을 구하여라. (2) $\sum_{k=1}^{n}\frac{1}{(k+2)(k+3)}$을 구하여라.

(3) $\sum_{k=1}^{n}k^2$을 구하여라. (4) $\sum_{k=1}^{n}k(k+1)(k+2)$를 구하여라.

풀이•• (1) 자연수 n에 대해 $a_n = n^n$일 때 수열 $\{a_n\}$의 계차수열 $\{b_n\}$은

$$b_n = a_{n+1} - a_n = (n+1)^{n+1} - n^n$$

이므로 보조정리 5.5에 의해

$$\sum_{k=1}^{n}((k+1)^{k+1}-k^k) = a_{n+1} - a_1 = (n+1)^{n+1} - 1$$

이다.

(2) $$\begin{aligned}\sum_{k=1}^{n}\frac{1}{(k+2)(k+3)} &= \sum_{k=1}^{n}\left(\frac{1}{k+2} - \frac{1}{k+3}\right)\\ &= \left(\frac{1}{3}-\frac{1}{4}\right)+\left(\frac{1}{4}-\frac{1}{5}\right)+\cdots+\left(\frac{1}{n+2}-\frac{1}{n+3}\right)\\ &= \frac{1}{3} - \frac{1}{n+3} = \frac{n}{3(n+3)}\end{aligned}$$

(3) $$\begin{aligned}\sum_{k=1}^{n}k^2 &= \sum_{k=1}^{n}k(k+1) - \sum_{k=1}^{n}k = \frac{1}{3}n(n+1)(n+2) - \frac{n(n+1)}{2}\\ &= \frac{n(n+1)(2n+1)}{6}\end{aligned}$$

(4) 자연수 n에 대해 $a_n = (n-1)n(n+1)(n+2)$일 때 수열 $\{a_n\}$의 계차수열 $\{b_n\}$은

$$\begin{aligned}b_n &= a_{n+1} - a_n = n(n+1)(n+2)(n+3) - (n-1)n(n+1)(n+2)\\ &= n(n+1)(n+2)(n+3-(n-1)) = 4n(n+1)(n+2)\end{aligned}$$

이므로 보조정리 5.5에 의해

$$\begin{aligned}4\sum_{k=1}^{n}k(k+1)(k+2) &= \sum_{k=1}^{n}b_k = a_{n+1} - a_1\\ &= n(n+1)(n+2)(n+3) - 0\\ &= n(n+1)(n+2)(n+3)\end{aligned}$$

이다. 따라서

$$\sum_{k=1}^{n} k(k+1)(k+2) = \frac{1}{3}n(n+1)(n+2)(n+3)$$

이다. ■

문제 5.8 (1) $\sum_{k=1}^{n}(\sqrt{(k+1)^3} - \sqrt{k^3})$을 구하여라.

(2) $\sum_{k=1}^{n} \frac{1}{(2k+1)(2k-1)}$을 구하여라.

(3) $\sum_{k=1}^{n} k^3$을 구하여라.

5.3 연습문제

01 $\sum_{k=1}^{n}(3k^2+k)$를 구하여라.

02 $\sum_{k=1}^{n}(2^k+3^k+k)$를 구하여라.

03 $a_n = \frac{1}{n^2}$일 때 $a_{n+1} - a_n = -\frac{2n+1}{n^2(n+1)^2}$임을 이용하여 $\sum_{k=1}^{n} \frac{2k+1}{k^2(k+1)^2}$을 구하여라.

04 수열 $\{a_n\}$의 계차수열 $\{b_n\}$이 $b_n = n^2$이고 $a_1 = 3$일 때 $\{a_n\}$의 일반항을 구하여라.

05 (1) $\sum_{k=1}^{n} \frac{1}{\sqrt{k+1}+\sqrt{k}}$을 구하여라. (2) $\sum_{k=1}^{2n} \frac{1}{\sqrt{k+2}+\sqrt{k}}$을 구하여라.

06 $\sum_{k=1}^{n} k(k+1)(k+2)(k+3)$을 구하여라.

07 $2^{n-1} < k \le 2^n$일 때 $\frac{1}{k} \ge \frac{1}{2^n}$임을 이용하여 $\sum_{k=1}^{2^n} \frac{1}{k} \ge \frac{n+1}{2}$을 보여라.

5.4 수열의 극한

등비수열 1, $\frac{1}{2}$, $\frac{1}{2^2}$, $\frac{1}{2^3}$, $\cdots$을 생각해보자. 이 수열을 $\{a_n\}$이라 할 때 a_{100}은 얼마쯤 되는 수일까? 대부분의 사람들은 0보다 큰 것은 사실이지만 매우 작아서 0으로 생각해도 되는 수라고 생각할 것이다. 마찬가지로 $a_n = \frac{n}{n+1}$일 때 수열 $\{a_n\}$의 값은 n이 매우 크면 1과 아주 가까운 수가 될 거라고 생각한다.

이와 같이 수열 $\{a_n\}$이 n이 점점 커질수록 어떤 실수 L에 점점 가까이 가면 이 수열은 L로 **수렴**한다고 하고 기호로 $\lim_{n\to\infty} a_n = L$과 같이 나타낸다. 이때 L을 **수열** $\{a_n\}$**의 극한값**이라 한다. 앞에서 살펴본 수열 1, $\frac{1}{2}$, $\frac{1}{2^2}$, $\frac{1}{2^3}$, $\cdots$은 0에 수렴하고 $a_n = \frac{n}{n+1}$일 때 수열 $\{a_n\}$은 1에 수렴한다. 모든 n에 대해 $a_n = c$인 상수수열 $\{a_n\}$도 c에 수렴한다. 수열 $\{a_n\}$이 수렴하는 상수 L이 있으면 이 수열은 수렴한다고 하고 그렇지 않으면 이 수열은 **발산**한다고 한다. 예를 들어 등차수열 1, 2, 3, $\cdots$과 $a_n = (-1)^n$일 때 수열 $\{a_n\}$은 발산한다. 수열 $\{a_n\}$이 발산할 때 편의상 $\lim_{n\to\infty} a_n$이 발산한다고도 한다. 예를 들면 $\lim_{n\to\infty} \frac{1}{n} = 0$, $\lim_{n\to\infty} \frac{2n}{n-1} = 2$이고 $\lim_{n\to\infty} n^2$과 $\lim_{n\to\infty} (-2)^n$은 모두 발산한다.

등차수열 1, 3, 5, 7, 9, $\cdots$와 같이 항이 거듭될수록 수열 $\{a_n\}$의 일반항이 한없이 점점 커질 때 이 수열은 무한대로 발산한다고 하고 $\lim_{n\to\infty} a_n = \infty$로 나타낸다. 또 수열 -1, -4, -9, $\cdots$와 같이 n이 점점 커질 때 a_n이 한없이 점점 작아지는 수열 $\{a_n\}$은 음의 무한대로 발산한다고 하고 $\lim_{n\to\infty} a_n = -\infty$로 나타낸다.

다음은 극한의 기본성질이다.

정리 5.8

두 수열 $\{a_n\}$, $\{b_n\}$에 대해 $\lim_{n\to\infty} a_n = L$, $\lim_{n\to\infty} b_n = M$이면 다음이 성립한다.

(1) $\lim_{n\to\infty} (a_n + b_n) = L + M$

(2) k가 상수일 때 $\lim_{n\to\infty} ka_n = kL$

(3) $\lim_{n\to\infty} a_n b_n = LM$

(4) $M \neq 0$이면 $\lim_{n\to\infty} \frac{a_n}{b_n} = \frac{L}{M}$

다음은 정리 5.8을 이용하여 계산한 몇 가지의 예이다.

(1) $\lim_{n\to\infty}\frac{n}{n+1}=\lim_{n\to\infty}\frac{1}{1+\frac{1}{n}}=\frac{1}{1+0}=1$ 이다.

(2) $\lim_{n\to\infty}\frac{n+1}{n^2-2}=\lim_{n\to\infty}\frac{\frac{1}{n}+\frac{1}{n^2}}{1-\frac{2}{n^2}}=\frac{0+0}{1-0}=0$ 이다.

예제 5.9 다음 극한을 구하여라.

(1) $\lim_{n\to\infty}\frac{2n-1}{3n+2}$　　(2) $\lim_{n\to\infty}\frac{n^2+5}{2n^2-n+4}$

풀이•• (1) $\lim_{n\to\infty}\frac{2n-1}{3n+2}=\lim_{n\to\infty}\frac{2-\frac{1}{n}}{3+\frac{2}{n}}=\frac{2}{3}$

(2) $\lim_{n\to\infty}\frac{n^2+5}{2n^2-n+4}=\lim_{n\to\infty}\frac{1+\frac{1}{n^2}}{2-\frac{1}{n}+\frac{4}{n^2}}=\frac{1}{2}$ ■

문제 5.9 다음 극한을 구하여라.

(1) $\lim_{n\to\infty}\frac{7n-9}{4n+12}$　　(2) $\lim_{n\to\infty}\frac{\sqrt{n+1}+3}{\sqrt{2n}+1}$

예제 5.10 다음 극한이 수렴하는지 판정하고 수렴하면 극한값을 구하여라.

(1) $\lim_{n\to\infty}(\sqrt{n}+\sqrt{n+1})$　　(2) $\lim_{n\to\infty}\sqrt{n}(\sqrt{n+1}-\sqrt{n})$

(3) $\lim_{n\to\infty}\frac{(-1)^n n-1}{3n-3}$　　(4) $\lim_{n\to\infty}\frac{n^2+1}{\sqrt{n^3+n}}$

풀이•• (1) $\lim_{n\to\infty}(\sqrt{n}+\sqrt{n+1})=\infty$ 이므로 발산한다.

(2) $$\lim_{n\to\infty}\sqrt{n}(\sqrt{n+1}-\sqrt{n})=\lim_{n\to\infty}\sqrt{n}\,\frac{(\sqrt{n+1}-\sqrt{n})(\sqrt{n+1}+\sqrt{n})}{\sqrt{n+1}+\sqrt{n}}$$
$$=\lim_{n\to\infty}\frac{\sqrt{n}}{\sqrt{n+1}+\sqrt{n}}=\lim_{n\to\infty}\frac{\sqrt{1}}{\sqrt{1+\frac{1}{n}}+1}=\frac{1}{2}$$

로 수렴한다.

(3) $\lim_{n\to\infty}\frac{(-1)^n n-1}{3n-3}=\lim_{n\to\infty}\frac{(-1)^n-\frac{1}{n}}{3-\frac{3}{n}}$이므로 발산한다.

(4) $\lim_{n\to\infty}\frac{n^2+1}{\sqrt{n^3+n}}=\lim_{n\to\infty}\frac{1+\frac{1}{n^2}}{\sqrt{\frac{1}{n}+\frac{1}{n^2}}}=\infty$이므로 발산한다. ■

문제 5.10 다음 극한이 수렴하는지 판정하고 수렴하면 극한값을 구하여라.

(1) $\lim_{n\to\infty}\frac{n\sqrt{n}+\sqrt{n+1}}{2\sqrt{n^3+n}}$ (2) $\lim_{n\to\infty}(\sqrt{n^2+3n}-\sqrt{n^2})$

(3) $\lim_{n\to\infty}\sin\frac{n\pi}{2}$ (4) $\lim_{n\to\infty}(\sqrt{n^2}-\sqrt{n})$

정리 5.9

세 수열 $\{a_n\}$, $\{b_n\}$, $\{c_n\}$이 모든 자연수 n에 대해 $a_n\le b_n\le c_n$이고 $\lim_{n\to\infty}a_n=\lim_{n\to\infty}c_n=L$이면 $\lim_{n\to\infty}b_n=L$이다.

예제 5.11 $\lim_{n\to\infty}\frac{\sin\frac{n\pi}{3}}{n}=0$임을 보여라.

풀이•• $-\frac{1}{n}\le\frac{\sin\frac{n\pi}{3}}{n}\le\frac{1}{n}$이고 $\lim_{n\to\infty}\left(-\frac{1}{n}\right)=\lim_{n\to\infty}\frac{1}{n}=0$이므로 $\lim_{n\to\infty}\frac{\sin\frac{n\pi}{3}}{n}=0$. ■

문제 5.11 $\lim_{n\to\infty}\frac{\cos n}{n}=0$임을 보여라.

다음으로 등비수열의 수렴에 대해 알아보자. 물론 1, 2, 4, 8, ⋯과 같이 공비가 2인 등비수열은 발산한다. 공비가 이보다 작으면 어떨까? $a_n=1.1^n$을 계산해본 결과 $n=10$이면 약 2.6이고, $n=20$이면 6.7을 넘으며, $n=40$이면 45를 넘는다. 이와 같이 등비수열의 공비가 1을 넘으면 비록 1을 조금만 넘어도 처음에는 증가속도가 느리다가 결국에는 무한대로 발산한다. 공비가 1인 등비수열은 상수수열이므로 수렴하며, 공비가 1보다 작은 양수인 경우에는 0으로 수렴한다. 공비가 음수인 경우에도 이와 비슷한 이유로 공비가 -1 이하이면 등비수열은 발산하고 공비가 -1과 0 사이인 경우에는 0으로 수렴한다. 이를 다시 요약하면 다음 정리와 같다.

정리 5.10

$|r|>1$ 또는 $r=-1$이면 $\lim_{n\to\infty} r^n$은 발산하고, $r=1$이면 $\lim_{n\to\infty} r^n=1$, $|r|<1$이면 $\lim_{n\to\infty} r^n=0$이다. 특히 $r>1$이면 $\lim_{n\to\infty} r^n=\infty$이다.

예제 5.12 다음 극한이 수렴하는지 판정하고 수렴하면 극한값을 구하여라.

(1) $\lim_{n\to\infty}\dfrac{2^n}{3^n-1}$　　(2) $\lim_{n\to\infty}\dfrac{2^n+6^n}{3^n+5^n}$

(3) $\lim_{n\to\infty}(2^n+3^n)^{\frac{1}{n}}$　　(4) $\lim_{n\to\infty}\dfrac{5^n+2^n}{(-5)^n+3^n}$

풀이

(1) $\lim_{n\to\infty}\dfrac{2^n}{3^n-1}=\lim_{n\to\infty}\dfrac{\left(\frac{2}{3}\right)^n}{1-\frac{1}{3^n}}=0$으로 수렴한다.

(2) $\lim_{n\to\infty}\dfrac{2^n+6^n}{3^n+5^n}=\lim_{n\to\infty}\dfrac{\left(\frac{1}{3}\right)^n+1}{\left(\frac{1}{2}\right)^n+\left(\frac{5}{6}\right)^n}=\infty$이므로 발산한다.

(3) $\lim_{n\to\infty}(2^n+3^n)^{\frac{1}{n}}=\lim_{n\to\infty}\left(3^n\left(1+\left(\frac{2}{3}\right)^n\right)\right)^{\frac{1}{n}}=\lim_{n\to\infty}3\left(1+\left(\frac{2}{3}\right)^n\right)^{\frac{1}{n}}=3$으로 수렴한다.

(4) $\lim_{n\to\infty}\dfrac{5^n+2^n}{(-5)^n+3^n}=\lim_{n\to\infty}\dfrac{1+\left(\frac{2}{5}\right)^n}{(-1)^n+\left(\frac{3}{5}\right)^n}$은 발산한다. ■

문제 5.12 다음 극한이 수렴하는지 판정하고 수렴하면 극한값을 구하여라.

(1) $\lim_{n\to\infty}\dfrac{4^n-3^n}{3^n+1}$　　(2) $\lim_{n\to\infty}\dfrac{3^n+8^n}{2^n+9^n}$

(3) $\lim_{n\to\infty}(3^n+5^n)^{\frac{1}{2n}}$　　(4) $\lim_{n\to\infty}\dfrac{2^n+5}{\sqrt{4^n+2^n}}$

5.4 연습문제

01 다음 극한을 구하여라.

(1) $\lim_{n\to\infty} \dfrac{17n^3 + n^2 + 300}{5n^5 + 4n^2 + 8}$

(2) $\lim_{n\to\infty} \dfrac{3n^3}{(n+1)^3 + (n-1)^3}$

(3) $\lim_{n\to\infty} \dfrac{\sqrt{2n^5 + 3n^3}}{n^2\sqrt{n+1}}$

(4) $\lim_{n\to\infty} \dfrac{1}{\sqrt{n^2 + 3n} - n}$

(5) $\lim_{n\to\infty} \dfrac{2^{n+1} + 5}{\sqrt{3^n + 4^n}}$

(6) $\lim_{n\to\infty} \left(\dfrac{5^n + 6^n}{3^n + 4^n} \right)^{\frac{1}{n}}$

02 다음 극한이 수렴하는지 판정하고 수렴하면 극한을 구하여라.

(1) $\lim_{n\to\infty} (\sqrt{n^2 + 2n} - \sqrt{n^2 - 2n})$

(2) $\lim_{n\to\infty} \dfrac{\cos n\pi}{n}$

(3) $\lim_{n\to\infty} \dfrac{n^2 + n}{\sqrt{n^2 + 3n + 2}}$

(4) $\lim_{n\to\infty} \dfrac{(-1)^n + n - 3}{2n + 3}$

(5) $\lim_{n\to\infty} (5^n + n^n)^{\frac{1}{n}}$

(6) $\lim_{n\to\infty} \dfrac{2^n - 6^n}{3^n + 5^n}$

(7) $\lim_{n\to\infty} \dfrac{(-1)^n(n+1)^3 + (-1)^{n+1}(n-1)^3}{4n^3 + 7n - 1}$

5.5 무한급수

무한급수란 직관적으로 주어진 수열의 모든 항을 더한 값을 의미한다. 그러나 실제로는 한꺼번에 무한개의 항을 더할 수 없으므로 부분합의 극한으로 정의한다. 좀더 구체적으로 말하면 주어진 수열 $\{a_n\}$에 대해 $S_n = \sum_{k=1}^{n} a_k$라 하면 $\lim_{n\to\infty}\sum_{k=1}^{n} a_k$를 무한급수라 하고 $\sum_{n=1}^{\infty} a_n$으로 나타낸다. $\lim_{n\to\infty}\sum_{k=1}^{n} a_k$가 수렴하면 $\sum_{n=1}^{\infty} a_n$은 이 극한값이고 그렇지 않으면 $\sum_{n=1}^{\infty} a_n$은 발산한다고 한다. $\lim_{n\to\infty}\sum_{k=1}^{n} a_k = \infty$이면 $\sum_{n=1}^{\infty} a_n = \infty$로 나타낸다. m이 자연수인 경우 $\lim_{n\to\infty}\sum_{k=m}^{n} a_k$를 무한급수라 하고 $\sum_{n=m}^{\infty} a_n$으로 나타낸다. a_0가 정의되어 있는 경우 $\sum_{n=0}^{\infty} a_n$도 마찬가지로 정의한다.

정리 5.11 무한등비급수

$|r| < 1$이면 $\sum_{n=1}^{\infty} r^{n-1} = \frac{1}{1-r}$이고, $|r| \geq 1$이면 $\sum_{n=1}^{\infty} r^{n-1}$은 발산한다.

증명 $r \neq 1$이면 $\lim_{n\to\infty}\sum_{k=1}^{n} r^{k-1} = \lim_{n\to\infty}\frac{r^n-1}{r-1}$인데 $|r| < 1$이면 $\lim_{n\to\infty} r^n = 0$이므로 $\lim_{n\to\infty}\frac{r^n-1}{r-1} = \frac{-1}{r-1} = \frac{1}{1-r}$이다. $r = -1$이거나 $|r| > 1$이면 $\lim_{n\to\infty} r^n$은 발산하므로 $\sum_{n=1}^{\infty} r^{n-1}$도 발산한다. $r = 1$이면 $\lim_{n\to\infty}\sum_{k=1}^{n} r^{k-1} = \lim_{n\to\infty} n = \infty$이다. ■

예제 5.13 다음 급수의 합을 구하여라.

(1) $\sum_{n=1}^{\infty} 3\left(\frac{1}{2}\right)^n$ (2) $\sum_{n=1}^{\infty} \frac{3^n + 4^n}{5^n}$

풀이 (1) $\sum_{n=1}^{\infty} 3\left(\frac{1}{2}\right)^n = 3\sum_{n=1}^{\infty}\left(\frac{1}{2}\right)^{n-1} = 3\frac{\frac{1}{2}}{1-\frac{1}{2}} = 3$

(2) $\sum_{n=1}^{\infty} \frac{3^n + 4^n}{5^n} = \sum_{n=1}^{\infty}\left(\frac{3}{5}\right)^n + \sum_{n=1}^{\infty}\left(\frac{4}{5}\right)^n = \frac{3}{1-\frac{3}{5}} + \frac{4}{1-\frac{4}{5}} = \frac{55}{2}$ ■

문제 5.13 다음 급수의 합을 구하여라.

(1) $\sum_{n=1}^{\infty}\left(\frac{2}{3}\right)^{n+3}$ (2) $\sum_{n=1}^{\infty}\frac{\sqrt{3^n}}{\sqrt{5^n}}$

예제 5.14 (1) $\sum_{n=1}^{\infty}\frac{1}{n(n+1)}$을 구하여라.

(2) 모든 x에 대해 $\sum_{n=1}^{\infty}\frac{1}{(x^2+1)^n}$을 구하여라.

풀이•• (1) $\sum_{n=1}^{\infty}\frac{1}{n(n+1)}=\lim_{n\to\infty}\sum_{k=1}^{n}\frac{1}{k(k+1)}=\lim_{n\to\infty}\frac{n}{n+1}=1$

(2) $x=0$이면 $\frac{1}{x^2+1}=1$이므로 급수는 발산한다.

$x\neq 0$이면 $\left|\frac{1}{x^2+1}\right|<1$이므로 급수는 수렴하고

$$\sum_{n=1}^{\infty}\frac{1}{(x^2+1)^n}=\frac{1}{1-\frac{1}{x^2+1}}=\frac{x^2+1}{x^2}$$ ■

문제 5.14 (1) $\sum_{n=1}^{\infty}\frac{1}{(n+1)(n+2)}$을 구하여라.

(2) 무한급수 $\sum_{n=1}^{\infty}\frac{1}{(x+1)^n}$이 수렴할 x를 구하고 이때의 급수의 합을 구하여라.

정리 5.12

$\sum_{n=1}^{\infty}a_n$이 수렴하면 $\lim_{n\to\infty}a_n=0$이다.

증명•• $\sum_{n=1}^{\infty}a_n=L$일 때 $a_n=\sum_{k=1}^{n}a_k-\sum_{k=1}^{n-1}a_k$이므로

$$\lim_{n\to\infty}a_n=\lim_{n\to\infty}\left(\sum_{k=1}^{n}a_k-\sum_{k=1}^{n-1}a_k\right)=\lim_{n\to\infty}\sum_{k=1}^{n}a_k-\lim_{n\to\infty}\sum_{k=1}^{n-1}a_k$$
$$=\sum_{n=1}^{\infty}a_n-\sum_{n=1}^{\infty}a_n=L-L=0.$$ ■

따름정리 5.13

$\lim_{n\to\infty} a_n$이 발산하거나 $\lim_{n\to\infty} a_n = L \neq 0$이면 $\sum_{n=1}^{\infty} a_n$은 발산한다.

예제 5.15 다음 급수들이 발산함을 보여라.

(1) $\sum_{n=1}^{\infty} \frac{n^2}{n(5n+1)}$ (2) $\sum_{n=1}^{\infty} \frac{(-1)^n n}{5n+1}$

풀이•• (1) $\lim_{n\to\infty} \frac{n^2}{n(5n+1)} = \frac{1}{5}$이므로 $\sum_{n=1}^{\infty} \frac{n^2}{n(5n+1)}$은 발산한다.

(2) $\lim_{n\to\infty} \frac{(-1)^n n}{5n+1} = \lim_{n\to\infty} \frac{(-1)^n}{5+\frac{1}{n}}$은 발산하므로 $\sum_{n=1}^{\infty} \frac{(-1)^n n}{5n+1}$은 발산한다. ■

문제 5.15 다음 급수들이 발산함을 보여라.

(1) $\sum_{n=1}^{\infty} \frac{2^n + 6^n}{3^n + 5^n}$ (2) $\sum_{n=1}^{\infty} (\sqrt{n^2+n} - \sqrt{n^2-n})$

5.5 연습문제

01 다음 급수의 합을 구하여라.

(1) $\sum_{n=1}^{\infty} \left(\frac{2}{3}\right)^n$ (2) $\sum_{n=1}^{\infty} \frac{3^{n-1} + 2n(n+1)}{n(n+1)3^n}$

(3) $\sum_{n=1}^{\infty} \frac{x}{\sqrt{(x^2+3)^n}}$ (4) $\sum_{n=1}^{\infty} \frac{1}{n^2+2n}$

(5) $\sum_{n=1}^{\infty} \left(\frac{1}{\sqrt{n+1}} - \frac{1}{\sqrt{n}}\right)$ (6) $\sum_{n=1}^{\infty} \frac{\cos n\pi}{3^n}$

02 다음 급수들이 발산함을 보여라.

(1) $\sum_{n=1}^{\infty} \frac{n^2-1}{5n^2+3n}$ (2) $\sum_{n=1}^{\infty} \frac{(-1)^n n}{3n-1}$

(3) $\sum_{n=1}^{\infty} \cos \frac{1}{n}$ (4) $\sum_{n=1}^{\infty} \frac{1}{\sqrt{n+1} + \sqrt{n}}$

03 다음 급수들이 수렴할 x의 범위를 구하여라.

(1) $\sum_{n=1}^{\infty}(3x+1)^n$

(2) $\sum_{n=1}^{\infty}(x^2+x-1)^n$

(3) $\sum_{n=1}^{\infty}\left(\frac{1}{(n+1)^{x+1}}-\frac{1}{n^{x+1}}\right)$

(4) $\sum_{n=1}^{\infty}\frac{x^{2n}}{(x^2+1)^n}$

(5) $\sum_{n=1}^{\infty}2^{nx}$

04 $\sum_{k=1}^{2^n}\frac{1}{k} \geq \frac{n+1}{2}$ 임을 이용하여 $\sum_{n=1}^{\infty}\frac{1}{n}$ 이 발산함을 보여라.

06

지수함수와 로그함수

6.1 지수함수

$a>0$일 때 유리수 $\frac{n}{m}$에 관해 $a^{\frac{n}{m}}$은 다음과 같이 a의 m제곱근 $\sqrt[m]{a}$의 n개의 거듭제곱으로 정의하고, 이러한 형태의 수에 관해서는 1장에서 언급한 지수법칙이 성립한다.

$$a^{\frac{n}{m}} = \underbrace{\sqrt[m]{a}\times\sqrt[m]{a}\times\cdots\times\sqrt[m]{a}}_{n\text{개}} = (\sqrt[m]{a})^n$$

한편, 지수 x가 실수일 때 a^x를 $x_n \to x$인 유리수열 x_n에 대해 a^{x_n}의 극한값, 즉

$$a^x = \lim_{n\to\infty} a^{x_n} \quad (x_n : x_n \to x\text{인 유리수})$$

으로 정의한다. 예를 들어, $\sqrt{2} \approx 1.4142$이므로 $5^{\sqrt{2}}$의 근삿값을

$$5^{\sqrt{2}} \approx 5^{1.4142} \approx 9.7383$$

이라고 설정하는 것은 타당하다.

지수가 유리수일 때와 마찬가지로 이와 같은 확장에 의해 실수의 경우에도 지수법칙이 성립한다.

정리 6.1 지수법칙

$a,\ b>0$일 때 실수 $x,\ y$에 대해서 다음의 지수법칙이 성립한다.

(1) $a^x a^y = a^{x+y}$

(2) $a^x \div a^y = a^{x-y}$

(3) $(a^x)^y = a^{xy}$

(4) $(ab)^x = a^x b^x$

예제 6.1 다음 식을 간단히 하여라. (단, $a>0,\ b>0$)

(1) $3^{\sqrt{2}}\,3^{2-\sqrt{2}}$　　(2) $(2^{\sqrt{2}})^{\sqrt{8}}$

(3) $(a^{2\sqrt{2}}b^{\sqrt{3}})^{\sqrt{6}}$

풀이•• (1) $3^{\sqrt{2}}3^{2-\sqrt{2}} = 3^{\sqrt{2}+(2-\sqrt{2})} = 3^2 = 9$

(2) $(2^{\sqrt{2}})^{\sqrt{8}} = 2^{\sqrt{2}\times\sqrt{8}} = 2^{\sqrt{16}} = 2^4 = 16$

(3) $(a^{2\sqrt{2}}b^{\sqrt{3}})^{\sqrt{6}} = (a^{2\sqrt{2}})^{\sqrt{6}}(b^{\sqrt{3}})^{\sqrt{6}} = a^{2\sqrt{12}}b^{\sqrt{18}} = a^{4\sqrt{3}}b^{3\sqrt{2}}$ ■

문제 6.1 다음 식을 간단히 하여라. (단, $a>0$, $b>0$)

(1) $(\sqrt{3^{\sqrt{2}}})^{\sqrt{12}}$

(2) $(a^{2\sqrt{18}}b^{\sqrt{3}})^{\sqrt{12}}$

(3) $a^{\sqrt{5}+2} \div a^{\sqrt{5}-2}$

정의 6.1 지수함수

$a>0$, $a\neq 1$일 때 임의의 실수 x에 대해 정의된 함수

$$f(x) = a^x$$

를 밑이 a인 **지수함수**(exponential function)라고 한다.

모든 실수 x에 대해 $1^x = 1$(상수)이므로 지수함수의 밑을 $a\neq 1$로 제한한다.

또 $a>0$일 때 모든 실수 x에 대해 $a^x>0$이므로 지수함수의 정의역은 실수 전체집합 $\mathbb{R}=(-\infty,\ \infty)$이고, 치역은 양의 실수의 집합 $\mathbb{R}+=(0,\ \infty)$이다.

지수함수 $y=a^x$의 그래프에 대하여 알아보자. 이를 위해 밑이 $a>1$인 경우와 $0<a<1$인 경우로 나누어 조사한다.

먼저 $a>1$인 경우에는 x가 정수일 때 다음과 같은 함숫값의 변화를 관찰하여 이를 좌표평면에 기록함으로써 그래프를 파악할 수 있다.

- $\cdots < \left(\dfrac{1}{a}\right)^2 = a^{-2} < \left(\dfrac{1}{a}\right) = a^{-1} < 1 = a^0 < a < a^2 < a^3 < \cdots$
- $0<\dfrac{1}{a}<1$이므로 $n\to\infty$일 때 $a^{-n} = \left(\dfrac{1}{a}\right)^n$은 0으로 수렴한다.
- $x>0$이면 $a^x>1$이다.

이와 같은 관찰을 바탕으로 $a>1$일 때 지수함수 $y=a^x$의 그래프를 그려보면 그림 6.1과 같다.

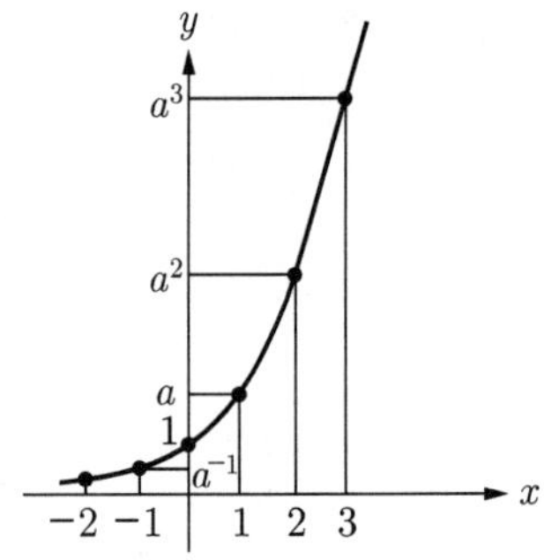

그림 6.1 $y=a^x\ (a>1)$의 그래프

한편, 밑이 $0<a<1$인 경우에는 $\dfrac{1}{a}>1$임을 이용하면

$$y=a^x=\left(\frac{1}{a}\right)^{-x}$$

이다. 따라서 $y=a^x\ (0<a<1)$의 그래프는 $y=a^x\ (a>1)$의 그래프를 y축에 대칭이동시킨 것이다.

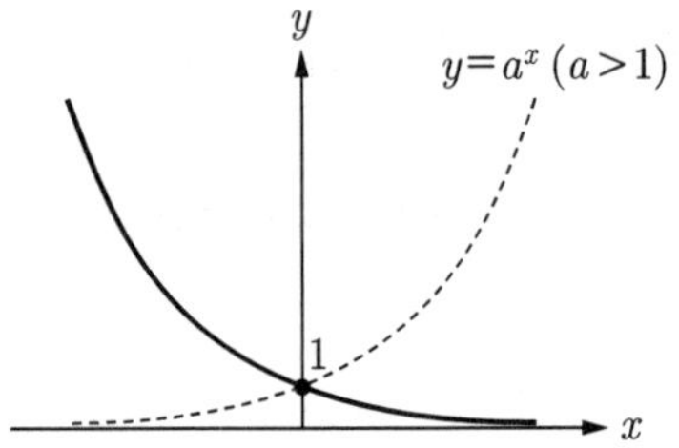

그림 6.2 $y=a^x\ (0<a<1)$의 그래프

그림 6.1과 6.2에서 각각 $x\to-\infty$ 또는 $x\to\infty$일 때 $y=a^x$의 그래프는 x축으로 가까이 접근한다. 이때 x축을 이루는 직선 $y=0$을 **지수함수의 점근선**이라고 한다.

예제 6.2 $f(x)=3^x$의 그래프를 이용하여 다음 함수의 그래프를 그려라.

(1) $g(x)=3^{x-1}$ (2) $h(x)=\left(\dfrac{1}{3}\right)^x-1$

풀이•• (1) $g(x)=3^{x-1}=f(x-1)$이므로 $g(x)$의 그래프는 $f(x)$의 그래프를 $x=1$만큼 평행이동시킨 것이다.

(2) $h(x)=\left(\dfrac{1}{3}\right)^x-1=3^{-x}-1=f(-x)-1$이므로 $h(x)$의 그래프는 $f(x)$의 그래프를 y축에 대칭이동시킨 후 $y=-1$만큼 평행이동시킨 것이다.

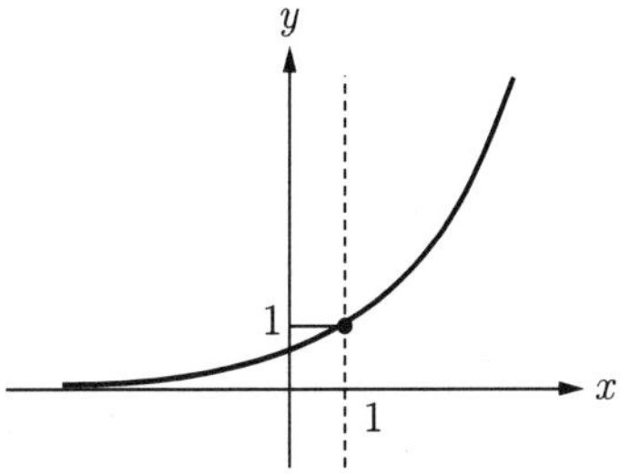

그림 6.3 $y = 3^{x-1}$

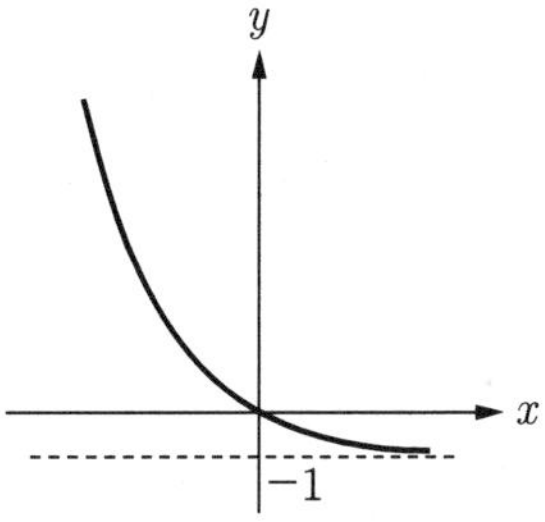

그림 6.4 $y = \left(\frac{1}{3}\right)^x - 1$ ■

문제 6.2 다음 지수함수의 그래프를 그려라.

(1) $y = -\left(\frac{1}{3}\right)^x$　　(2) $y = 3^{1-x} + 1$

(3) $y = 3^{|x-1|}$

지수함수 $y = a^x$ $(a > 0,\ a \neq 1)$의 주요 성질을 요약하면 다음과 같다.

- 정의역$= \mathbb{R}$, 치역$= \mathbb{R}+$
- $a > 1$이면 $y = a^x$는 증가함수이고, $0 < a < 1$이면 $y = a^x$는 감소함수이다.
- y절편$= 1$이고, x축을 점근선으로 갖는다.

지수함수의 성질을 이용하여 두 수의 크기를 비교해보자.

예제 6.3 다음 두 수의 크기를 비교하여라.

(1) $\sqrt[3]{128}$, $\sqrt{64}$　　(2) $\sqrt[3]{0.01}$, $\sqrt{0.1}$

풀이 (1) $\sqrt[3]{128} = \sqrt[3]{2^7} = 2^{\frac{7}{3}}$, $\sqrt{64} = \sqrt{2^6} = 2^3$

$y = 2^x$는 증가함수이고, $3 > \frac{7}{3}$이므로 $2^3 > 2^{\frac{7}{3}}$이다.

따라서 $\sqrt{64} > \sqrt[3]{128}$이다.

(2) $\sqrt[3]{0.01} = \sqrt[3]{(0.1)^2} = (0.1)^{\frac{2}{3}}$, $\sqrt{0.1} = (0.1)^{\frac{1}{2}}$

$y = (0.1)^x$는 감소함수이고, $\frac{1}{2} < \frac{2}{3}$이므로 $(0.1)^{\frac{1}{2}} > (0.1)^{\frac{2}{3}}$이다.

따라서 $\sqrt{0.1} > \sqrt[3]{0.01}$이다. ■

문제 6.3 다음 두 수의 크기를 비교하여라.

(1) $\sqrt[5]{0.5}$, $\sqrt[6]{0.125}$ (2) $\sqrt[3]{128}$, $\sqrt{32}$

방사능 물질의 붕괴나 박테리아의 증식 등 자연현상과 관련한 많은 문제들에서 파생하는 무리수 e에 대해 알아보자. 먼저 자연수 n의 증가에 대해 $\left(1+\frac{1}{n}\right)^n$의 변화를 살펴보면 다음과 같다.

n	$\left(1+\frac{1}{n}\right)^n$
1	2
2	2.25
10	2.59374
100	2.70481
1,000	2.71692
10,000	2.71815
100,000	2.71827

이와 같은 관찰로부터 $\left(1+\frac{1}{n}\right)^n$은 n이 증가할 때 일정한 수로 수렴하는 것을 알 수 있다.

정의 6.2 자연지수

$n \to \infty$일 때 $\left(1+\frac{1}{n}\right)^n$의 극한값을 자연지수 e라고 한다.
즉 **자연지수**(natural exponent)는

$$e = \lim_{n\to\infty}\left(1+\frac{1}{n}\right)^n$$

으로 정의하는 수이다.

자연지수 e를 소수로 나타내면

$$e = 2.718281828459045235 36\cdots$$

이며, 원주율 π와 같이 순환하지 않는 무한소수로 알려져 있다.

정의 6.3 자연지수함수

밑이 e인 지수함수

$$f(x) = e^x$$

를 **자연지수함수**(natural exponential function)라고 한다.

$e > 1$이므로 자연지수함수 $f(x) = e^x$는 증가함수이다.

6.1 연습문제

01 다음을 간단히 하여라.

(1) $(2^{3\sqrt{2}}4^{-\sqrt{2}})^{3\sqrt{2}}$

(2) $\sqrt[3]{\sqrt{32}\sqrt[4]{256}}$

(3) $8^{\sqrt{2}+2\sqrt{3}} \div 8^{2\sqrt{2}-\sqrt{3}}$

(4) $\left(\sqrt[3]{3}+\dfrac{1}{\sqrt[3]{3}}\right)\left(\sqrt[3]{9}-1+\dfrac{1}{\sqrt[3]{9}}\right)$

02 다음 수를 크기 순서로 배열하여라.

$$\sqrt[3]{\sqrt{64^2}}, \quad \sqrt[3]{\sqrt{\sqrt{16^4}}}, \quad (4^{\frac{2}{3}}\sqrt{8})^{\frac{10}{17}}$$

03 $a > 0$이고 $a + a^{-1} = 3$이다. 다음 식의 값을 구하여라.

(1) $a^2 + a^{-2}$

(2) $a^3 + a^{-3}$

(3) $a > 1$일 때 $a - a^{-1}$

04 $y = 2^x$의 그래프를 이용하여 다음 함수의 그래프를 그려라.

(1) $y = 2^{-x}$

(2) $y = -2^x$

(3) $y = 2^{x-1}$

(4) $y = 1 - 2^{-x}$

(5) $y = 2^{|x|-1}$

(6) $y = 2^{|x-1|}$

05 지수함수를 토대로 다음과 같이 정의되는 함수를 생각하자.

$$\sinh x = \frac{e^x - e^{-x}}{2}, \qquad \cosh x = \frac{e^x + e^{-x}}{2}$$

이와 같이 정의되는 함수를 **쌍곡선함수**(hyperbolic function)라고 한다.

(1) $y = \sinh x$와 $y = \cosh x$의 그래프를 그려라.

(2) 항등식 $\cosh^2 x - \sinh^2 x = 1$이 성립함을 보여라.

6.2 로그함수

지수함수 $f(x)=a^x$ $(a>0,\ a\neq 1)$는 일대일이므로 역함수를 갖는다. 그 역함수 f^{-1}를 밑이 a인 **로그함수**(logarithmic function)라 하고 $\log_a$로 정의한다.

역함수 f^{-1}는

$$f^{-1}(x)=y \Leftrightarrow x=f(y)$$

로 정의하므로 로그함수는 공식적으로 다음과 같이 정의된다.

정의 6.4 로그함수

$a>0,\ a\neq 1$일 때 $\log_a$는

$$y=\log_a x \Leftrightarrow x=a^y$$

인 함수로 정의한다.

역함수 관계에서 f^{-1}의 정의역은 f의 치역이 되고, f^{-1}의 치역은 f의 정의역이므로 로그함수 $\log_a x$의 정의역은 $\mathbb{R}+=(0,\ \infty)$이고, 치역은 $\mathbb{R}=(-\infty,\ \infty)$이다.

예제 6.4 로그의 정의를 이용하여 다음 값을 계산하여라.

(1) $\log_{10}10{,}000$ (2) $\log_{10}(0.01)$

풀이•• (1) $10^4=10{,}000$이므로 $\log_{10}10{,}000=4$.

(2) $0.01=\dfrac{1}{100}=10^{-2}$이므로 $\log_{10}0.01=-2$. ■

문제 6.4 다음 값을 구하여라.

(1) $\log_3\left(\dfrac{1}{27}\right)$ (2) $\log_4\sqrt{2}$

(3) $\log_5(0.008)$

문제 6.5 로그함수의 정의를 이용하여 x를 구하여라.

(1) $\log_{10} x = 2$　　(2) $\log_x 3 = \dfrac{1}{2}$

(3) $\log_x 125 = 3$　　(4) $\log_2 \sqrt[3]{\sqrt{2}} = x$

예제 6.5 다음 로그함수의 정의역을 구하여라.

(1) $f(x) = \log_3 (2 - x)$　　(2) $g(x) = \log \dfrac{x+1}{x-1}$

풀이•• (1) $2 - x > 0$이므로 f의 정의역은 $(-\infty,\ 2)$이다.

(2) $\dfrac{x+1}{x-1} > 0$으로부터 $(x+1)(x-1) > 0$.

따라서 g의 정의역은 $(-\infty,\ -1) \cup (1,\ \infty)$이다. ■

자주 쓰이는 로그의 기본성질을 묶어서 정리하자.

정리 6.2

$a > 0,\ a \neq 1$일 때 다음이 성립한다.

(1) $\log_a 1 = 0$

(2) $\log_a a = 1$

(3) $\log_a a^x = x,\ x \in \mathbb{R}$

(4) $a^{\log_a x} = x,\ x \in \mathbb{R}+$

증명•• (1)과 (2)는 $a^0 = 1,\ a^1 = a$에 로그의 정의를 적용하여 얻는다. (3)과 (4)는 지수와 로그함수가 각각 역함수 관계이므로 두 함수의 합성이 합성함수임을 이용하여 구할 수 있다. ■

$\log_a x$는 a^x와 서로 역함수를 이룬다. 따라서 $y = \log_a x$의 그래프는 $y = a^x$의 그래프를 직선 $y = x$에 대칭이동하여 생성할 수 있다.

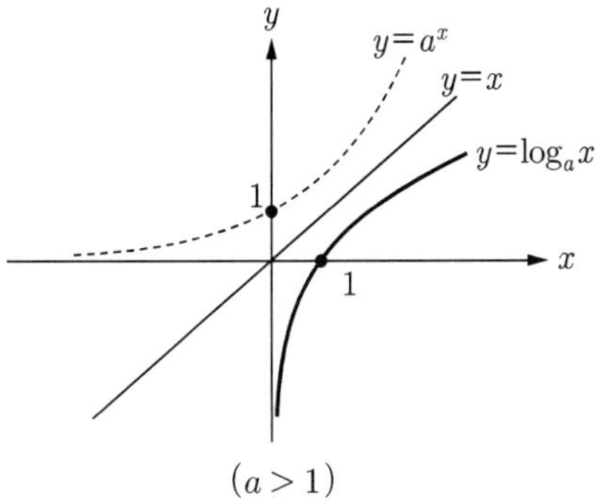

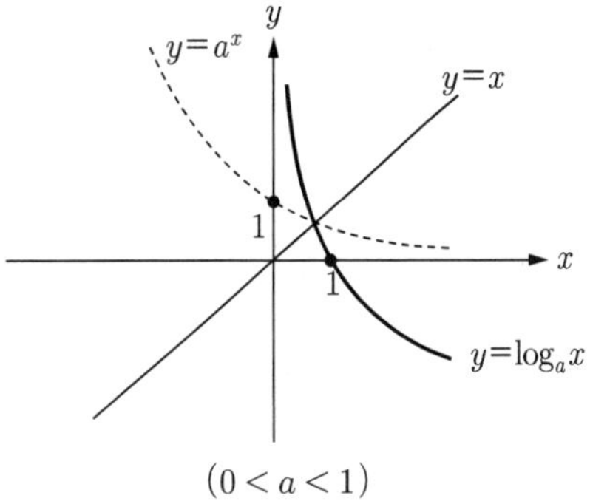

그림 6.5 $y=\log_a x$의 그래프

로그함수 $y=\log_a x$ $(a>0,\ a\neq 1)$의 주요 성질을 요약하면 다음과 같다.

- 정의역 $=\mathbb{R}+$, 치역 $=\mathbb{R}$
- $a>1$이면 $y=\log_a x$는 증가함수이고, $0<a<1$이면 $y=\log_a x$는 감소함수이다.
- x절편 $=1$이고, y축을 점근선으로 갖는다.

예제 6.6 다음 로그함수의 그래프를 그려라.

(1) $y=\log_2(-x)$　　　　(2) $y=\log_{\frac{1}{2}}(x-1)+1$

풀이•• (1) $y=\log_2(-x)$의 그래프를 y축에 대칭이동시켜 구한다.

(2) $y=\log_{\frac{1}{2}} x$ 의 그래프를 각각 x축으로 1만큼, y축으로 1만큼 평행이동시켜 구한다.

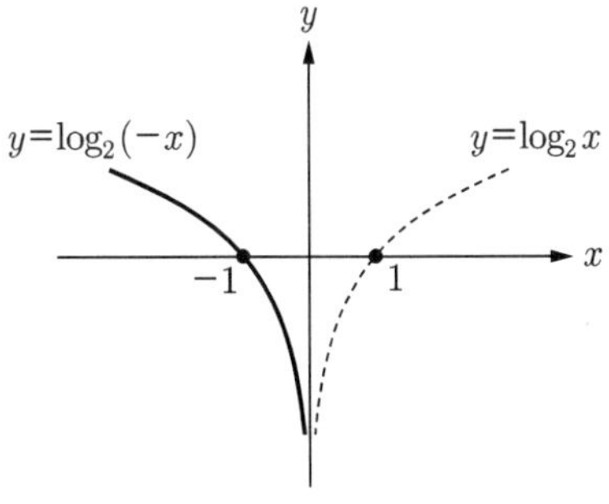

그림 6.6 $y=\log_2(-x)$

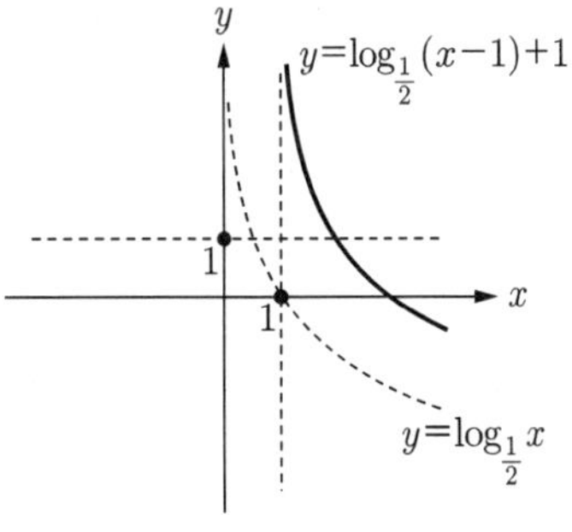

그림 6.7 $y=\log_{\frac{1}{2}}(x-1)+1$ ■

문제 6.6 다음 함수의 정의역을 구하고 그래프를 그려라.

(1) $y = \log_3(x-3)$ (2) $y = \log_{\frac{1}{3}} x + 1$

정의 6.5 상용로그와 자연로그

밑이 10인 로그를 **상용로그**(common logarithm)라 하고 log로 나타낸다. 즉

$$\log x = \log_{10} x.$$

밑이 e인 로그를 **자연로그**(natural logarithm)라 하고 ln으로 나타낸다. 즉

$$\ln x = \log_e x.$$

정리 6.2에 맞추어 자연로그의 간단한 성질을 정리하면 다음과 같다.

- $\ln 1 = 0,\ \ln e = 1$
- $\ln(e^x) = x\ (x \in \mathbb{R})$
- $e^{\ln x} = x\ (x \in \mathbb{R}+)$

예제 6.7 다음 식을 만족하는 x를 구하여라.

(1) $e^x = 3$ (2) $\ln x = 3$

(3) $\ln\sqrt{e} = x$

풀이•• (1) $e^x = 3 \Rightarrow x = \ln 3$

(2) $\ln x = 3 \Rightarrow x = e^3$

(3) $x = \ln\sqrt{e} \Rightarrow x = \ln e^{\frac{1}{2}} = \frac{1}{2}$ ■

함수 $f(x) = a^x$에 지수법칙을 적용하면

$$f(x_1 + x_2) = a^{x_1 + x_2} = a^{x_1}a^{x_2} = f(x_1)f(x_2)$$

를 만족한다. 즉 지수함수는 변량의 합을 대응하는 함숫값의 곱으로 전환하는 성질을 가지고 있다.

한편, 로그함수는 지수함수의 역함수이므로 변량의 곱을 대응하는 함숫값의 합으로 전환하는 성질을 가지고 있다고 유추할 수 있다. 이러한 성질을 **로그법칙**(logarithmic law)이라고 한다.

정리 6.3 로그법칙

$x_1,\ x_2,\ x>0$일 때 다음이 성립한다.

(1) $\log_a(x_1x_2)=\log_a x_1+\log_a x_2$

(2) $\log_a\left(\dfrac{x_1}{x_2}\right)=\log_a x_1-\log_a x_2$

(3) $\log_a x^c=c\log_a x$

증명 (1) $y_1=\log_a x_1,\ y_2=\log_a x_2$라 하면 $x_1=a^{y_1},\ x_2=a^{y_2}$이다. 따라서

$$\log_a x_1x_2=\log_a a^{y_1}a^{y_2}=\log_a a^{(y_1+y_2)}=y_1+y_2=\log_a x_1+\log_a x_2$$

가 성립한다.

(2) $x_1=\dfrac{x_1}{x_2}x_2$에 (1)을 적용하면

$$\log_a x_1=\log_a\left(\frac{x_1}{x_2}\right)x_2=\log_a\left(\frac{x_1}{x_2}\right)+\log_a x_2$$

이다. 따라서

$$\log_a\frac{x_1}{x_2}=\log_a x_1-\log_a x_2$$

이다.

(3) $y=\log_a x$라 하면 $x=a^y$이므로

$$\log_a x^c=\log_a(a^y)^c=\log_a a^{(yc)}=yc=cy=c\log_a x$$

이다. ■

예제 6.8 다음 값을 간단히 하여라.

(1) $\log_2\sqrt[4]{64}$ (2) $\log 4+\log 25$

(3) $\log_2 6 - \log_2 15 + \log_2 20$ (4) $\ln e^3 \sqrt{e}$

풀이•• (1) $64 = 2^6$이므로 $\sqrt[4]{64} = 2^{\frac{6}{4}} = 2^{\frac{3}{2}}$.

따라서 $\log_2 \sqrt[4]{64} = \log_2 2^{\frac{3}{2}} = \frac{3}{2}$.

(2) $\log 4 + \log 25 = \log 100 = \log_{10} 10^2 = 2$

(3) $\log_2 6 - \log_2 15 + \log_2 20 = \log_2 \frac{6 \cdot 20}{15} = \log_2 8 = \log_2 2^3 = 3$

(4) $\ln e^3 \sqrt{e} = \ln e^{3+\frac{1}{2}} = \ln e^{\frac{7}{2}} = \frac{7}{2}$ ■

문제 6.7 $\ln 2 = a$, $\ln 3 = b$일 때 다음을 a, b로 나타내어라.

(1) $\ln 24$ (2) $\ln 2.25$

(3) $\ln \sqrt{6e}$

문제 6.8 로그법칙을 써서 다음을 곱이나 제곱근이 없도록 최대한 전개하여라.

(1) $\log_2 6^{10}$ (2) $\log_a \left(\frac{a^2}{b^3 c^4} \right)$

(3) $\ln \sqrt{e \sqrt[3]{e}}$ (4) $\ln \sqrt{\frac{x^2 - x - 2}{(x+2)^3}}$

다음은 로그의 밑의 변경에 대한 관계식이다.

정리 6.4

$a > 0$, $a \neq 1$, $b > 0$, $b \neq 1$, $x > 0$일 때 다음이 성립한다.

$$\log_a x = \frac{\log_b x}{\log_b a}$$

증명•• $y = \log_a x$라 하면 $x = a^y$이므로

$$\log_b x = \log_b a^y = y \log_b a = (\log_a x)(\log_b a)$$

이다. 따라서

$$\log_a x = \frac{\log_b x}{\log_b a}$$

가 성립한다. ■

예제 6.6 다음을 간단히 하여라.

$$\log_2 3 + \log_4 6 - 2\log_{\sqrt{2}} \sqrt{3}$$

풀이•• $\log_4 6 = \dfrac{\log_2 6}{\log_2 4} = \dfrac{\log_2 2 + \log_2 3}{\log_2 2^2} = \dfrac{1 + \log_2 3}{2}$

$\log_{\sqrt{2}} 3 = \dfrac{\log_2 \sqrt{3}}{\log_2 \sqrt{2}} = \dfrac{\frac{1}{2}\log_2 3}{\frac{1}{2}\log_2 2} = \log_2 3$

따라서

$$\begin{aligned}\log_2 3 + \log_4 6 - 2\log_{\sqrt{2}} \sqrt{3} &= \log_2 3 + \frac{1 + \log_2 3}{2} - 2\log_2 3 \\ &= \frac{1 - \log_2 3}{2}.\end{aligned}$$

■

문제 6.9 상용로그표에서 $\log 2 = 0.3010$, $\log 3 = 0.4771$이다. 이를 이용하여 다음 값을 구하여라.

(1) $\log_{0.5} 6$ (2) $\log_8 5$

(3) $\log_9 20$

6.2 연습문제

01 다음 지수에 관한 식은 로그를, 로그에 관한 식은 지수를 사용하여 나타내어라.

(1) $2^5 = 32$ (2) $3^x = 4.5$

(3) $a^{\sqrt{\pi}} = 9$ (4) $\log_3 81 = 4$

(5) $\log_{\pi}(x+1)=2$

(6) $\ln x = e$

02 $y=\ln x$의 그래프를 이용하여 다음 함수의 그래프를 그려라.

(1) $y=1-\ln x$

(2) $y=\ln(-x)$

(3) $y=-\ln(-x)$

(4) $y=\log_{\frac{1}{e}} x$

(5) $y=\ln(x-1)$

(6) $y=\ln|x|$

03 다음 값을 간단히 하여라.

(1) $e^{\ln e}$

(2) $\log 0.001$

(3) $\log_{\frac{1}{2}} 16$

(4) $2\log_2 \frac{1}{\sqrt{8}}$

(4) $\log_2(\log_2\sqrt{2})$

(6) $\log_{0.1} 10$

(7) $\log_2 \frac{4}{3} + 2\log_2\sqrt{48}$

(8) $2\log_2 6 + \log_2 20 - \log_2 45$

04 다음 함수의 정의역을 구하여라.

(1) $f(x)=\log(x-3)$

(2) $f(x)=\ln(x-x^3)$

(3) $f(x)=\log_2 x - \log_2(2-x)$

(4) $f(x)=\log_2(\log_3(\log_4 x))$

05 상용로그표에서 $\log 2 = 0.3010$, $\log 3 = 0.4771$이다. 이를 이용하여 다음 값을 구하여라.

(1) $\log_2 5$

(2) $\log_5 2$

(3) $\log_3 16$

(4) $\log_4 125$

(5) $\log_{0.5} 96$

(6) $\log_{12} 2.5$

06 다음을 단 하나의 로그로 나타내어라.

(1) $\log_3 12 + \frac{1}{2}\log_3 7 - \log_3 2$

(2) $2\log_2\left(\frac{1}{x}\right) + 3\log_2\sqrt[3]{x^2}$

(3) $\frac{1}{2}\ln x + \frac{1}{4}\ln y + \frac{1}{8}\ln z$

(4) $x - \log(x^2+1) - \log(x^2+2)$

07 임의의 양의 수 x는 다음과 같은 형식으로 나타낼 수 있다.

$$x = a \times 10^n \ (1 \le a < 10,\ n = \text{정수})$$

여기에 상용로그를 적용하면 양수 x의 상용로그를

$$\log x = n + \log a \ (0 \le \log a < 1)$$

의 형식으로 표현할 수 있다. 이러한 사실을 이용하여 $\log 2 = 0.3010$, $\log 3 = 0.4771$일 때 다음에 답하여라.

(1) $(36)^{10}$은 몇 자리 정수인가?

(2) $\left(\dfrac{1}{36}\right)^{10}$은 소수점 아래 몇째 자리에서 처음으로 0이 아닌 숫자가 나타나는가?

(3) 상용로그를 이용하여 5^{20}과 6^{18}의 대소 관계를 결정하여라.

6.3 지수방정식과 로그방정식

a와 b가 주어진 양의 수일 때 $a^x = b$와 같이 지수에 미지수를 포함하는 방정식을 **지수방정식**(exponential equation)이라고 한다.

지수함수 $y = a^x\,(a > 0,\ a \neq 1)$는 치역이 $\mathbb{R}+$인 일대일 함수이다. 따라서 양의 실수 b에 대해 방정식 $a^x = b$는 단 한 개의 해를 갖는다. 지수방정식 $a^x = b$의 해는 양변에 밑이 a인 로그를 취해 다음과 같이 구할 수 있다.

$$x = \log_a a^x = \log_a b$$

특히 $b = a^r$인 경우에는 양변에서 지수의 밑을 통일시켜 $a^x = b = a^r$로부터 해 $x = r$을 쉽게 유도할 수 있다.

예제 6.10 다음 지수방정식을 풀어라.

(1) $2^x = 0.125$

(2) $\left(\dfrac{1}{3}\right)^x = 9\sqrt{3}$

(3) $2^{x+2} = \dfrac{1}{2 \cdot 4^x}$

(4) $e^{x+1} = 5$

풀이•• (1) 양변에 밑이 2인 로그를 취하면

$$x = \log_2 0.125 = \log_2 \frac{1}{8} = \log_2 2^{-3} = -3.$$

(2) $9\sqrt{3} = 3^2 3^{\frac{1}{2}} = 3^{\frac{5}{2}},\ \left(\dfrac{1}{3}\right)^x = 3^{-x}$이므로

$$3^{-x} = 3^{\frac{5}{2}} \Rightarrow x = -\frac{5}{2}.$$

(3) $\dfrac{1}{2 \cdot 4^x} = 2^{-1-2x}$이므로 $2^{x+2} = 2^{-1-2x}$로부터 $x + 2 = -1 - 2x$이다.
따라서 $x = -1$이다.

(4) 양변에 자연로그를 취하면

$$x + 1 = \ln 5 \Rightarrow x = -1 + \ln 5.$$

■

문제 6.10 다음 지수방정식을 풀어라.

(1) $4^x = 32$　　(2) $\left(\frac{1}{8}\right)^x = 2\sqrt{32}$

(3) $\left(\frac{1}{\sqrt{3}}\right)^x = 9^{2-x}$　　(4) $4^{x+1} = 5$

다항식 형태의 지수방정식은 인수분해를 적용하여 해를 구할 수 있다.

예제 6.11 다음 지수방정식을 풀어라.

(1) $4^x - 2^{x+2} + 3 = 0$　　(2) $x^2e^x - 3xe^x = 0$

풀이 (1) $4^x = (2^x)^2$, $2^{x+2} = 2^2 2^x = 4 \cdot 2^x$이므로 주어진 식은

$$(2^x)^2 - 4(2^x) + 3 = 0$$

이다. 이를 인수분해하면

$$(2^x - 1)(2^x - 3) = 0$$

이므로 $2^x = 1$ 또는 $2^x = 3$이다. 따라서 해는 $x = 0$, $\log_2 3$이다.

(2) $x^2e^x - 3xe^x = (x^2 - 3x)e^x = x(x-3)e^x = 0$으로부터 $e^x > 0$이므로

$$x(x-3) = 0$$

을 얻는다. 따라서 $x = 0$, 3이다. ■

문제 6.11 다음 지수방정식을 풀어라.

(1) $e^{2x} - 2e^x - 3 = 0$　　(2) $x^3e^{-x} - 2x^2e^{-x} = 0$

(3) $4^x - 2^{x+1} + 1 = 0$

로그의 변수에 미지수를 포함하는 방정식을 **로그방정식**(logarithmic equation)이라고 한다. 로그함수 $y = \log_a x$ $(a > 0,\ a \neq 1)$는 정의역이 $\mathbb{R}+$이고 치역이 $\mathbb{R}$인 일대일 함수이다. 따라서 주어진 실수 b에 대해 로그방정식 $\log_a x = b$는 단 한 개의 해 $x = a^b$를 갖는다.

로그방정식에서 식을 결합하기 위해 로그법칙을 이용한다.

예제 6.12 다음 로그방정식을 풀어라.

(1) $\log_4 x = 2$

(2) $\log_9(x+3) + \log_9(x-5) = 1$

(3) $x^{\log_2 x} = x^2$

풀이•• (1) 로그의 정의에 의해서 $\log_4 x = 2 \Rightarrow x = 4^2 = 16$.

(2) 로그법칙에 의해

$$\log_9(x+3) + \log_9(x-5) = \log_9(x+3)(x-5).$$

따라서 방정식은

$$\log_9(x+3)(x-5) = 1$$

이고, 이로부터 $(x+3)(x-5) = 9$이다. 이를 인수분해하여 풀면 $x = -6$, $x = 4$이다.

이때 로그의 정의역이 양수이므로 $x+3 > 0$, $x-5 > 0$이어야 한다. 따라서 해는 $x = 4$이다.

(3) 양변에 밑을 2로 하는 로그를 취하면

$$(\log_2 x)^2 = 2\log_2 x$$
$$\log_2 x(\log_2 x - 2) = 0$$

이므로

$$\log_2 x = 0, \quad \log_2 x = 2$$

이다. 따라서 해는 $x = 1$, $x = 4$이다. ■

문제 6.12 다음 로그방정식을 풀어라.

(1) $\log_3(x+1) = 2$

(2) $\log_2 x + \log_2(x-3) = 2$

(3) $2\ln x = \ln(4x-3)$

6.3 연습문제

01 다음 지수방정식의 해를 구하여라.

(1) $9(3^{2x}) = 27^x$

(2) $27^{3-2x} = 9$

(3) $2^{x^2} = 8^x$

(4) $3^{2^x} = 2$

(5) $e^{2x-1} = 5$

(6) $4^x + 2^x - 12 = 0$

(7) $9^x + 3^{x+1} - 18 = 0$

(8) $e^{2x} - 2e^x - 3 = 0$

02 다음 로그방정식의 해를 구하여라.

(1) $\log_3(x-1) = 2$

(2) $3\log_5 x = \log_5 27$

(3) $\log_5(x-2)^2 = 2$

(4) $\log_3(\log_4 x) = 1$

(5) $\log_3(x-1) = \log_9(3-x)$

(6) $2\log x = \log 2 + \log(3x-4)$

(7) $(\ln x)^2 - \ln x^2 = 8$

(8) $x^{\log_2 x} = 16x^2$

(9) $\log_2 x + 2\log_4 x + 3\log_8 x = 1$

(10) $\log_2(3x+2) + \log_2(2x-3) = 1 + \log_2 3$

03 은행에 매월 초 월이율 0.5%의 복리로 일정한 금액을 예금하면 n개월 후에 원금과 이자를 합한 원리합계는 원금의 $(1+0.005)^n$배가 된다. 원리합계가 원금의 2배 이상이 되는 데 최소 몇 개월이 걸릴까? (단, $\log 1.005 = 0.00217$, $\log 2 = 0.30103$으로 계산한다.)

07

삼각함수

7.1 각도와 호도법

평면에서 **각**(angle)은 한 점에서 만나는 두 개의 반직선으로 구성된다. 이때 두 반직선이 만나는 점을 **각의 꼭짓점**, 각을 재는 기준이 되는 반직선 $\overrightarrow{OX}$를 **기준선**이라 하고, 나머지 반직선 $\overrightarrow{OP}$를 **동경**이라 한다. 이때 두 반직선 $\overrightarrow{OX}$와 $\overrightarrow{OP}$가 이루는 끼인각 $\angle XOP$를 **중심각**이라고 한다.

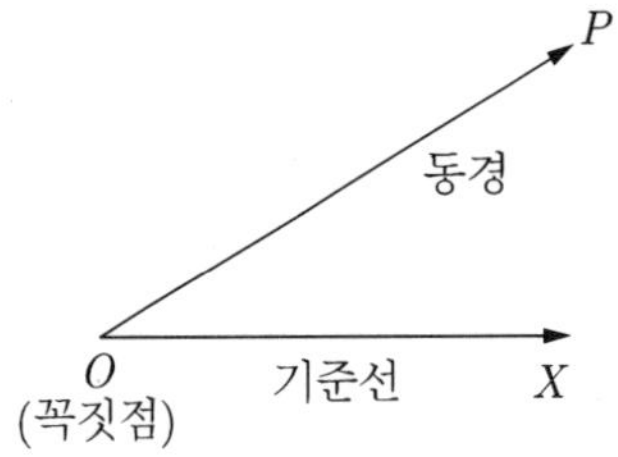

그림 7.1 각의 구성 성분

각의 측정은 꼭짓점에 대해 기준선을 동경으로 옮기는 데 필요한 회전의 정도를 나타낸다. 그림 7.2에서와 같이 기준선으로부터 동경까지 반시계 방향으로 회전한 정도를 **양의 각**이라 하고, 시계 방향으로 회전한 정도를 **음의 각**이라 한다. 통상 좌표평면에서는 원점을 꼭짓점으로 하고 양의 축을 기준선으로 하여 각을 측정한다.

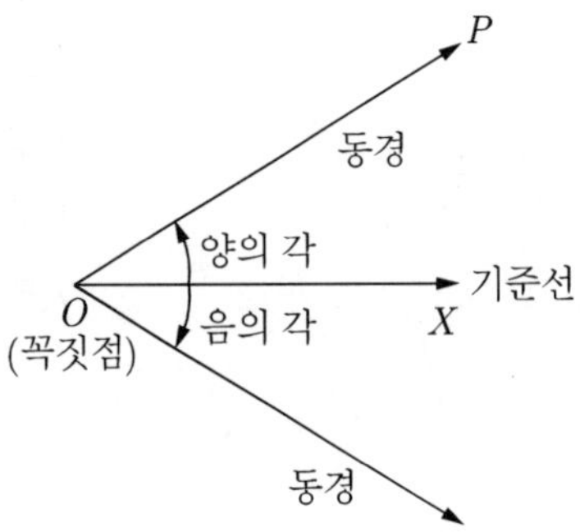

그림 7.2 양의 각과 음의 각

각의 단위로는 각도(degree)와 호도(radian)의 두 가지가 쓰인다. 각도는 °(도)를 기본단위로 하는 60분법을 사용한다.

정의 7.1 60분법

꼭짓점을 중심으로 기준선에서 동경이 반시계 방향으로 한 바퀴 회전할 때의 각의 크기를 360등분한 것을 1도라 하고 1°로 표기한다.

따라서 좌표평면에서 원점을 중심으로 반지름이 1인 원을 따라 반시계 방향으로 한 바퀴 회전한 각의 크기는 360°이다.

한편, 반지름이 1인 원의 호를 따라 각을 측정하는 자연스러운 방법으로 호도법이 있다.

정의 7.2 호도법

반지름이 1인 원에서 기준선으로부터 호의 길이가 1이 되는 중심각의 크기를 1 **라디안**(radian)이라 하고 1 rad로 표기한다.

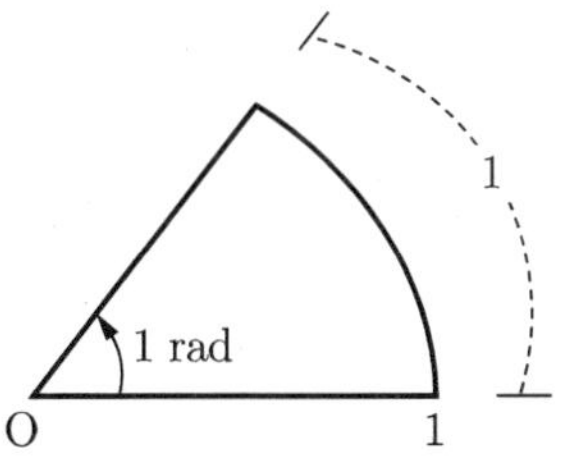

그림 7.3 1 라디안

호도법은 각에 대하는 호의 길이를 각의 크기로 측정하는 방법으로 호의 길이와 부채꼴의 넓이, 함수의 극한이나 미적분과 관련된 내용을 표현할 때 60분법에 비해 매우 편리하게 사용할 수 있다.

반지름이 1인 원둘레의 길이는 2π rad이다. 이 각의 크기는 60분법으로 360°이므로

$$2\pi\ \mathrm{rad} = 360^\circ$$

인 관계식을 얻는다. 따라서 호도법과 각도 사이에는

$$1\ \mathrm{rad} = \frac{180^\circ}{\pi} \approx 57.1745^\circ, \quad 1^\circ = \frac{\pi}{180}\ \mathrm{rad}$$

인 관계가 성립한다. 각을 라디안으로 표기할 때에는 통상 단위 명칭인 rad를 생략한다.

예제 7.1 다음 각에서 °는 rad로, rad는 °로 전환하여라.

(1) $30°$ (2) $145°$

(3) $\frac{\pi}{4}$ (4) 5π

풀이•• (1) $30° = 30 \times \frac{\pi}{180} = \frac{\pi}{6}$

(2) $145° = 145 \times \frac{\pi}{180} = \frac{29}{36}\pi$

(3) $\frac{\pi}{4} = \frac{\pi}{4} \times \frac{180°}{\pi} = 45°$

(4) $5\pi = 5\pi \times \frac{180°}{\pi} = 900°$ ■

문제 7.1 다음 각에서 °는 rad로, rad는 °로 전환하여라.

(1) $60°$ (2) $270°$

(3) $\frac{\pi}{2}$ (4) $\frac{5}{6}\pi$

자주 쓰이는 각을 60분법과 호도법으로 나타내면 다음과 같다.

60분법	$0°$	$30°$	$45°$	$60°$	$90°$	$120°$	$150°$	$180°$	$270°$	$360°$
호도법	0	$\frac{\pi}{6}$	$\frac{\pi}{4}$	$\frac{\pi}{3}$	$\frac{\pi}{2}$	$\frac{2}{3}\pi$	$\frac{5}{6}\pi$	π	$\frac{3}{2}\pi$	2π

이제 기준선 $\overrightarrow{OX}$와 동경 $\overrightarrow{OP}$에 의한 중심각 $\angle XOP$의 크기를 θ라고 할 때 동경 $\overrightarrow{OP}$의 상대적 위치를 생각해보자.

동경 $\overrightarrow{OP}$가 나타내는 중심각의 크기를 θ라고 하면 임의의 정수 n에 대해 $2n\pi$는 n바퀴 회전한 각을 나타내므로 각 $\alpha = \theta + 2n\pi$ (n=정수)에 대응하는 동경도 $\overrightarrow{OP}$와 일치한다. 즉, α는 동경 $\overrightarrow{OP}$를 기준선 $\overrightarrow{OX}$에서 n바퀴 회전하고 다시 θ만큼 회전해서 얻어진 각이다. 따라서

$$\alpha = \theta + 2n\pi \ (n = \text{정수})$$

는 동경 $\overrightarrow{OP}$의 일반적인 위치를 나타내는 각이라 할 수 있는데, 이것을 $\angle XOP$의 **일반각**이라고 한다.

그림 7.4와 같이 평면은 좌표축에 의해 4개의 영역으로 분할된다.

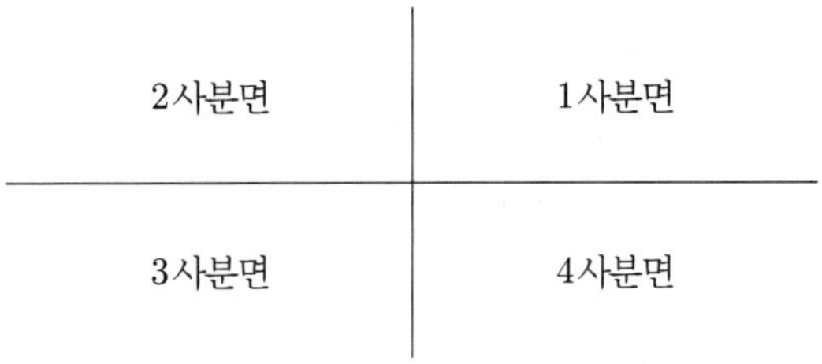

그림 7.4 평면의 분할영역

일반각 $\alpha = \theta + 2n\pi$에서 $0 < \theta < \dfrac{\pi}{2}$이면 각에 의한 동경은 1사분면에 놓임을 알 수 있다. 이에 따라 $0 < \theta < \dfrac{\pi}{2}$인 각을 **1사분면의 각**이라고 한다. 마찬가지로, 각각

$\dfrac{\pi}{2} < \theta < \pi$이면 **2사분면의 각,**

$\pi < \theta < \dfrac{3}{2}\pi$이면 **3사분면의 각,**

$\dfrac{3}{2}\pi < \theta < 2\pi$이면 **4사분면의 각**

이라고 한다.

예제 7.2 다음 각의 동경이 놓이는 사분면을 구하여라.

(1) $430°$　　(2) $-630°$

(3) $\dfrac{19}{3}\pi$　　(4) $-\dfrac{4}{5}\pi$

풀이•• (1) $430° = 360° + 70°$이므로 1사분면의 각.

(2) $-600° = (-2) \times 360° + 120°$이므로 2사분면의 각.

(3) $\dfrac{19}{3}\pi = 6\pi + \dfrac{\pi}{3}$이므로 1사분면의 각.

(4) $-\dfrac{4}{5}\pi = -2\pi + \dfrac{6}{5}\pi$이므로 3사분면의 각. ■

문제 7.2 다음 각은 몇 사분면의 각인가?

(1) $-1280°$　　(2) $960°$

(3) $\dfrac{29}{3}\pi$　　(4) $-\dfrac{26}{7}\pi$

호도법을 이용하여 부채꼴의 넓이와 호의 길이를 쉽게 구할 수 있다.

정리 7.1

반지름이 r이고 중심각의 크기가 θ인 부채꼴에서 **호의 길이**를 l, **부채꼴의 넓이**를 S라고 하면

$$l = r\theta,$$
$$S = \frac{1}{2}r^2\theta = \frac{1}{2}rl$$

이 성립한다.

증명•• 호도법에서 호의 길이는 중심각의 크기에 비례한다. 반지름이 r인 원둘레의 길이는 $2\pi r$이고 이에 대한 각의 크기는 2π rad이므로, 중심각이 θ인 부채꼴의 호의 길이 l에 대해 비례관계

$$2\pi r : l = 2\pi : \theta$$

가 성립한다. 따라서 호의 길이는 $l = r\theta$이다.
또 부채꼴의 넓이도 중심각의 크기에 비례하므로

$$\pi r^2 : S = 2\pi : \theta$$

로부터 부채꼴의 넓이는

$$S = \frac{1}{2}r^2\theta = \frac{1}{2}rl$$

로 주어진다. ■

예제 7.3 반지름이 3인 부채꼴의 둘레의 길이가 $\pi + 6$일 때, 부채꼴의 중심각의 크기와 넓이를 구하여라.

풀이•• 부채꼴의 중심각의 크기가 θ이면 부채꼴의 둘레의 길이는 $3\theta + 6$이므로 $3\theta + 6 = \pi + 6$으로부터 $\theta = \frac{\pi}{3}$이다.
그리고 부채꼴의 넓이는

$$S = \frac{1}{2}r^2\theta = \frac{1}{2}3^2\left(\frac{\pi}{3}\right) = \frac{3}{2}\pi$$

이다. ■

문제 7.3 반지름이 2인 부채꼴의 넓이가 3π이다. 부채꼴의 중심각의 크기와 호의 길이를 구하여라.

7.1 연습문제

01 다음 각에서 °는 rad로, rad는 °로 전환하여라.

(1) $150°$ (2) $-210°$

(3) $\frac{7}{4}\pi$ (4) $-\frac{7}{5}\pi$

(5) $300°$ (6) $\frac{25}{12}\pi$

02 다음은 몇 사분면의 각인가?

(1) $1000°$ (2) $-585°$

(3) $\frac{27}{4}\pi$ (4) $-\frac{5}{3}\pi$

03 $0<\theta<\pi$이고 θ와 3θ의 동경이 서로 수직을 이룬다. θ의 값을 구하여라.

04 θ가 3사분면의 각일 때 $\frac{\theta}{3}$는 몇 사분면의 각인가?

05 둘레의 길이가 30 cm인 부채꼴에서 넓이가 최대일 때 중심각의 크기와 반지름을 구하여라.

7.2 삼각비와 삼각함수

그림 7.5와 같이 $\angle A = \theta \ (0 < \theta < \frac{\pi}{2})$인 직각삼각형 ABC를 생각하자.

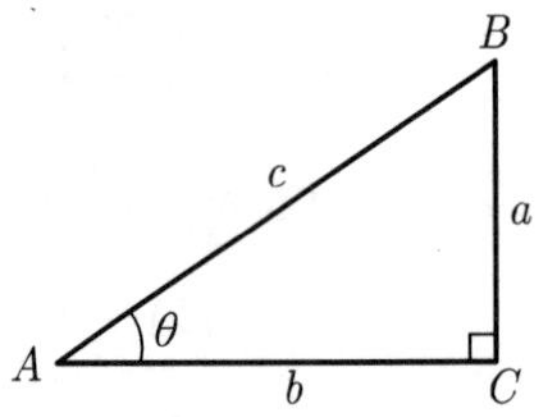

그림 7.5 직각삼각형

직각삼각형에서 다음과 같이 정의된 두 변의 비를 $\angle A$의 삼각비라고 한다.

정의 7.3 삼각비

$$\sin\theta = \frac{a}{c}(\text{사인}), \quad \cos\theta = \frac{b}{c}(\text{코사인}), \quad \tan\theta = \frac{a}{b}(\text{탄젠트})$$
$$\sec\theta = \frac{c}{b}(\text{세컨트}), \quad \csc\theta = \frac{c}{a}(\text{코세컨트}), \quad \cot\theta = \frac{b}{a}(\text{코탄젠트})$$

위 삼각비의 정의로부터

$$\tan\theta = \frac{\sin\theta}{\cos\theta}$$

이고,

$$\sec\theta = \frac{1}{\cos\theta}, \quad \csc\theta = \frac{1}{\sin\theta}, \quad \cot\theta = \frac{1}{\tan\theta}$$

임을 쉽게 알 수 있다. 이와 같이 모든 삼각비는 사인과 코사인의 두 비에 의해 생성된다. 삼각비는 전통적으로 거리와 방향을 측정하기 위해 사용한 수학적 도구였다.

그림 7.5에서 $\angle B = \frac{\pi}{2} - \angle A = \frac{\pi}{2} - \theta$이므로

$$\sin\left(\frac{\pi}{2}-\theta\right)=\sin(\angle B)=\frac{b}{c}=\cos\theta,$$
$$\cos\left(\frac{\pi}{2}-\theta\right)=\cos(\angle B)=\frac{a}{c}=\sin\theta$$

이다. 또 $\theta \to 0$이면 $a \to 0$이고 $c \to b$이므로

$$\sin 0=0,\quad \cos 0=1,\quad \tan 0=\frac{\sin 0}{\cos 0}=0$$

이다. 따라서 다음을 얻는다.

정리 7.2

$0 \le \theta \le \frac{\pi}{2}$일 때 다음이 성립한다.

$$\sin\left(\frac{\pi}{2}-\theta\right)=\cos\theta,\quad \cos\left(\frac{\pi}{2}-\theta\right)=\sin\theta,\quad \tan\left(\frac{\pi}{2}-\theta\right)=\cot\theta$$

자주 쓰이는 특수각에 대한 삼각비를 구해보자.

먼저 $\frac{\pi}{4}$에 대한 삼각비를 구하기 위해 그림 7.6과 같은 직각이등변삼각형을 생각하면 세 변의 비가 $1:1:\sqrt{2}$이므로 삼각비의 정의에 의해 다음을 얻는다.

$$\sin\frac{\pi}{4}=\frac{1}{\sqrt{2}}=\cos\frac{\pi}{4},\quad \tan\frac{\pi}{4}=1$$

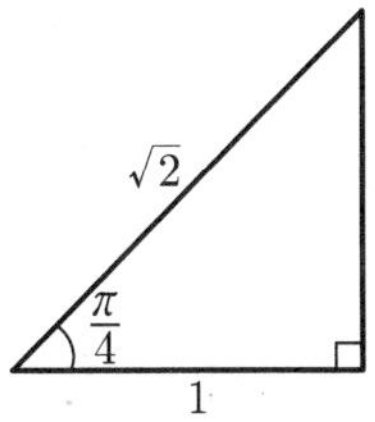

그림 7.6 직각이등변삼각형

한편, $\frac{\pi}{6}$와 $\frac{\pi}{3}$에 대한 삼각비를 구하기 위해 한 변의 길이가 2인 정삼각형 ABC에 대해 C에서 내린 수선의 발을 P라고 하면 그림 7.7에서 $\triangle ABP$가 $\frac{\pi}{3}$와 $\frac{\pi}{6}$를 내각으로 하는 직각삼각형이므로 삼각비의 정의에 의해

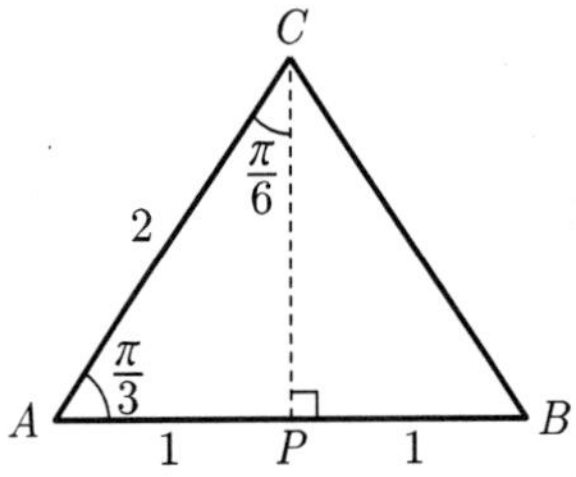

그림 7.7 30-60 직각삼각형

$$\sin\frac{\pi}{3} = \frac{\sqrt{3}}{2} = \cos\frac{\pi}{6}, \quad \cos\frac{\pi}{3} = \frac{1}{2} = \sin\frac{\pi}{6},$$
$$\tan\frac{\pi}{6} = \frac{1}{\sqrt{3}}, \quad \tan\frac{\pi}{3} = \sqrt{3}$$

을 얻는다.

따라서 특수각에 대한 삼각비를 정리하면 다음 표와 같다.

각 / 삼각비	0	$\frac{\pi}{6}$	$\frac{\pi}{4}$	$\frac{\pi}{3}$	$\frac{\pi}{2}$
$\sin\theta$	0	$\frac{1}{2}$	$\frac{1}{\sqrt{2}}$	$\frac{\sqrt{3}}{2}$	1
$\cos\theta$	1	$\frac{\sqrt{3}}{2}$	$\frac{1}{\sqrt{2}}$	$\frac{1}{2}$	0
$\tan\theta$	0	$\frac{1}{\sqrt{3}}$	1	$\sqrt{3}$	없다.

위 표에서

$$\tan\frac{\pi}{2} = \cot 0 = \frac{\cos 0}{\sin 0} = \frac{1}{0}$$

이 되어 $\tan\frac{\pi}{2}$의 값은 존재하지 않는다.

예제 7.4 직각 $\triangle ABC$에서 $\angle A = \frac{\pi}{6}$이고, $\overline{AB} = 10$이다. 두 변 $\overline{AC}$와 $\overline{BC}$의 길이를 구하여라.

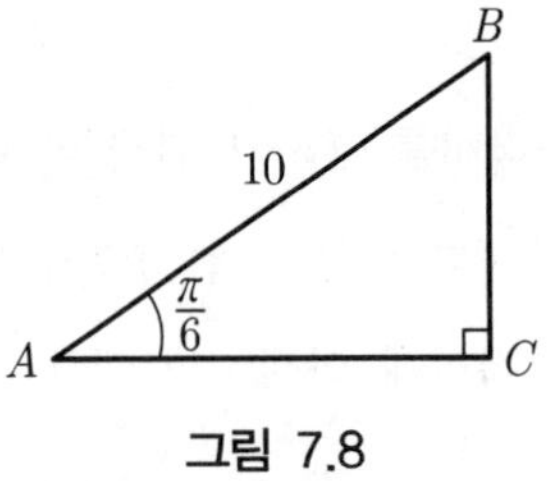

그림 7.8

풀이•• $\sin\frac{\pi}{6} = \frac{\overline{BC}}{\overline{AB}} = \frac{\overline{BC}}{10}$, $\cos\frac{\pi}{6} = \frac{\overline{AC}}{\overline{AB}} = \frac{\overline{AC}}{10}$이다. 따라서

$$\overline{AC} = 10\cos\frac{\pi}{6} = 10\frac{\sqrt{3}}{2} = 5\sqrt{3},$$
$$\overline{BC} = 10\sin\frac{\pi}{6} = 10\frac{1}{2} = 5$$

이다. ■

문제 7.4 아래 그림에서 $\overline{AP} = 100$이다. $\overline{AB}$, $\overline{AC}$, $\overline{BC}$의 길이를 구하여라.

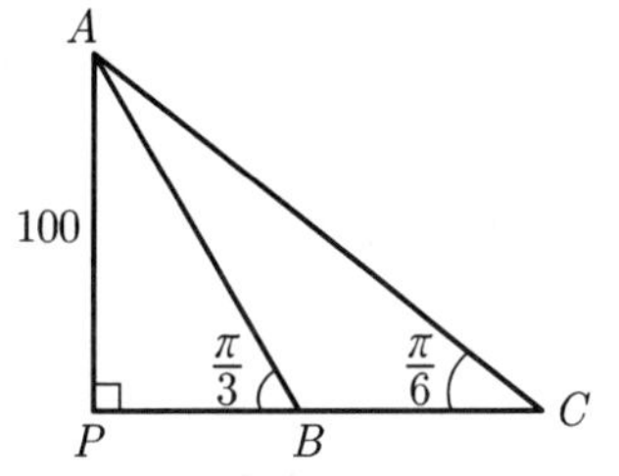

그림 7.9

예각에 대한 삼각비를 임의의 각으로 확장한 것을 **삼각함수**(trigonometric function)라고 한다.

두 닮음 삼각형의 변의 비는 서로 일치하므로 삼각함수를 정의하기 위해 반지름이 1인 단위원을 생각한다. 그림 7.10과 같이 중심각이 θ인 동경 $\overrightarrow{OP}$가 단위원과 만나는 점의 좌표를 $P(a,\ b)$라고 하면

$$b,\quad a,\quad \frac{b}{a}$$

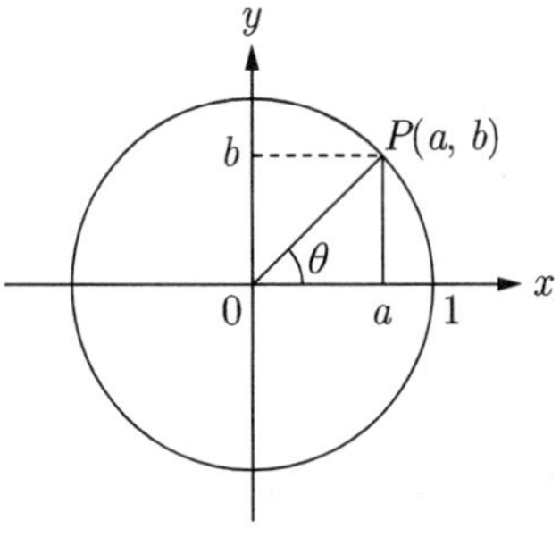

그림 7.10 삼각함수

의 값은 중심각 θ의 값에 따라 각각 하나씩 결정된다. 이에 따라 중심각 θ에 대한 함수 관계를 규정할 수 있다.

정의 7.4 삼각함수

$P(a,\ b)$가 중심각이 θ인 단위원 상의 점일 때, 삼각함수는

$$\cos\theta = a,\ \sin\theta = b,\ \tan\theta = \frac{b}{a}\ (a \neq 0),$$
$$\sec\theta = \frac{1}{\cos\theta},\ \csc\theta = \frac{1}{\sin\theta},\ \cot\theta = \frac{1}{\tan\theta}$$

로 정의되는 함수이다.

삼각함수의 정의에서 $a=0$이면 $\tan\theta$는 정의되지 않는다. $a=0$이면 P는 y축과 만나는 점이므로, 이때 P의 중심각은

$$\theta = n\pi + \frac{\pi}{2}\ (n = \text{정수})$$

이다. 따라서 $\tan\left(n\pi + \frac{\pi}{2}\right)$는 정의되지 않는다. 이와 같은 원리는 $\sec\theta$, $\csc\theta$, $\cot\theta$에 대해서도 비슷하게 적용됨에 유의하여라.

예제 7.5 $\csc\theta$가 정의되지 않는 중심각을 구하여라.

풀이•• $\csc\theta = \frac{1}{\sin\theta} = \frac{1}{b}$이므로 $b=0$일 때 $\csc\theta$는 정의되지 않는다.
$b=0$이면 $P(a,\ b)$는 x축과 만나므로, 이때 P의 중심각은

$$\theta = n\pi\ (n = \text{정수})$$

이다. 따라서 $\theta = n\pi\ (n = \text{정수})$일 때 $\csc\theta$는 정의되지 않는다. ■

문제 7.5 $\sec\theta$가 정의되지 않는 중심각을 구하여라.

삼각함수의 정의로부터 삼각함수는 동경 $\overrightarrow{OP}$가 놓이는 사분면에 따라 부호가 결정된다. 예를 들어 $\overrightarrow{OP}$의 중심각 θ가 3사분면의 각이면 $P(a,\ b)$의 부호는 $a<0,\ b<0$이므로

$$\cos\theta = a < 0,\ \sin\theta = b < 0,\ \tan\theta = \frac{b}{a} > 0$$

이다.

이와 같이 사분면에 따른 삼각함수의 부호를 정리하면 다음 표와 같다.

	1사분면	2사분면	3사분면	4사분면
$\cos\theta$	+	−	−	+
$\sin\theta$	+	+	−	−
$\tan\theta$	+	−	+	−

다음은 삼각함수를 대표하는 중요한 항등식이다.

정리 7.3 삼각함수의 항등식

임의의 각 θ에 대해 다음이 성립한다.

$$\cos^2\theta + \sin^2\theta = 1$$

$$1 + \tan^2\theta = \sec^2\theta$$

$$1 + \cot^2\theta = \csc^2\theta$$

증명•• $P(a, b)$가 단위원 상의 점이고, θ가 동경 $\overrightarrow{OP}$의 중심각이므로

$$\cos^2\theta + \sin^2\theta = a^2 + b^2 = 1$$

이 성립한다. 또 이 식의 양변을 $\cos^2\theta$로 나누면

$$1 + \left(\frac{\sin\theta}{\cos\theta}\right)^2 = \frac{1}{\cos^2\theta}$$

이므로

$$1 + \tan^2\theta = \sec^2\theta$$

가 얻어지고, 위 식의 양변을 $\sin^2\theta$로 나누면

$$1 + \cot^2\theta = \csc^2\theta$$

가 얻어진다. ■

예제 7.6 θ가 2사분면의 각이고 $\sin\theta = \frac{3}{5}$일 때 $\cos\theta$와 $\tan\theta$의 값을 구하여라.

풀이•• θ가 2사분면의 각이므로 $\cos\theta < 0$이다.

따라서 $\cos^2\theta + \sin^2\theta = 1$로부터

$$\cos\theta = -\sqrt{1-\sin^2\theta} = -\sqrt{1-\left(\frac{3}{5}\right)^2} = -\sqrt{\frac{16}{25}} = -\frac{4}{5}$$

이다. 또

$$\tan\theta = \frac{\sin\theta}{\cos\theta} = -\frac{3}{4}$$

이다. ■

문제 7.6 θ가 3사분면의 각이고 $\tan\theta = 5$일 때 $\cos\theta$와 $\sin\theta$를 구하여라.

이제 삼각함수의 주기성에 대해서 알아보자.

정의 7.5 주기함수

함수 f가 모든 x에 대하여

$$f(x+T) = f(x)$$

를 만족하는 양수 T가 존재하면 f를 **주기함수**(periodic function)라 하고, 이때 이를 만족하는 최소의 양수 T를 f의 **주기**(period)라고 한다.

정리 7.4

임의의 각 θ에 대해 다음이 성립한다.

$$\sin(\theta+2\pi) = \sin\theta$$
$$\cos(\theta+2\pi) = \cos\theta$$
$$\tan(\theta+\pi) = \tan\theta$$

증명•• 중심각이 θ인 단위원 상의 점 P의 좌표를 $(a,\ b)$라고 하면 $\theta+2\pi$는 θ와 같은 동경을 나타내므로

$$\cos(\theta+2\pi)=a=\cos\theta,$$
$$\sin(\theta+2\pi)=b=\sin\theta$$

이다. 한편 $\theta+\pi$가 나타내는 단위원 상의 점의 좌표는 $(-a,\ -b)$이므로

$$\tan(\theta+\pi)=\frac{-b}{-a}=\frac{b}{a}=\tan\theta$$

이다. ■

삼각함수의 정의와 정리 7.4로부터 $\cos\theta$와 $\sin\theta$, $\sec\theta$와 $\csc\theta$는 주기가 2π인 주기함수이고, $\tan\theta$와 $\cot\theta$는 주기가 π인 주기함수임을 알 수 있다. 정리 7.4를 확장하면 임의의 정수 n에 대해

$$\sin(\theta+2n\pi)=\sin\theta,$$
$$\cos(\theta+2n\pi)=\cos\theta,$$
$$\tan(\theta+n\pi)=\tan\theta$$

가 성립한다.

예제 7.7 다음 삼각함수의 값을 구하여라.

(1) $\sin 750°$ (2) $\cos\frac{25}{3}\pi$

(3) $\tan(-135°)$

풀이•• (1) $\sin 750°=\sin(2\times 360°+30°)=\sin 30°=\sin\frac{\pi}{6}=\frac{1}{2}$

(2) $\cos\frac{25}{6}\pi=\cos\left(2\times 2\pi+\frac{\pi}{6}\right)=\cos\frac{\pi}{6}=\frac{\sqrt{3}}{2}$

(3) $\tan(-135°)=\tan(-180°+45°)=\tan 45°=\tan\frac{\pi}{4}=1$ ■

문제 7.7 다음 값을 구하여라.

$$\sin(780°)\tan(-510°)+\cos(-960°)\cot(585°)$$

중심각의 기본 회전에 따른 삼각함수의 주요 성질을 알아보자.

정리 7.5

임의의 각 θ에 대해 다음이 성립한다.

$$\cos(-\theta) = \cos\theta$$
$$\sin(-\theta) = -\sin\theta$$
$$\tan(-\theta) = -\tan\theta$$

증명•• 그림 7.11과 같이 중심각 θ에 대한 단위원 상의 점 P의 좌표를 $(a,\ b)$라고 하면, $-\theta$에 대한 단위원 상의 점 P'은 x축에 대해 P와 대칭을 이루므로 P'의 좌표는 $(a,\ -b)$이다.

따라서

$$\cos(-\theta) = a = \cos\theta,$$
$$\sin(-\theta) = -b = -\sin\theta,$$
$$\tan(-\theta) = \frac{-b}{a} = -\frac{b}{a} = -\tan\theta$$

이다.

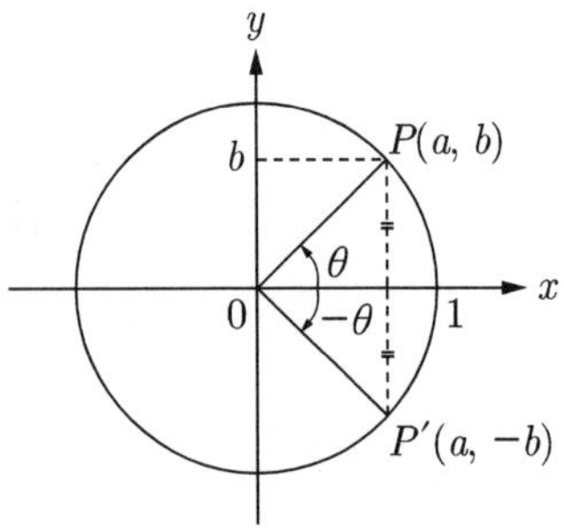

그림 7.11 θ와 $-\theta$ ■

정리 7.6

임의의 각 θ에 대해 다음이 성립한다.

$$\cos(\pi+\theta) = -\cos\theta$$

$$\sin(\pi+\theta) = -\sin\theta$$
$$\tan(\pi+\theta) = \tan\theta$$
$$\cos\left(\frac{\pi}{2}+\theta\right) = -\sin\theta$$
$$\sin\left(\frac{\pi}{2}+\theta\right) = \cos\theta$$
$$\tan\left(\frac{\pi}{2}+\theta\right) = -\cot\theta$$

증명•• 중심각 θ에 대한 단위원 상의 점을 $P(a,\ b)$라고 하자. P를 π만큼 회전한 점을 P_1이라고 하면 P_1의 중심각은 $\pi+\theta$이고, 그림 7.12와 같이 P_1이 원점에 대해 P와 대칭이므로 P_1의 좌표는 $(-a,\ -b)$이다.

따라서

$$\cos(\pi+\theta) = -a = -\cos\theta,$$
$$\sin(\pi+\theta) = -b = -\sin\theta,$$
$$\tan(\pi+\theta) = \frac{-b}{-a} = \frac{b}{a} = \tan\theta$$

이다.

한편 P를 $\frac{\pi}{2}$만큼 회전한 점을 P_2라고 하면 P_2의 중심각은 $\frac{\pi}{2}+\theta$이고, 그림 7.13과 같이 음영처리된 두 삼각형은 합동이므로 P_2의 좌표는 $(-b,\ a)$이다.

따라서

$$\cos\left(\frac{\pi}{2}+\theta\right) = -b = -\sin\theta,$$
$$\sin\left(\frac{\pi}{2}+\theta\right) = a = \cos\theta,$$

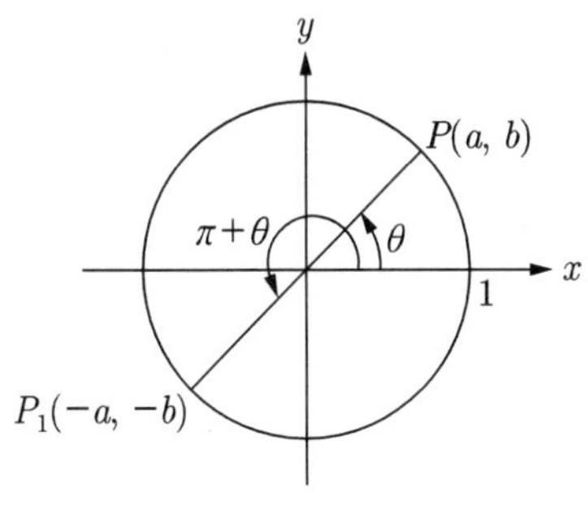

그림 7.12 θ와 $\pi+\theta$

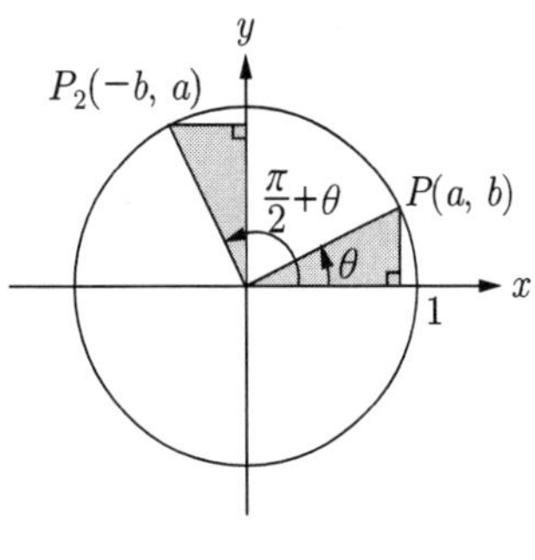

그림 7.13 θ와 $\frac{\pi}{2}+\theta$

$$\tan\left(\frac{\pi}{2}+\theta\right)=\frac{a}{-b}=-\frac{a}{b}=-\cot\theta$$

가 성립한다. ■

정리 7.6과 정리 7.5에 의해 θ가 임의의 각일 때

$$\cos\left(\frac{\pi}{2}-\theta\right)=-\sin(-\theta)=\sin\theta,$$
$$\sin\left(\frac{\pi}{2}-\theta\right)=\cos(-\theta)=\cos\theta,$$
$$\tan\left(\frac{\pi}{2}-\theta\right)=-\cot(-\theta)=\cot\theta$$

가 성립한다. 이것은 삼각비로부터 유도된 정리 7.2를 확장한 결과를 낳는다.

예제 7.8 다음 삼각함수의 값을 구하여라.

(1) $\sin\left(-\frac{3}{4}\pi\right)$ (2) $\cos\frac{4}{3}\pi$

(3) $\tan\frac{2}{3}\pi$

풀이•• (1) $\sin\left(-\frac{3}{4}\pi\right)=-\sin\frac{3}{4}\pi=-\sin\left(\frac{\pi}{2}+\frac{\pi}{4}\right)=-\cos\frac{\pi}{4}=-\frac{1}{\sqrt{2}}$

(2) $\cos\left(\frac{4}{3}\pi\right)=\cos\left(\pi+\frac{\pi}{3}\right)=-\cos\frac{\pi}{3}=-\frac{1}{2}$

(3) $\tan\left(\frac{2}{3}\pi\right)=\tan\left(\frac{\pi}{2}+\frac{\pi}{6}\right)=-\cot\frac{\pi}{6}=-\sqrt{3}$

또는 $\tan\frac{2}{3}\pi=\tan\left(\pi-\frac{\pi}{3}\right)=\tan\left(-\frac{\pi}{3}\right)=-\tan\left(\frac{\pi}{3}\right)=-\sqrt{3}$ ■

문제 7.8 다음 삼각함수의 값을 구하여라.

(1) $\cos\frac{5}{6}\pi$ (2) $\tan\frac{3}{4}\pi$

(3) $\sec\left(-\frac{3}{4}\pi\right)$

7.2 연습문제

01 A지점에서 산꼭대기를 올려다본 각의 크기가 $30°$이고, A지점에서 산 쪽으로 $100\,\text{m}$ 걸어간 지점에서 산꼭대기를 올려다본 각의 크기는 $45°$이다. 산의 높이는 얼마인가?

02 아래 그림과 같은 삼각형 ABC에서 $\overline{AB}=4$, $\overline{BC}=6$이고, $\angle A=60°$일 때 $\overline{AC}$를 구하여라.

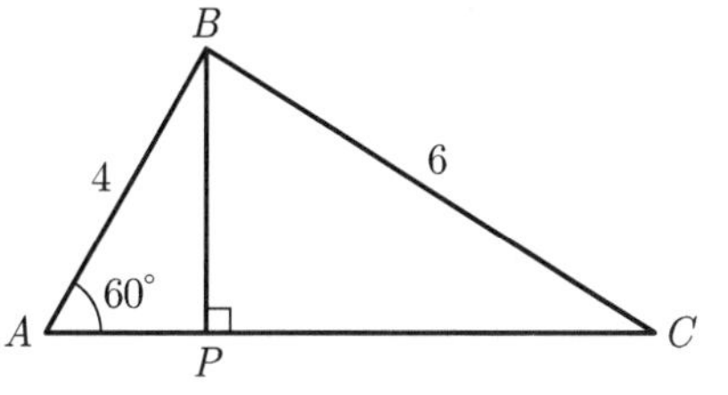

그림 7.14

03 다음 좌표평면의 점 $P(a,\ b)$의 중심각을 θ라고 할 때 각각 $\sin\theta$, $\cos\theta$, $\tan\theta$를 구하여라.

(1) $(3,\ 4)$
(2) $(2,\ -3)$
(3) $(-4,\ -3)$

04 다음 삼각함수의 값을 구하여라.

(1) $\cos\theta=\dfrac{1}{3}$, $\tan\theta<0$일 때 $\sin\theta$와 $\tan\theta$.
(2) $\tan\theta=-3$, $\csc\theta>0$일 때 $\sin\theta$와 $\cos\theta$.

05 다음 삼각함수의 값을 구하여라.

(1) $\sin 225°$
(2) $\sec 300°$
(3) $\tan 750°$
(4) $\cos\left(-\dfrac{7}{3}\pi\right)$
(5) $\csc\dfrac{7}{4}\pi$
(6) $\cot\dfrac{7}{6}\pi$

06 $\sin\theta+\cos\theta=\dfrac{2}{3}$일 때 $\tan\theta+\cot\theta$, $\sin^3\theta+\cos^3\theta$의 값을 구하여라.

07 다음 식을 간단히 하여라.

(1) $\dfrac{1+\sin\theta}{\cos\theta}+\dfrac{\cos\theta}{1+\sin\theta}$

(2) $(\csc^4\theta-1)\tan^2\theta-\csc^2\theta$

(3) $\cos\theta+\cos\left(\dfrac{\pi}{2}+\theta\right)+\cos(\pi+\theta)+\cos\left(\dfrac{3}{2}\pi+\theta\right)$

08 사변형의 두 대각선의 길이가 a, b이고 교각이 θ일 때 사변형의 넓이는 $S=\dfrac{1}{2}ab\sin\theta$로 주어짐을 보여라.

09 $2x^2+3x+k=0$의 두 근이 $\cos\theta$, $\sin\theta$이다. 상수 k는 얼마인가?

7.3 삼각함수의 그래프와 성질

삼각함수의 얼개를 이루는 사인, 코사인, 탄젠트 함수의 그래프를 조사하고 주요 성질에 대해 알아보자.

중심각이 x인 단위원 상의 점을 P라고 하면 그림 7.15에서

$$\sin x = \overline{AP}$$

이므로 $\sin x$의 값은 점 P의 y좌표에 의해 정해진다. 이때 P가 단위원 상을 움직이므로 x의 변화에 따른 $\sin x$의 값은 $-1 \le \sin x \le 1$이다.

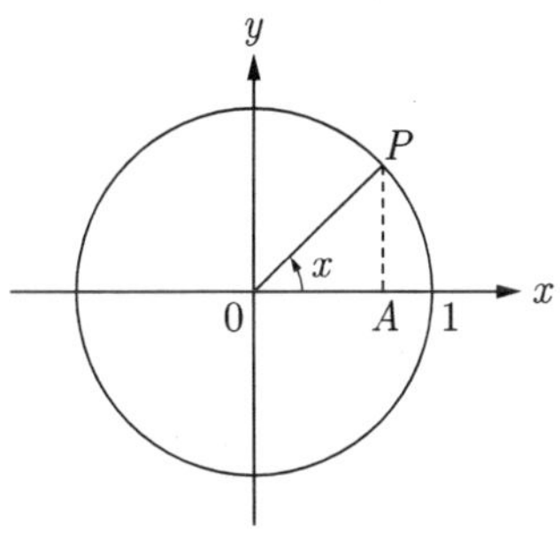

그림 7.15 $\sin x = \overline{AP}$

함수 $y = \sin x$의 그래프는 그림 7.16과 같이 중심각이 x이고 대응하는 단위원 상의 점의 높이가 y일 때 점 $(x,\ y)$를 x를 가로축, y를 세로축으로 하는 좌표평면에 그려 나타낸다. 이때

$$\sin(x + 2\pi) = \sin x, \quad \sin(-x) = -\sin x$$

이므로 $y = \sin x$의 그래프는 2π를 주기로 반복되며, y축에 대해 대칭이다.

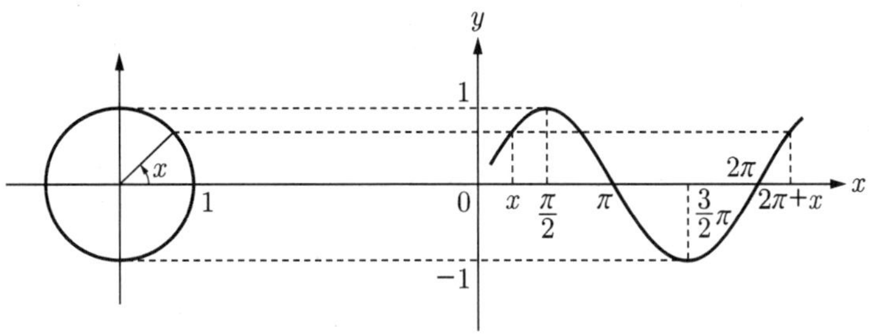

그림 7.16 $y = \sin x$의 그래프

함수 $y = \sin x$의 주요 성질을 정리하면 다음과 같다.

- 정의역 $= \mathbb{R}$이고, 치역 $= [-1,\ 1]$이다. 즉 $-1 \leq \sin x \leq 1$이다.
- 주기 $= 2\pi$인 주기함수이다.
- 그래프는 원점에 대해 대칭이다.

한편, 그림 7.15에서 $\cos x = \overline{OA}$로서 $\cos x$는 중심각 x에 대한 점 P의 폭으로 나타낸다. 따라서 $y = \cos x$의 그래프를 그리기 위해서 이를 높이로 전환하는 것이 필요하다. 이를 위해

$$\cos x = \sin\left(x + \frac{\pi}{2}\right)$$

임을 이용한다. 그림 7.17과 같이 중심각이 x인 단위원 상의 점 P를 $\frac{\pi}{2}$만큼 회전한 점 P'의 높이를 y로 하여 좌표점 $(x,\ y)$를 좌표평면에 나타내면 $y = \cos x$의 그래프가 얻어진다.

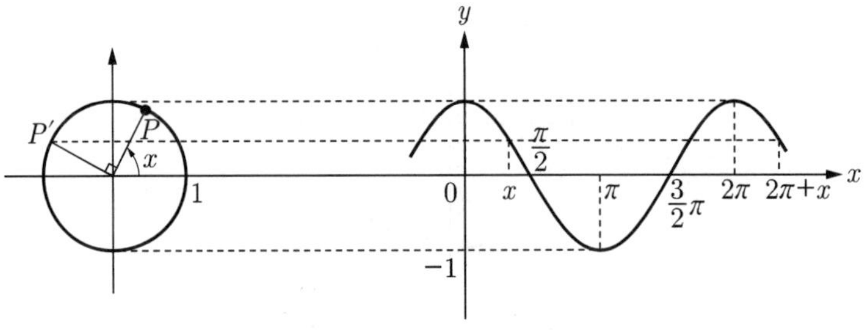

그림 7.17 $y = \cos x$의 그래프

또는 $y = \cos x$의 그래프는 $y = \sin x$의 그래프를 x축으로 $-\frac{\pi}{2}$만큼 평행이동시켜 구할 수 있다. $\cos(-x) = \cos x$이므로 그래프는 y축에 대해 대칭을 이룬다.

함수 $y = \cos x$의 주요 성질을 정리하면 다음과 같다.

- 정의역 $= \mathbb{R}$이고, 치역 $= [-1,\ 1]$이다.
- 주기 $= 2\pi$인 주기함수이다.
- 그래프는 y축에 대해 대칭이다.

그림 7.18과 같이 중심각이 x인 동경이 점 $B(1,\ 0)$에서 단위원의 접선과 만나는 점을 T라고 하면

$$\tan x = \frac{b}{a} = \frac{\overline{AP}}{\overline{OA}} = \frac{\overline{BT}}{\overline{OB}} = \overline{BT}.$$

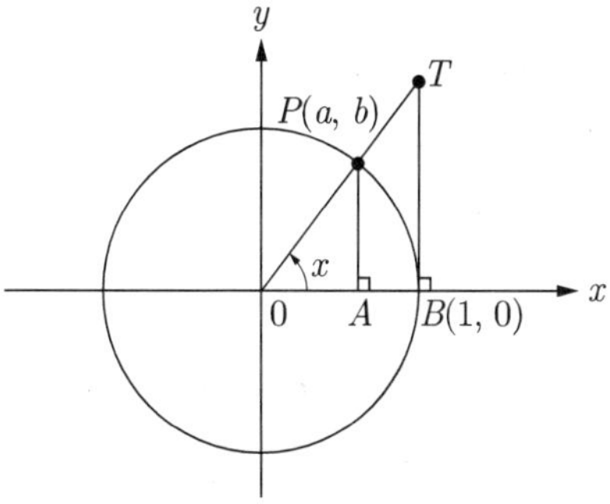

그림 7.18 $\tan x = \overline{BT}$

따라서 그림 7.19와 같이 중심각 x의 변화에 따른 $\overline{BT}$의 길이의 변화를 반영하여 $y = \tan x$의 그래프를 그릴 수 있다.

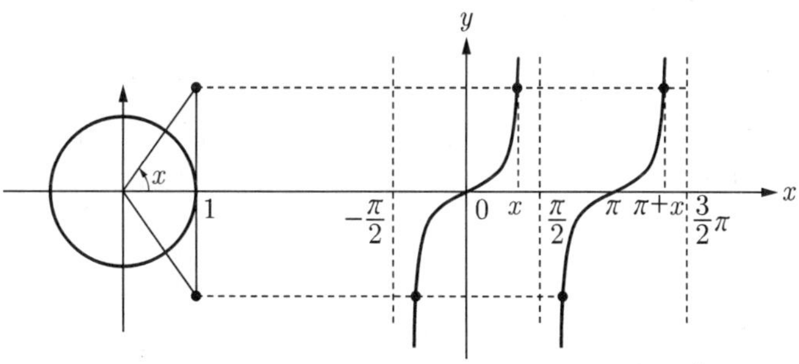

그림 7.19 $y = \tan x$의 그래프

여기서

$$\tan(x+\pi) = \tan x, \quad \tan(-x) = -\tan x$$

이므로 $y = \tan x$는 주기가 π인 주기함수이고, 그래프는 원점에 대해 대칭이다. 또 $x = n\pi + \frac{\pi}{2}$ ($n =$정수)일 때, x에 대응하는 단위원 상의 점 P의 폭이 0이므로 $\tan x$는 정의되지 않으며, 직선

$$x = n\pi + \frac{\pi}{2}\ (n = \text{정수})$$

는 모두 $y = \tan x$의 그래프의 점근선을 이룬다.

함수 $y = \tan x$의 주요 성질을 요약하면 다음과 같다.

- 정의역 $= \mathbb{R} - \left\{ nx + \frac{\pi}{2} \mid n = \text{정수} \right\}$이고, 치역 $= \mathbb{R}$이다.

- 직선 $x = n\pi + \frac{\pi}{2}$ $(n = \text{정수})$는 점근선이다.
- 주기 $= \pi$인 주기함수이다.
- 그래프는 원점에 대해 대칭이다.

예제 7.9 다음 함수의 주기를 구하고 그 그래프를 그려라.

(1) $y = 2\sin x$ (2) $y = \sin 2x$ (3) $y = \tan\frac{1}{2}x$

풀이•• (1) $y = 2\sin x$는 $y = \sin x$의 그래프를 y축 방향으로 2배 확대한 것이다. 주기는 2π이고 그래프는 그림 7.20과 같다.

(2) $\sin 2x = \sin(2x + 2\pi) = \sin 2(x + \pi)$이므로 $y = \sin 2x$의 주기는 π이다. 따라서 $y = \sin 2x$의 그래프는 그림 7.21과 같이 $y = \sin x$의 그래프에서 x좌표를 절반으로 줄인 것이다.

(3) $\tan\frac{1}{2}x = \tan\left(\frac{1}{2}x + \pi\right) = \tan\frac{1}{2}(x + 2\pi)$이므로 $y = \tan\frac{1}{2}x$의 주기는 2π이고, 그래프는 그림 7.22와 같이 $y = \tan x$의 그래프에서 x좌표를 2배로 늘린 것이다. ■

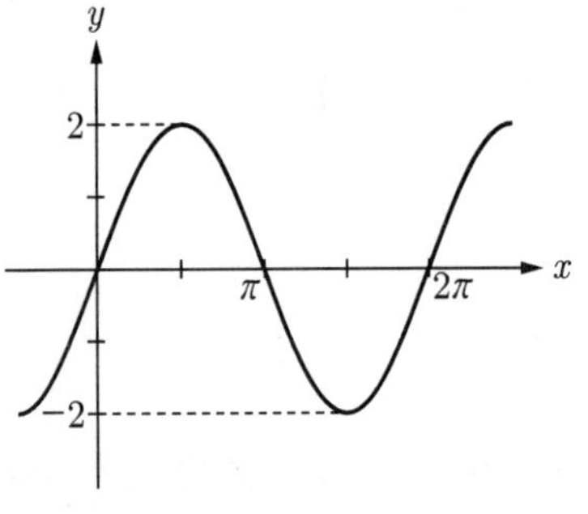

그림 7.20 $y = 2\sin x$의 그래프

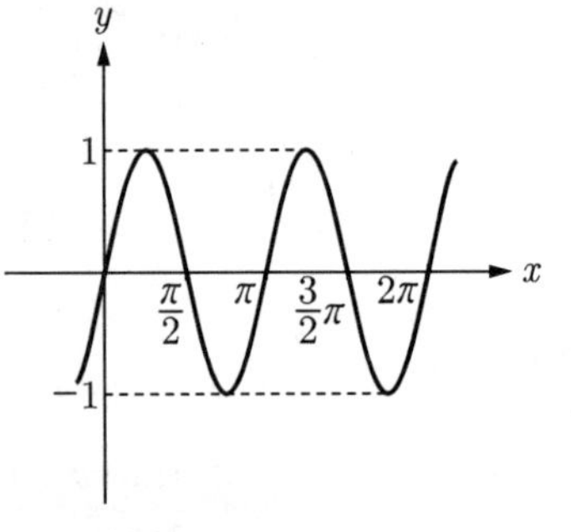

그림 7.21 $y = \sin 2x$의 그래프

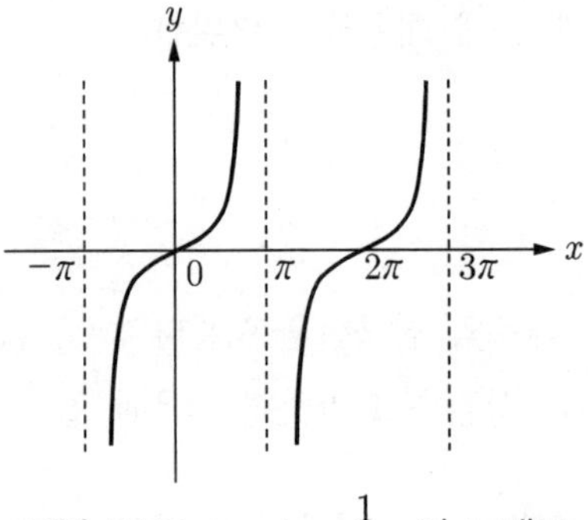

그림 7.22 $y = \tan\frac{1}{2}x$의 그래프

문제 7.9 다음 함수의 주기를 구하고 그 그래프를 그려라.

(1) $y = \cos 3x$　　(2) $y = 3\cos\left(x - \frac{\pi}{4}\right)$

(3) $y = 2\sin x + 1$　　(4) $y = \tan 2x$

7.3 연습문제

01 다음 삼각함수의 그래프를 그려라.

(1) $y = -\frac{1}{2}\sin x$　　(2) $y = -2 + \cos 2\pi x$

(3) $y = 2\sin\left(\frac{2}{3}x - \frac{\pi}{3}\right)$　　(4) $y = |\sin x|$

(5) $y = \sin|x|$　　(6) $y = \tan\left(x - \frac{\pi}{4}\right) + 2$

02 함수 $y = a\sin\omega x + b$의 주기와 최댓값, 최솟값을 구하여라.

03 $\sec x = \frac{1}{\cos x}$, $\csc x = \frac{1}{\sin x}$, $\cot x = \frac{1}{\tan x}$임을 이용하여

$$y = \sec x,\ y = \csc x,\ y = \cot x$$

의 그래프를 그려라.

7.4 삼각함수의 주요 공식

실용적인 목적에서 자주 쓰이는 삼각함수의 주요 공식을 알아보자. 제일 중요한 것은 각에 대한 다음 덧셈정리이며, 이 정리를 이용하여 다른 공식을 유도할 수 있다.

정리 7.7 삼각함수의 덧셈정리

$$\cos(x+y) = \cos x \cos y - \sin x \sin y$$

$$\sin(x+y) = \sin x \cos y + \cos x \sin y$$

$$\tan(x+y) = \frac{\tan x + \tan y}{1 - \tan x \tan y}$$

증명 그림 7.23과 같이 중심각이 x, $x+y$, $-y$인 단위원 상의 점을 각각 P, Q, R이라고 하면 대응하는 좌표는

$$P(\cos x,\ \sin x),\ Q(\cos(x+y),\ \sin(x+y)),\ R(\cos y,\ -\sin y)$$

이다.

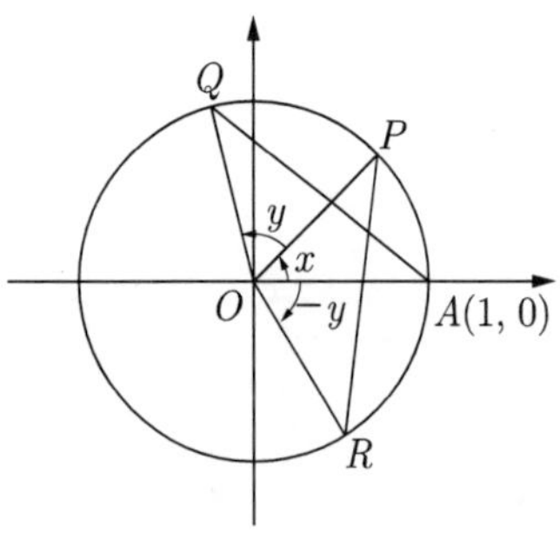

그림 7.23

이때 점 (1, 0)을 A라고 하면 $\angle AOQ = \angle POR$로서 현 $\widehat{AQ}$의 길이와 현 $\widehat{PR}$의 길이가 같으므로

$$\overline{AQ} = \overline{PR}$$

이다. 따라서 $\overline{AQ}^2 = \overline{PR}^2$ 으로부터

$$(\cos(x+y)-1)^2+(\sin(x+y))^2=(\cos x-\cos y)^2+(\sin x+\sin y)^2$$

이고, 이 식을 정리하면

$$2-2\cos(x+y)=2-2\cos x\cos y+2\sin x\sin y$$

이므로

$$\cos(x+y)=\cos x\cos y-\sin x\sin y$$

이다. 한편, $\cos\left(\frac{\pi}{2}+x\right)=-\sin x$ 이고 $\sin\left(\frac{\pi}{2}+x\right)=\cos x$ 이므로

$$\begin{aligned}\sin(x+y)&=-\cos\left(\frac{\pi}{2}+x+y\right)\\&=-\cos\left(\frac{\pi}{2}+x\right)\cos y+\sin\left(\frac{\pi}{2}+x\right)\sin y\\&=\sin x\cos y+\cos x\sin y\end{aligned}$$

가 얻어진다. 마지막으로,

$$\tan(x+y)=\frac{\sin(x+y)}{\cos(x+y)}=\frac{\sin x\cos y+\cos x\sin y}{\cos x\cos y-\sin x\sin y}$$

이므로 분모, 분자를 $\cos x\cos y$로 나누어

$$\tan(x+y)=\frac{\tan x+\tan y}{1-\tan x\tan y}$$

를 얻는다. ■

다음 뺄셈정리는 덧셈정리에서 y를 $-y$로 치환한 결과이다.

보조정리 7.8 삼각함수의 뺄셈정리

$$\cos(x-y)=\cos x\cos y+\sin x\sin y$$

$$\sin(x-y)=\sin x\cos y-\cos x\sin y$$

$$\tan(x-y)=\frac{\tan x-\tan y}{1+\tan x\tan y}$$

덧셈정리와 뺄셈정리를 써서 특수각의 합과 차로부터 유도되는 다양한 각에 대한 삼각함수의 값을 구할 수 있다.

예제 7.10 다음 삼각함수의 값을 구하여라.

(1) $\cos\frac{7}{12}\pi$ (2) $\tan 15°$

풀이•• $\cos\frac{7}{12}\pi = \frac{\pi}{3}+\frac{\pi}{4}$, $15° = 60° - 45° = \frac{\pi}{3} - \frac{\pi}{4}$.

(1) $$\begin{aligned}\cos\frac{7}{12}\pi &= \cos\left(\frac{\pi}{3}+\frac{\pi}{4}\right)\\ &= \cos\frac{\pi}{3}\cos\frac{\pi}{4} - \sin\frac{\pi}{3}\sin\frac{\pi}{4}\\ &= \frac{1}{2}\frac{1}{\sqrt{2}} - \frac{\sqrt{3}}{2}\frac{1}{\sqrt{2}} = \frac{1-\sqrt{3}}{2\sqrt{2}}\end{aligned}$$

(2) $$\begin{aligned}\tan 15° &= \tan\left(\frac{\pi}{3}-\frac{\pi}{4}\right)\\ &= \frac{\tan\frac{\pi}{3} - \tan\frac{\pi}{4}}{1+\left(\tan\frac{\pi}{3}\right)\left(\tan\frac{\pi}{4}\right)}\\ &= \frac{\sqrt{3}-1}{\sqrt{3}+1} = 2-\sqrt{3}\end{aligned}$$ ■

문제 7.10 다음 삼각함수의 값을 구하여라.

(1) $\cos 195°$ (2) $\tan 165°$

(3) $\sin\frac{19}{12}\pi$ (4) $\csc\frac{1}{12}\pi$

(5) $\sec 75°$ (6) $\cot 285°$

덧셈정리를 이용하여 $A\sin x + B\cos x$를 사인함수로 표현할 수 있다. 그림 7.24와 같이 좌표점 (A, B)에 대해

$$\frac{A}{\sqrt{A^2+B^2}} = \cos\theta, \quad \frac{B}{\sqrt{A^2+B^2}} = \sin\theta$$

인 중심각 $-\pi \le \theta < \pi$를 배정하자.

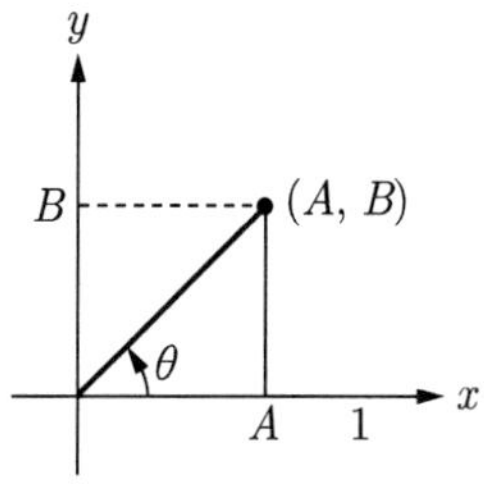

그림 7.24

그러면 사인함수의 덧셈정리로부터

$$\begin{aligned} A\sin x + B\cos x &= \sqrt{A^2+B^2}\left(\frac{A}{\sqrt{A^2+B^2}}\sin x + \frac{B}{\sqrt{A^2+B^2}}\cos x\right) \\ &= \sqrt{A^2+B^2}(\cos\theta\sin x + \sin\theta\cos x) \\ &= \sqrt{A^2+B^2}\sin(x+\theta) \end{aligned}$$

를 얻는다.

예제 7.11 다음 함수의 최댓값, 최솟값, 주기를 구하고 그 그래프를 그려라.

$$y = \sqrt{3}\sin 2x + \cos 2x$$

풀이•• 점 $(\sqrt{3},\ 1)$에 대한 중심각은 $\theta = \frac{\pi}{6}$이고,

$$\cos\frac{\pi}{6} = \frac{\sqrt{3}}{2},\ \sin\frac{\pi}{6} = \frac{1}{2}$$

이므로

$$\begin{aligned} y &= \sqrt{3}\sin 2x + \cos 2x \\ &= 2\left(\frac{\sqrt{3}}{2}\sin 2x + \frac{1}{2}\cos 2x\right) \\ &= 2\left(\cos\frac{\pi}{6}\sin 2x + \sin\frac{\pi}{6}\cos 2x\right) \\ &= 2\sin\left(2x + \frac{\pi}{6}\right) \end{aligned}$$

이다. 따라서 주어진 함수의 최댓값은 2이고 최솟값은 -2, 주기는 π이다. 그래프는 그림 7.25와 같이 $y = \sin 2x$를 $-\frac{\pi}{6}$만큼 x축으로 평행이동시켜 구할 수 있다. ■

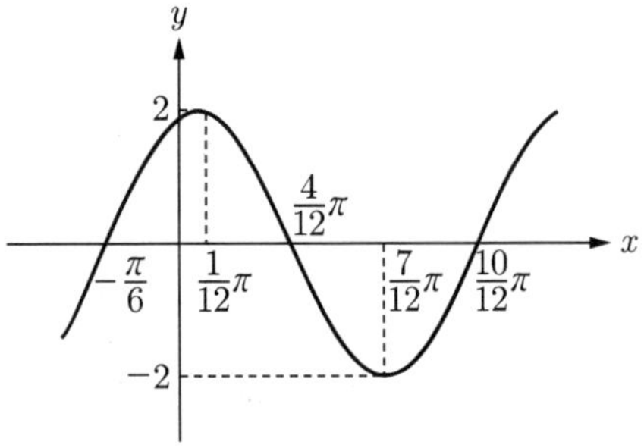

그림 7.25 $y = \sqrt{3}\sin 2x + \cos 2x = 2\sin\left(2x + \frac{\pi}{6}\right)$의 그래프

문제 7.11 다음 함수의 주기와 최댓값, 최솟값을 구하여라.

(1) $y = -\sin x + \sqrt{3}\cos x$ (2) $y = \sin 2x - \cos 2x$

덧셈정리에서 $x = y$라 두면 다음 배각의 공식을 얻을 수 있다.

정리 7.9 배각의 공식

$$\sin 2x = 2\sin x\cos x$$

$$\cos 2x = \cos^2 x - \sin^2 x = 2\cos^2 x - 1 = 1 - 2\sin^2 x$$

$$\tan 2x = \frac{2\tan x}{1 - \tan^2 x}$$

예제 7.12 2사분면의 각 x에 대해 $\sin x = \frac{3}{5}$이다. 다음을 구하여라.

(1) $\sin 2x$ (2) $\cos 2x$

풀이•• (1) x가 2사분면의 각이므로 $\cos x < 0$이다. 따라서

$$\cos x = -\sqrt{1 - \sin^2 x} = -\sqrt{1 - \left(\frac{3}{5}\right)^2} = -\frac{4}{5}$$

이다. 그러므로 배각의 공식으로부터

$$\begin{aligned}\sin 2x &= 2\sin x\cos x \\ &= 2\left(\frac{3}{5}\right)\left(-\frac{4}{5}\right) = -\frac{24}{25}.\end{aligned}$$

(2) $\cos 2x = 1 - 2\sin^2 x$

$$= 1 - 2\left(\frac{3}{5}\right)^2 = \frac{7}{25}$$ ■

문제 7.12 다음 각각에 대해 $\sin 2x$와 $\cos 2x$를 구하여라.

(1) $\sin x = \frac{5}{13}$, x는 1사분면의 각

(2) $\cos x = \frac{4}{5}$, $\csc x < 0$

(3) $\tan x = -\frac{1}{3}$, x는 4사분면의 각

삼각함수의 식에서 코사인에 대한 배각의 공식을 이용하여 사인과 코사인의 차수를 낮출 수 있다. 이를 반각의 공식이라고 하며 미적분 등에서 자주 활용되는 계산 기술이다.

정리 7.10 반각의 공식

$$\sin^2\frac{x}{2} = \frac{1-\cos x}{2}, \quad \cos^2\frac{x}{2} = \frac{1+\cos x}{2}, \quad \tan^2\frac{x}{2} = \frac{1-\cos x}{1+\cos x}$$

증명 배각의 공식으로부터

$$\cos x = \cos 2\frac{x}{2} = \cos^2\frac{x}{2} - \sin^2\frac{x}{2} = 1 - 2\sin^2\frac{x}{2}$$

이므로

$$\sin^2\frac{x}{2} = \frac{1-\cos x}{2}$$

이다. 마찬가지로

$$\cos x = \cos 2\frac{x}{2} = \cos^2\frac{x}{2} - \sin^2\frac{x}{2} = 2\cos^2\frac{x}{2} - 1$$

로부터

$$\cos^2\frac{x}{2} = \frac{1+\cos x}{2}$$

가 얻어진다. 또 이 둘로부터

$$\tan^2\frac{x}{2} = \frac{\sin^2\dfrac{x}{2}}{\cos^2\dfrac{x}{2}} = \frac{1-\cos x}{1+\cos x}$$

가 유도된다. ■

예제 7.13 $\sin 15°$의 값을 구하여라.

풀이•• $\sin 15° > 0$이므로 반각의 공식으로부터

$$\sin 15° = \sin\frac{30°}{2} = \sqrt{\frac{1-\cos 30°}{2}} = \frac{\sqrt{2-\sqrt{3}}}{2}$$

이다. ■

문제 7.13 다음 삼각함수의 값을 구하여라.

(1) $\cos 22.5°$ (2) $\cos 195°$

(3) $\tan\dfrac{\pi}{8}$ (4) $\sec\dfrac{9}{8}\pi$

예제 7.14 $\sin^2 x\cos^2 x$를 일차의 코사인함수로 나타내어라.

풀이•• $\sin^2 x\cos^2 x = \dfrac{1}{2}\sin 2x$이므로

$$\begin{aligned}\sin^2 x\cos^2 x &= \frac{1}{4}\sin^2 2x \\ &= \frac{1}{4}\left(\frac{1-\cos 4x}{2}\right) \\ &= \frac{1}{8}(1-\cos 4x).\end{aligned}$$

■

문제 7.14 다음을 일차의 코사인함수로 나타내어라

(1) $\sin^4 x$ (2) $\cos^4 x$

덧셈정리와 뺄셈정리를 써서 삼각함수의 곱을 삼각함수의 합으로 또는 합을 곱으로 전환시킬 수 있다.

먼저 곱을 합으로 전환하는 공식에 대해 알아보자.

정리 7.11 곱을 합으로 전환하는 공식

$$\sin x \cos y = \frac{1}{2}[\sin(x+y)+\sin(x-y)]$$
$$\cos x \sin y = \frac{1}{2}[\sin(x+y)-\sin(x-y)]$$
$$\cos x \cos y = \frac{1}{2}[\cos(x+y)+\cos(x-y)]$$
$$\sin x \sin y = -\frac{1}{2}[\cos(x+y)-\cos(x-y)]$$

증명•• 사인함수의 덧셈과 뺄셈정리로부터

$$\sin(x+y) = \sin x \cos y + \cos x \sin y,$$
$$\sin(x-y) = \sin x \cos y - \cos x \sin y$$

이고 이를 각각 더하고 빼면

$$\sin(x+y)+\sin(x-y) = 2\sin x \cos y,$$
$$\sin(x+y)-\sin(x-y) = 2\cos x \sin y$$

이므로

$$\sin x \cos y = \frac{1}{2}[\sin(x+y)+\sin(x-y)],$$
$$\cos x \sin y = \frac{1}{2}[\sin(x+y)-\sin(x-y)]$$

가 얻어진다. 마찬가지로 코사인함수의 덧셈과 뺄셈정리에 위와 같은 과정을 적용하여 나머지 두 공식을 유도할 수 있다. ■

예제 7.15 다음 삼각함수의 값을 구하여라.

(1) $\sin 7.5° \cos 37.5°$ (2) $\sin 7.5° \sin 37.5°$

풀이•• $37.5° + 7.5° = 5°$, $37.5° - 7.5° = 30°$인 특수각이므로 곱을 합으로 전환하는 공식을 적용하여 계산한다.

(1) $\sin 7.5° \cos 37.5° = \frac{1}{2}[\sin(7.5°+37.5°)+\sin(7.5°-37.5°)]$

$$= \frac{1}{2}[\sin 45° - \sin 30°]$$

$$= \frac{1}{2}\left[\frac{\sqrt{2}}{2} - \frac{1}{2}\right] = \frac{\sqrt{2}-1}{4}$$

(2) $\sin 7.5° \sin 37.5° = -\frac{1}{2}[\cos(7.5° + 37.5°) - \cos(7.5° - 37.5°)]$

$$= -\frac{1}{2}[\cos 45° - \cos 30°]$$

$$= -\frac{1}{2}\left[\frac{\sqrt{2}}{2} - \frac{\sqrt{3}}{2}\right] = \frac{\sqrt{3}-\sqrt{2}}{4}$$ ■

문제 7.15 다음 삼각함수의 값을 구하여라.

(1) $\cos 97.5° \sin 52.5°$　　(2) $\cos 97.5° \cos 52.5°$

한편, 곱을 합으로 전환하는 공식

$$\sin u \cos v = \frac{1}{2}[\sin(u+v) + \sin(u-v)]$$

에서 $u+v=x$, $u-v=y$라고 두면

$$u = \frac{x+y}{2},\ v = \frac{x-y}{2}$$

이므로 이것으로부터 합을 곱으로 전환하는 공식

$$\sin x + \sin y = 2\sin\frac{x+y}{2}\cos\frac{x-y}{2}$$

를 얻을 수 있다. 마찬가지로 곱을 합으로 전환하는 다른 공식에도 이를 적용하여 합을 곱으로 전환하는 다음 공식을 유도할 수 있다.

정리 7.12 합을 곱으로 전환하는 공식

$$\sin x + \sin y = 2\sin\frac{x+y}{2}\cos\frac{x-y}{2}$$

$$\sin x - \sin y = 2\cos\frac{x+y}{2}\sin\frac{x-y}{2}$$

$$\cos x + \cos y = 2\cos\frac{x+y}{2}\cos\frac{x-y}{2}$$

$$\cos x - \cos y = -2\sin\frac{x+y}{2}\sin\frac{x-y}{2}$$

예제 7.16 $\dfrac{\sin 5x - \sin 3x}{\cos 5x + \cos 2x} = \tan x$가 성립함을 보여라.

풀이•• 분모와 분자를 곱의 형식으로 전환하면

$$\begin{aligned}\frac{\sin 5x - \sin 3x}{\cos 5x + \cos 2x} &= \frac{2\cos\dfrac{5x+3x}{2}\sin\dfrac{5x-3x}{2}}{2\cos\dfrac{3x+x}{2}\cos\dfrac{3x-x}{2}} \\ &= \frac{2\cos 2x \sin x}{2\cos 2x \cos x} \\ &= \frac{\sin x}{\cos x} = \tan x\end{aligned}$$

가 성립한다. ■

문제 7.16 다음이 성립함을 보여라.

$$\frac{\sin(x+y) - \sin(x-y)}{\cos(x+y) + \cos(x-y)} = \tan y$$

7.4 연습문제

01 다음 값을 구하여라.

(1) $\sin 165°$　　(2) $\cos \dfrac{1}{12}\pi$

(3) $\tan 15°$　　(4) $\csc 112.5°$

(5) $\sin \dfrac{1}{12}\pi + \sin \dfrac{5}{12}\pi$　　(6) $\cos 255° - \cos 195°$

(7) $\sin 7.5° + \sin 37.5°$　　(8) $\cos 80° \cos 20° + \sin 80° \sin 20°$

02 삼각형 ABC에서 $\angle A = \dfrac{\pi}{6}$, $\angle B = \dfrac{\pi}{4}$이고 $\overline{BC} = 100$일 때 $\overline{AC}$를 구하여라.

03 x는 예각, y는 둔각이고, $\sin x = \dfrac{13}{14}$, $\sin y = \dfrac{11}{14}$일 때 $\sin(x+y)$, $\cos(x+y)$를 구하여라.

04 $\sec x = \dfrac{3}{2}$, $\sin x < 0$일 때 각각 $\sin 2x$, $\cos 2x$, $\tan 2x$를 구하여라.

05 $\cos x = -\dfrac{4}{5}$이고 x가 3사분면의 각일 때 각각 $\sin\dfrac{x}{2}$, $\cos\dfrac{x}{2}$, $\tan\dfrac{x}{2}$를 구하여라.

06 다음을 일차의 코사인함수로 나타내어라.

(1) $\sin^2 x \cos^4 x$ (2) $\cos^6 x$

07 다음 3배각의 공식이 성립함을 보여라.

$$\sin 3x = 3\sin x - 4\sin^3 x$$

$$\cos 3x = 4\cos^3 x - 3\cos x$$

$$\tan 3x = \frac{3\tan x - \tan^3 x}{1 - 3\tan^2 x}$$

7.5 삼각방정식과 삼각부등식

각을 미지수로 하는 삼각함수의 방정식과 부등식을 각각 **삼각방정식**, **삼각부등식**이라고 한다. 예를 들어 $\sin x = \frac{1}{2}$은 삼각방정식이고, $\sin x > \frac{1}{2}$은 삼각부등식이다. 삼각방정식과 삼각부등식의 해를 구하기 위하여 그래프를 이용하면 편리하다. 삼각방정식에서 각의 범위가 지정되어 있지 않으면 주기성을 이용하여 모든 해를 구해야 한다. 이러한 해를 **일반해**라고 한다. 삼각방정식의 일반해는 그 함수의 주기를 이루는 기본구간에서 방정식을 만족하는 기본해를 구한 후 주기성을 반영하여 해를 구한다.

예제 7.17 $2\sin x = 1$의 해를 구하여라.

풀이•• 사인함수는 주기가 2π인 주기함수이므로 먼저 $0 \le x < 2\pi$에서 $\sin x = \frac{1}{2}$을 만족하는 해를 구하면 그림 7.26과 같은 그래프의 해석을 통해 $x = \frac{\pi}{6}$ 또는 $x = \frac{5}{6}\pi$를 얻는다.

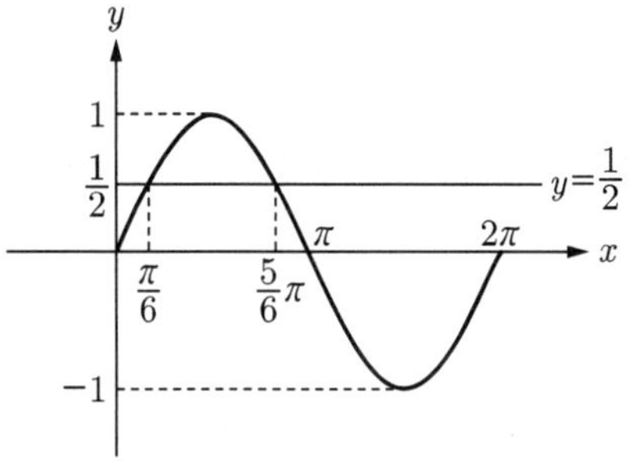

그림 7.26 $2\sin x = 1$의 기본해

여기서 $\frac{5}{6}\pi = \pi - \frac{\pi}{6}$이고 주기성을 이용하면

$$\frac{\pi}{6},\ \pi - \frac{\pi}{6},\ 2\pi + \frac{\pi}{6},\ 3\pi - \frac{\pi}{6},\ \cdots$$

등이 모두 해를 이룸을 알 수 있다.

따라서 $2\sin x = 1$의 모든 해는

$$x = n\pi + (-1)^n \frac{\pi}{6} \ (n = \text{정수})$$

로 주어진다. ■

예제 7.17과 유사한 방법으로 기본 삼각방정식의 일반해는 기본해로부터 다음과 같이 주어진다.

정리 7.13 삼각방정식의 일반해

기본해를 θ라 하면 임의의 정수 n에 대해

(1) $\sin x = a$의 일반해는 $x = n\pi + (-1)^n \theta$,

(2) $\cos \theta = a$의 일반해는 $x = 2n\pi \pm \theta$,

(3) $\tan \theta = a$의 일반해는 $x = n\pi + \theta$.

문제 7.17 다음 삼각방정식의 해를 구하여라.

(1) $2\cos x = 1$ (2) $\tan x = 1$

복합 방정식의 경우에는 적절한 항등식과 인수분해를 이용하여 단일 삼각함수의 곱으로 식을 분해한 후 해를 구한다.

예제 7.18 방정식 $1 + \sin x = 2\cos^2 x$의 해를 구하여라.

풀이•• $\cos^2 x = 1 - \sin^2 x$이므로 주어진 식은

$$1 + \sin x = 2(1 - \sin^2 x)$$

이고, 이를 정리하여 인수분해하면

$$2\sin^2 x + \sin x - 1 = (2\sin x - 1)(\sin x + 1) = 0$$

이다. 따라서

$$\sin x = \frac{1}{2}, \quad \sin x = -1$$

이다. $\sin x = \dfrac{1}{2}$의 기본해는 $x = \dfrac{\pi}{6}$이고, $\sin x = -1$의 기본해는 $x = \dfrac{3}{2}\pi$이므로 방정식의 해는

$$x = n\pi + (-1)^n \frac{\pi}{6}, \quad x = n\pi + (-1)^n \frac{3}{2}\pi \ (n = 정수)$$

이다. ■

문제 7.18 다음 방정식의 해를 구하여라.

(1) $1 + \cos x = 2\sin^2 x$　　　　(2) $\cos 2\theta = \cos\theta$

삼각부등식의 해법도 삼각방정식과 유사하다. 논의를 단순화하기 위해 여기서는 미지수의 범위가 제한적인 경우만 다루기로 하자.

예제 7.19 $0 \le x < 2\pi$에서 $\sin x \ge \dfrac{1}{2}$을 풀어라.

풀이•• 그림 7.27과 같이 $y = \sin x$의 그래프가 직선 $y = \dfrac{1}{2}$보다 위쪽에 있는 x값의 범위가 구하는 해이다. 따라서 구하는 해는 $\dfrac{\pi}{6} \le x \le \dfrac{5}{6}\pi$이다. ■

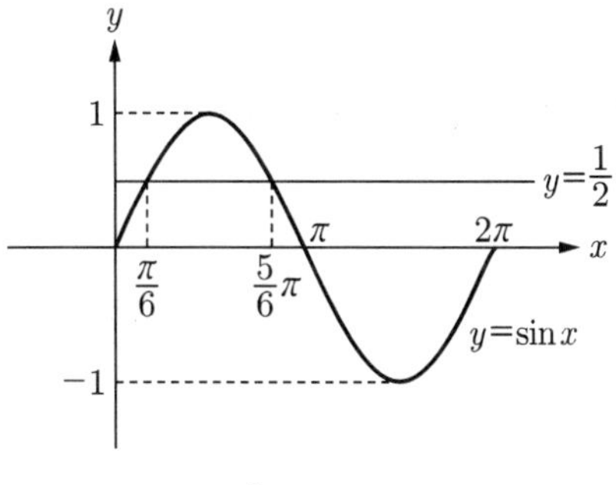

그림 7.27 $\sin x \ge \dfrac{1}{2}\ (0 \le x < 2\pi)$

문제 7.19 $0 \le x < 2\pi$에서 다음 삼각부등식을 풀어라.

(1) $-\dfrac{\sqrt{2}}{2} < \cos x < \dfrac{1}{2}$　　　　(2) $2\sin^2 x + 5\cos x - 4 \le 0$

7.5 연습문제

01 다음 삼각방정식의 해를 구하여라.

(1) $\sqrt{2}\cos x = -1$　　(2) $\sin 2x = 1$

(3) $\tan\frac{\theta}{3} = \sqrt{3}$　　(4) $\cos 2x + 3 = 5\cos x$

(5) $\cos^2 x + 2\sin x + 2 = 0$　　(6) $\sec^2 x - \sec x \tan x - 2 = 0$

02 적절한 삼각함수의 공식을 적용하여 다음 삼각방정식의 해를 구하여라.

(1) $\sin 2x \cos x + \cos 2x \sin x = \frac{\sqrt{3}}{2}$

(2) $\tan x = \sin 2x$

(3) $\cos 4x + \cos 2x = \cos x$

(4) $\sin x + \cos x = 1$

03 주어진 구간에서 다음 삼각 부등식을 풀어라.

(1) $2\cos x < -\sqrt{3}$ $(0 \le x < 2\pi)$

(2) $2\sin 2x \ge 1$ $(0 \le x < 2\pi)$

(3) $2\cos^2 + 3\sin x \ge 0$ $(0 \le x < 2\pi)$

(4) $\sqrt{3}\tan 2x < -1$ $(0 \le x < \pi)$

04 $0 \le \theta < 2\pi$에서 다음 이차방정식이 서로 다른 두 실근을 가지기 위한 θ의 범위를 구하여라.

$$x^2 - 2(\cos\theta)x + \sin^2\theta = 0$$

08

확률과 통계

8.1 순열과 조합

예를 들어 과녁을 향하여 활을 쏜다고 가정하자. 그 결과 활이 과녁에 명중하거나 또는 과녁을 빗나가는 두 가지 경우가 발생할 것이다. 이때 '과녁에 명중한다' 또는 '과녁을 빗나간다' 등과 같이 실험이나 관찰에 의하여 일어나는 결과를 **사건**(event) 또는 **사상**이라고 정의한다. 즉 어느 한 사건이란 어떤 실험의 가능한 결과(들)의 집합을 의미한다.

예제 8.1 농구선수가 자유투를 두 번 던진다고 하자. 자유투가 성공하면 s, 실패하면 f라고 표기하자. 만약 $E=\{(s,\ s),\ (s,\ f)\}$라고 한다면, E는 사건이라고 할 수 있는가?

풀이•• E는 사건이며, 두 번 던졌을 때 맨 처음의 자유투에서 성공하는 사건이라고 한다. ■

문제 8.1 놀이공원에서 고무총을 쏘아 곰돌이 인형을 맞추는 게임을 한다고 하자. 만약 두 번 쏘아 곰돌이 인형을 두 번 모두 명중하였다면, 이는 사건이라 할 수 있는가?

예제 8.2 그림 8.1과 같이 A에서 B로 가는 길이 세 종류이고, B에서 C로 가는 길이 두 가지라고 하자.

(1) A에서 B로 가는 방법은 모두 몇 가지인가?

(2) A에서 B를 거쳐 C로 가는 방법은 모두 몇 가지인가?

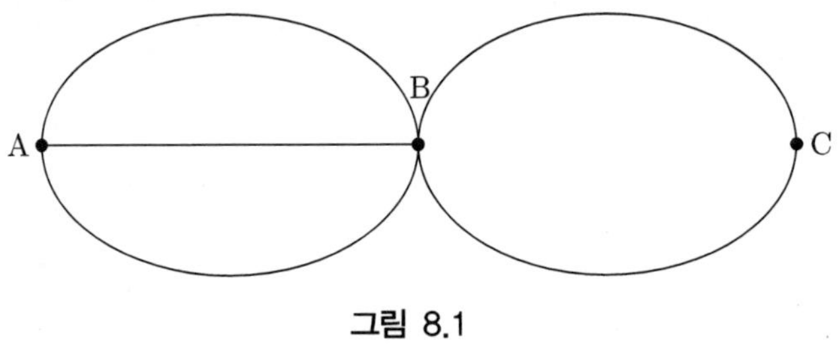

그림 8.1

풀이•• (1) A에서 B로 가는 방법은 모두 세 가지이며, 이를 A에서 B로 가는 경우의 수라고 한다.

(2) A에서 B를 거쳐 C로 가는 경우의 수는 6이다. ■

문제 8.2 진부와 대관령을 잇는 길은 세 가지, 대관령과 강릉을 잇는 길은 두 가지이다. 이때 진부에서 대관령을 거쳐 강릉으로 가는 방법은 모두 몇 가지인가?

합의 법칙

사건 A가 일어나는 경우의 수는 m가지, 사건 B가 일어나는 경우의 수는 n가지이고, 두 사건 A, B가 동시에 일어나지 않을 때, 사건 A 또는 B가 일어나는 경우의 수는

$$m+n$$

이다.

곱의 법칙

사건 A가 일어나는 경우의 수는 m가지이고, 그 각각에 대하여 사건 B가 n가지의 경우로 일어날 때, 사건 A, B가 동시에 일어나는 경우의 수는

$$m\times n$$

이다.

예제 8.3 학교 매점에서는 먹을 것으로 비빔밥, 김밥, 피자를, 음료수로는 우유, 코코아, 요구르트를 각각 판매한다. 먹을 것과 음료수 중 각각 한 가지씩 구입하여 점심으로 할 수 있는 경우의 수를 구하여라.

풀이•• 먹을 것으로는 세 종류, 또 그 각각에 대하여 세 종류의 음료수를 구입할 수 있으므로, 전체 경우의 수는 9이다. ■

문제 8.3 퓨전음식점에서는 점심으로 중식, 한식, 일식을, 디저트로는 아이스크림, 코코아, 카페라떼를 각각 판매한다. 점심과 디저트 중 각각 한 가지씩 구입하는 경우의 수를 구하여라.

세 개의 수 1, 2, 3 중에서 두 개를 선택하여 일렬로 배열해보자. 세 개의 수 가운데 두 개를 택하는 경우의 수는

$$\{1, 2\}, \{1, 3\}, \{2, 3\}$$

이므로, 이를 일렬로 배열하면

$$(1, 2), (2, 1), (1, 3), (3, 1), (2, 3), (3, 2)$$

이다. 이를 서로 다른 세 개의 수에서 두 개를 택하여 일렬로 배열하는 **순열**이라 정의하고, ${}_3P_2$라고 표기한다. 더 나아가 서로 다른 n개의 원소에서 r개를 택하여 일렬로 배열하는 순열은

$${}_nP_r = n(n-1)\times\cdots\times(n-r+1) = \frac{n!}{(n-r)!}$$

이다.

예제 8.4 네 사람 A, B, C, D를 일렬로 배열하는 경우의 수를 구하여라.

풀이 서로 다른 4개의 원소에서 4개를 택하여 일렬로 배열하는 순열이므로, 경우의 수는

$${}_4P_4 = 4(4-1)(4-2)(4-3) = 4!$$

가지이다. ■

문제 8.4 숫자 0, 1, 2, 3을 일렬로 배열하여 만들 수 있는 수를 구하여라.

네 개의 수 1, 2, 3, 4 중에서 두 개를 택하는 경우의 수를 구해보면

$$\{1, 2\}, \{1, 3\}, \{1, 4\}, \{2, 3\}, \{2, 4\}, \{3, 4\}$$

이다. 이를 서로 다른 네 개의 수에서 두 개를 택하는 **조합**이라 정의하고, ${}_4C_2$라고 표기한다. 일반적으로 서로 다른 n개의 원소에서 r개를 택하는 조합은

$${}_nC_r = \frac{{}_nP_r}{r!} = \frac{n!}{(n-r)!\,r!}$$

이다.

예제 8.5 사과, 배, 감, 귤 네 종류의 과일에서 세 종류의 과일을 고르는 조합을 구하여라.

풀이•• 서로 다른 네 종류의 과일에서 세 개를 택하는 조합이므로, 경우의 수는

$${}_4C_3 = 4$$

이다. ■

문제 8.5 수학, 통계학, 심리학, 생물학, 언어학 다섯 종류의 과목에서 세 종류를 선택하는 조합을 구하여라.

중복조합

서로 다른 n개의 원소에서 r개를 택하는 조합은 이미 다루었다. 그런데 r개를 선택할 때 반드시 서로 다른 것만 선택하지 않고 중복을 허용하여 r개를 택하는 조합의 수에 대하여 알아보자.

세 개의 수 1, 2, 3 중에서 중복을 허용하여 두 개를 택하는 조합의 수를 구해보면

$$(1,\ 2),\ (1,\ 3),\ (2,\ 3),\ (1,\ 1),\ (2,\ 2),\ (3,\ 3)$$

이다. 이들은 1, 2, 3, □ 중에서 중복을 허락하지 않고 두 개를 택하는 조합이다. (만약 □가 선택되면 □는 1, 2, 3 중에서 선택된 수와 같은 값을 가진다. 즉 중복을 나타낸다.) 따라서 경우의 수는 ${}_4C_2$가 된다.

이와 같이 서로 다른 n개의 원소에서 중복을 허용하여 r개를 택하는 조합을 **중복조합**이라 하고, 이 중복조합의 수를

$${}_nH_r$$

로 표기할 때, 다음 식이 성립한다.

$${}_nH_r = {}_{n+r-1}C_r \quad (\text{단, } n \geq 1)$$

예제 8.6 오렌지주스와 딸기주스만 판매하는 생과일주스 전문점에서 주스 세 잔을 주문하려고 한다. 주문하는 방법은 모두 몇 가지인가?

풀이•• 이는 서로 다른 두 개의 원소에서 중복을 허용하여 세 개를 택하는 조합의 수이므

로, 경우의 수는

$$ {}_2H_3 = {}_{2+3-1}C_3 = {}_4C_3 = 4 $$

가지이다. 오렌지주스를 O, 딸기주스를 S로 표기하면

$$ (\mathrm{O,\ O,\ O}),\ (\mathrm{O,\ O,\ S}),\ (\mathrm{O,\ S,\ S}),\ (\mathrm{S,\ S,\ S}) $$

이다. ■

문제 8.6 $x+y+z=8$을 만족하는 자연수 해의 경우의 수를 구하여라.

8.1 연습문제

01 4명의 남학생과 3명의 여학생이 있다.

(1) 일렬로 정렬한다면 전부 몇 가지인가?

(2) 남학생과 여학생이 서로 이웃하게 일렬로 앉는 방법은 모두 몇 가지인가?

(3) 남학생들만 모두 함께 앉는 방법의 수는 몇 가지인가?

02 9명의 여학생과 10명의 남학생이 있다. 만약 4명의 여학생과 4명의 남학생을 선택하여 짝을 짓는다면 모두 몇 종류의 결과가 나오는가?

03 7명의 신임 선생님을 4개의 학교로 나누려 한다. 모두 몇 종류의 결과인가? 만약 한 학교에 2명을 넘지 못하게 배정한다면 그 경우의 수는?

04 다음 식에서 0 이상인 자연수를 가지는 해의 종류는 몇 가지인가?

(1) $x+y=5$

(2) $x+y+2z=9$

8.2 이항정리

두 개의 항으로 이루어진 $(a+b)$를 n번 곱할 때, 각 항의 계수를 구해보자. 우선$(a+b)^3$을 전개하면

$$\begin{aligned}(a+b)^3 &= (a+b)(a+b)(a+b) \\ &= (a^2+ab+ba+b^2)(a+b) \\ &= a^3+a^2b+a^2b+ab^2+a^2b+ab^2+ab^2+b^3 \\ &= a^3+3a^2b+3ab^2+b^3\end{aligned}$$

이다. 이때 합 ab^2의 계수 3의 의미를 생각해보자.

$$(a+b)(a+b)(a+b)$$

에서, 3개의 인수 중 어느 한 인수에서 a를 택하고 나머지 두 인수에서 각각 b를 택하여 곱하면, ab^2의 항이 생긴다. 즉 ab^2의 계수 3은 세 개의 인수 중에서 a를 택할 경우의 수 ${}_3C_2$와 같다.

마찬가지 방법으로 항 a^3, a^2b, b^3의 계수는 각각 ${}_3C_0$, ${}_3C_1$, ${}_3C_3$이 된다.

따라서 임의의 자연수 n에 대하여

$$(a+b)^n = {}_nC_0a^n + {}_nC_1a^{n-1} + \cdots + {}_nC_ra^{n-r} + {}_nC_na^n$$

이며, 이를 **이항정리**라고 정의한다. $(a+b)^n$의 전개식에서 각 항의 계수

$${}_nC_0,\ {}_nC_1,\ \cdots,\ {}_nC_r,\ {}_nC_n$$

을 **이항계수**라 부르고, ${}_nC_r\,a^{n-r}b^r$을 이 **전개식의 일반항**이라고 한다.

예제 8.7 $(3a+b)^6$의 전개식에서 다음 항의 계수를 구하여라.

(1) a^3b^3 (2) ab^5

풀이•• $(3a+b)^6$

$$= {}_6C_0(3a)^6 + {}_6C_1(3a)^5 b + {}_6C_2(3a)^4 b^2 + {}_6C_3(3a)^3 b^3 + {}_6C_4(3a)^2 b^4 + {}_6C_5(3a) b^5 + {}_6C_6 b^6$$

이므로,

(1) a^3b^3의 계수는 ${}_6C_3 3^3 = \frac{6!}{3!\,3!} \cdot 3^3 = 180.$

(2) ab^5의 계수는 ${}_6C_5 \cdot 3 = 18.$ ■

문제 8.7 $\left(2x - \frac{1}{x}\right)^5$의 전개식에서 다음 항의 계수를 구하여라.

(1) x^3 (2) $\frac{1}{x}$

8.2 연습문제

01 $(3x^2+2y)^5$을 전개하여라.

02 다음을 보여라.

$$\binom{n+m}{r} = \binom{n}{0}\binom{m}{r} + \binom{n}{1}\binom{m}{r-1} + \cdots + \binom{n}{r}\binom{m}{0}$$

(단, n, m, r =자연수이다.)

8.3 확률의 뜻과 활용

이 절에서는 어느 사건의 확률과 그 개념에 대하여 공부하기로 한다. 우선 표본공간, 시행, 사건 등의 개념에 대하여 알아보자.

예를 들어, 과녁을 향하여 활을 쏜다고 가정하자. 그 결과 활이 과녁에 명중하거나 또는 과녁을 빗나가거나 하는 두 가지 경우가 발생할 것이다. 이 경우 활을 쏘는 행위를 **시행**(trial) 또는 **실험**(experiment)이라 하고, 실험의 모든 가능한 결과의 집합, 즉 과녁에 명중 또는 빗나감을 **표본공간**(sample space)이라 정의한다. 표본공간은 주로 S라 표기하고, 이 예에서 표본공간은 $S=-\{$ 명중, 빗나감 $\}$ 이다.

예제 8.8 농구선수가 자유투를 두 번 던진다고 한다. 이때 표본공간을 구하여라.

풀이•• 이 실험은 자유투를 두 번 던지는 것이다. 자유투가 성공하면 s, 실패하면 f라고 표기하면, 표본공간 S는 다음과 같다.

$$S=\{(s,\ s),\ (s,\ f),\ (f,\ s),\ (f,\ f)\}$$ ■

문제 8.8 윷을 세 번 던진다고 할 때 표본공간을 구하여라.

정의 8.1 사건

표본공간 S의 임의의 부분집합 E를 **사건**(event) 또는 **사상**이라고 정의한다.
즉 어느 한 사건이란 어떤 실험의 가능한 결과(들)의 집합을 의미한다. 만약 어느 실험의 한 결과가 사건 E에 포함된다면, 사건 E가 발생했다고 한다.

예제 8.9 앞의 예에서 만약 $E=\{(s,\ s),\ (s,\ f)\}$라고 한다면 E는 사건이라고 할 수 있는가?

풀이••

$$E=\{(s,\ s),\ (s,\ f)\}\subset S=\{(s,\ s),\ (s,\ f),(f,\ s),\ (f,\ f)\}$$

이므로, E는 사건이며 맨 처음의 자유투에서 성공하는 사건이라고 한다. ■

문제 8.9 앞의 문제에서 만약 $E=\{$세 번 중 두 번이 옳이다$\}$라고 한다면, E는 사건이라고 할 수 있는가?

정의 8.2

표본공간 S의 두 사건 E와 F에 대하여 새로운 사건 $E \cup F$를 사건 E 또는 F 내의 모든 결과들로 구성된 집합으로 정의한다.

만약 사건 E 또는 F가 발생했다면 사건 $E \cup F$가 발생했다고 한다. 사건 $E \cup F$를 사건 E와 F의 **합사건**(union)이라고 부른다. 같은 방법으로 사건 $E \cap F$를 사건 E 그리고 F 내의 모든 결과들로 구성된 집합으로 정의한다. 만약 사건 E와 F가 발생했다면 사건 $E \cap F$가 발생했다고 한다. 사건 $E \cap F$를 사건 E와 F의 **곱사건**(intersection)이라고 부른다.

마지막으로, 새 사건 E^c를 표본공간 S 내의 모든 결과(들) 중 사건 E에 속하지 않는 것들로 구성된 집합으로 정의한다. 만약 사건 E가 발생하지 않는다면 사건 E^c가 발생한다고 한다. 사건 E^c를 사건 E의 **여사건**(complement)이라 한다.

앞의 예에서, 만약 $E=\{(s,\ s),\ (s,\ f)\}$이고 $F=\{(f,\ s)\}$라면,

$$E \cup F=\{(s,\ s),\ (s,\ f),\ (f,\ s)\}$$

이며, 적어도 한 번 자유투에서 성공하는 사건이라고 한다. 또

$$E \cap F=\varnothing$$

이며, 어떤 결과도 발생하지 않는 사건을 의미한다. 이런 경우 사건 E와 F는 서로 배반이라 하고, 이 두 사건을 배반사건이라고 정의한다. 사건 E의 여사건은

$$E^c=\{(f,\ s),\ (f,\ f)\}$$

이며, 맨 처음 자유투에서 실패하는 사건이라 할 수 있다.

사건 E, F, G의 합사건, 곱사건에 관한 대수학적인 성질은 집합의 그것과 동일함을 다음 정리에서 살펴보기로 한다.

정리 8.1

사건 E, F, G가 있을 때 다음이 성립한다.

1. 교환법칙 $E \cup F = F \cup E$
2. 결합법칙 $(E \cup F) \cup G = E \cup (F \cup G)$
3. 분배법칙 $(E \cup F) \cap G = (E \cap G) \cup (F \cap G)$

1.′ 교환법칙 $E \cap F = F \cap E$

2.′ 결합법칙 $(E \cap F) \cap G = E \cap (F \cap G)$

3.′ 분배법칙 $(E \cap F) \cup G = (E \cup G) \cap (F \cup G)$

사건 $E_1, E_2, \cdots, E_n$의 합사건, 곱사건, 여사건에 대한 대수학적인 성질을 다음의 드모르간의 법칙에서 살펴보도록 하자.

정리 8.2 드모르간의 법칙

(1) 합의 여사건 $(E \cup F)^c = E^c \cap F^c$

(2) 곱의 여사건 $(E \cap F)^c = E^c \cup F^c$

증명•• (a) w를 $(E \cup F)^c$의 결과라고 하자. 그러면

$$
\begin{aligned}
& w \in (E \cup F)^c \\
& \Leftrightarrow \\
& w \notin E \cup F \\
& \Leftrightarrow \\
& w \notin E \wedge w \notin F \\
& \Leftrightarrow \\
& w \in E^c \wedge w \in F^c \\
& \therefore\ w \in E^c \cap F^c
\end{aligned}
$$

(b) 같은 방법으로 증명한다. ■

일반적으로 시행에서 어떤 사건이 일어날 가능성을 수로 나타낸 것을 **확률**이라 하고, 기호로

$$P(A)$$

로 나타낸다.

어떤 시행에서 일어날 수 있는 모든 경우의 수가 n이고, 각 경우가 일어날 가능성이 모두 같은 정도로 기대된다고 하자. 이때 사건 A가 일어나는 경우의 수가 r이면, 사건 A가 일어날 확률 $P(A)$를

$$P(A) = \frac{r}{n}$$

로 정의하고, 이를 **수학적 확률**이라고 한다.

예제 8.10 5개의 흰 공과 4개의 검은 공이 있는 상자에서 3개의 공을 임의로 꺼낸다. 이때 꺼낸 공이 하나는 흰 공이고 2개는 검은 공일 확률을 구하여라.

풀이•• 꺼낸 공 중 하나는 흰 공이고 2개는 검은 공일 사건을 A라 하면, 사건 A가 발생할 확률 $P(A)$는 다음과 같다.

$$P(A) = \frac{{}_5C_1 \cdot {}_4C_2}{{}_9C_3} = \frac{5 \times \frac{4 \times 3}{2!}}{\frac{9 \times 8 \times 7 \times}{3!}} = \frac{5}{14}$$ ■

문제 8.10 흰 바둑돌 3개와 검은 바둑돌 2개가 들어 있는 상자에서 2개를 동시에 꺼낼 때, 모두 같은 색일 확률을 구하여라.

수학적 확률은 어떤 시행에서의 경우의 수가 모두 같은 정도로 일어날 것이라는 가정에서 시작되었다. 그러나 다양한 자연현상이나 사회현상 등에서 각각의 경우의 수가 발생할 가능성이 모두 동일하지 않은 경우도 종종 있다. 이런 경우 시행을 여러 번 반복하여 그 사건이 일어날 확률을 짐작할 수 있다.

일반적으로 같은 시행을 n번 반복하여 사건 A가 일어난 횟수를 r_n이라 할 때, n이 한없이 커짐에 따라 그 상대도수 $\frac{r_n}{n}$이 일정한 값 p에 가까워지면 이 p를 사건 A의 **통계적 확률**이라고 정의한다. 그런데 시행을 무한히 반복할 수는 없으므로, 시행 횟수 n이 충분히 클 때의 상대도수 $\frac{r_n}{n}$을 통계적 확률 p로 사용한다.

예제 8.11 은영이가 한 개의 윷을 1000번 던졌을 때, 볼록한 면이 나온 횟수가 405번이었다. 윷 하나를 임의로 던졌을 때, 볼록한 면이 나올 확률을 구하여라.

풀이•• 윷 하나를 1000번 던졌을 때, 볼록한 면이 나올 횟수가 405번이므로 상대도수

$$\frac{r_n}{n} = \frac{405}{1000}$$

를 확률로 간주한다. ■

문제 8.11 2010년 중국에서 태어난 신생아의 남녀 성비는 118 : 100 정도로 나타났다. 한 신생아가 태어날 때 남자아이일 확률은 얼마인가?

확률의 기본 성질

표본공간이 S인 어떤 실험을 행한다고 하자. 표본공간 S의 임의의 사건 E에 대하여 사건 E가 발생할 확률 $P(E)$는 다음 세 종류의 공리(axiom)를 만족한다고 가정한다.

공리 1. $0 \le P(E) \le 1$

공리 2. $P(S) = 1$

공리 3. 서로 배반인 사건 E_1, E_2, $\cdots$에 대하여 (즉, $E_i \cap E_j = 0$, $i \ne j$)

$$P(\bigcup_{i=1}^{\infty} E_i) = \sum_{i=1}^{\infty} P(E_i).$$

확률에 관한 몇몇 정리를 살펴보도록 한다.

정리 8.3

어떤 사건 E에 대하여

$$P(E^c) = 1 - P(E).$$

증명••

$$1 = P(S) = P(E \cup E^c) = P(E) + P(E^c)$$

$$\therefore\ P(E^c) = 1 - P(E)$$

어떤 사건이 발생하지 않을 확률은 1에서 그 사건이 발생할 확률을 빼주면 된다. ■

두 번째 정리는 두 사건 E, F의 합의 사건이 발생할 확률을 각 사건의 확률로 표현하고 있다.

정리 8.4

$$P(E\cup F)=P(E)+P(F)+P(E\cap F)$$

증명••

$$\begin{aligned}P(E\cup F)&=P(E\cup(E^c\cap F))\\&=P(E)+P(E^c\cap F)\quad(\because\ E\cap(E^c\cap F)=\varnothing)\end{aligned}$$

그런데

$$P(F)=P(E\cap F)+P(E^c\cap F)$$

이므로

$$P(E\cup F)=P(E)+P(F)-P(E\cap F).$$ ■

위의 정리는 벤다이어그램(Venn diagram)을 이용하여 증명할 수도 있다.

합사건 $E\cup F$를 서로 배반인 세 영역으로 그림 8.2처럼 나누어 보자.

영역 1은 사건 F에 속하지 않은 사건 E 내의 모든 점들을, 영역 2는 사건 E와 그리고 사건 F 동시에 속하는 모든 점들을, 영역 3은 사건 E에 속하지 않은 사건 F 내의 모든 점들을 각각 나타내고 있다.

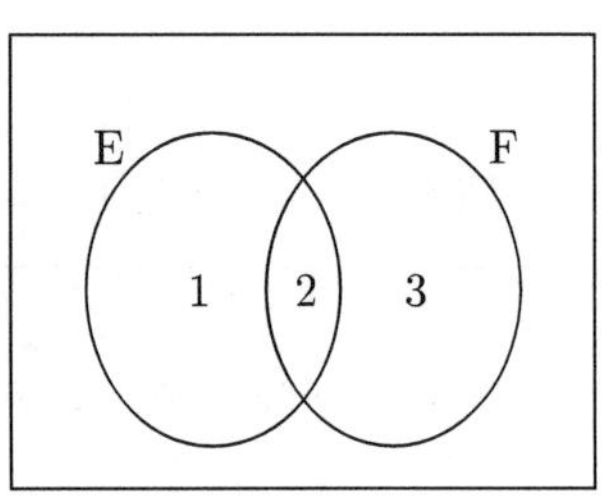

그림 8.2 $E\cup F$의 벤다이어그램

그림을 통하여 다음 관계가 성립함을 알 수 있다.

$$\begin{aligned} E \cup F &= 1 \cup 2 \cup 3 \\ E \quad &= 1 \cup 2 \\ F \quad &= 2 \cup 3 \end{aligned}$$

그런데 영역 1, 2, 3은 서로 배반이므로, 다음 관계식이 성립한다.

$$\begin{aligned} P(E \cup F) &= P(1) + P(2) + P(3) \\ P(E) \quad &= P(1) + P(2) \\ P(F) \quad &= P(1) + P(2) \end{aligned}$$

따라서

$$\begin{aligned} P(E \cup F) &= P(E) + P(F) - P(2) \\ &= P(E) + P(F) - P(E \cap F). \end{aligned}$$

예제 8.12 주사위 두 개를 던지는 실험을 한다. 이때 사건 E는 주사위의 합이 홀수일 사상을, 사건 F는 적어도 한 주사위의 눈이 1일 사상을 각각 나타낸다. 이때 $P(E \cup F)$를 구하여라.

풀이•• $P(E) = \dfrac{1}{2}$

$P(F) = 1 - P(F^c) = 1 - \left(\dfrac{5}{6}\right)\left(\dfrac{5}{6}\right) = \dfrac{11}{36}$

$P(E \cap F) = \dfrac{6}{36} = \dfrac{1}{6}$

$$\begin{aligned} \therefore\ P(E \cup F) &= P(E) + P(F) - P(E \cap F) \\ &= \frac{1}{2} + \frac{11}{36} - \frac{6}{36} = \frac{23}{36} \end{aligned}$$

■

문제 8.12 3개의 동전을 한꺼번에 던질 때 앞면이 적어도 1개 이상 나올 확률을 구하여라.

8.3 연습문제

01 4명의 남학생과 3명의 여학생이 있다.

(1) 남학생과 여학생이 서로 이웃하게 일렬로 앉을 확률은 얼마인가?

(2) 남학생들만 모두 함께 앉을 확률은 얼마인가?

02 주사위 두 개를 동시에 던질 때 다음을 구하여라.

(1) 눈의 수의 차가 4 이상일 확률

(2) 눈의 수의 곱이 3의 배수일 확률

03 주사위 세 개를 동시에 던질 때 다음 확률을 구하여라.

(1) 같은 눈이 나오지 않을 경우

(2) 두 주사위의 눈만 동일한 경우

8.4 조건확률

어떤 실험을 행하였을 때, 그 결과에 관련된 부분적인 정보만이 주어졌거나 또는 원하는 확률을 좀더 쉽게 구하기 위하여 조건확률의 개념을 필요로 한다.

예제 8.13 주사위 두 개를 던지는 실험에서, 모든 가능한 경우가 발생할 확률이 동일하다고 가정한다. 우리가 원하는 것은 두 주사위의 합이 9 이하일 확률을 계산하는 것이다. 그런데 적어도 한 주사위의 눈이 5라는 부분적인 정보를 알게 되었을 때, 두 주사위의 합이 9 이하일 확률을 구해보자.

풀이•• 적어도 한 주사위의 눈이 5라는 사건 E는 다음과 같이 표현된다.

$$E=\{(5,\ 1),\ (5,\ 2),\ (5,\ 3),\ (5,\ 4),\ (5,\ 6),\ (1,\ 5),\\ (2,\ 5),\ (3,\ 5),\ (4,\ 5),\ (6,\ 5),\ (5,\ 5)\}$$

맨 처음의 각 결과가 발생할 확률은 모두 동일하므로, 사건 E 내의 어떤 결과가 발생할 확률도 모두 같게 된다. 따라서 사건 E 내의 어떤 결과가 나올 확률은 $\frac{1}{11}$이다. 이 중에서 합이 9 이하일 경우는 모두 8가지이므로, 구하려는 확률은 $\frac{8}{11}$이 된다. ■

문제 8.13 주사위 두 개를 던지는 실험에서, 적어도 한 주사위의 눈이 4라는 정보를 얻게 되었을 때, 두 주사위의 차가 2 이하일 확률을 구하여라.

여기에서 사건 E는 '적어도 한 주사위의 눈이 5라는 사상'을, 사건 F는 '두 주사위 눈의 합이 9 이하라는 사건'을 각각 나타낸다고 하면, 바로 위에서 구한 확률을 사상 E가 주어졌다는 조건에서 사상 F가 발생할 **조건확률**(conditional probability)이라 부르고, 다음과 같이 표기한다.

$$P(F/E)$$

만약 사건 E가 발생했다는 조건하에서 사건 F가 발생하기 위해서는, 실제적 발생점은 사건 E와 F 내에 위치해야 한다. 즉 사건 E가 발생했다는 조건은 E가 새로운 표본공간이 됨을 의미하며, 이 조건하에서의 사건 F의 발생은 사건 E와 F가 동시에 발생함을 의미하게 된다. 다음 정의를 살펴보자.

정의 8.3 조건확률

$$P(F/E) = \frac{P(E \cap F)}{P(E)} \quad (\text{단, } P(E) > 0\text{일 때})$$

예제 8.14 아기를 출산할 때 아들 또는 딸일 확률은 서로 같다고 가정한다. 만약 어느 가정의 자녀가 둘이고 다음 조건이 주어졌을 때,

(a) 나이 든 자녀가 딸일 경우

(b) 적어도 한 자녀는 딸일 경우

두 자녀 모두 딸일 확률을 각각 구하여라.

풀이•• 사건 G=두 자녀 모두 딸일 사건

사건 E_1=나이 든 자녀가 딸일 사건

사건 E_2=적어도 한 자녀가 딸일 사건

으로 놓으면 다음과 같이 구할 수 있다.

(a) $P(G/E_1) = \dfrac{P(G \cap E_1)}{P(E_1)} = \dfrac{\frac{1}{4}}{\frac{2}{4}} = \dfrac{1}{2}$

(b) $P(G/E_2) = \dfrac{P(G \cap E_2)}{P(E_2)} = \dfrac{\frac{1}{4}}{\frac{3}{4}} = \dfrac{1}{3}$ ■

문제 8.14 어떤 궁수가 활을 쏠 때 과녁에 명중할 확률은 0.5라고 가정한다. 만약 활을 두 번 쏘았고 다음 조건이 주어졌을 때,

(a) 두 번째 활이 명중했을 때

(b) 적어도 한 번은 빗나갔을 때

두 번 모두 과녁에 명중할 확률을 각각 구하여라.

정의 8.4 독립 사건

만약 다음 등식이 성립하면 두 사건 E와 F는 서로 독립(independent)이라고 정의한다.

$$P(F/E) = P(F)$$

정의 8.4를 정리하면 다음을 얻을 수 있다.

$$P(E \cap F) = P(E) \cdot P(F)$$

즉 사건 E와 F가 서로 독립이라는 것은, 사건 E가 발생하였다는 사실이 사건 F가 발생할 확률에 아무런 영향도 주지 못함을 의미한다.

두 사건 E와 F가 독립이 아니면 두 사건은 **종속사건**이라고 한다.

예제 8.15 52장의 카드에서 랜덤으로 한 장을 뽑는다. 이때

사건 E=뽑힌 카드가 에이스일 사건
사건 F=뽑힌 카드가 스페이드일 사건

이라고 할 때, 사건 E와 F는 독립임을 보여라.

풀이•• $P(E) = \frac{4}{52} = \frac{1}{13}$

$P(F) = \frac{13}{52} = \frac{1}{4}$

$P(E \cap F) = \frac{1}{52}$

$\therefore P(E \cap F) = P(E) \cdot P(F)$

따라서 사건 E와 F는 서로 독립이다. ■

문제 8.15 1부터 10까지의 숫자가 적힌 10장의 카드에서 한 장을 꺼낸다. 이때

사건 A=홀수일 사건
사건 B=3의 배수일 사건

이라고 할 때, 사건 A와 B는 서로 독립인가?

8.4 연습문제

01 두 사건 A, B에 대하여

$$P(B|A)=0.3,\ P(A)=0.5,\ P(B)=0.4$$

일 때, $P(A|B)$를 구하여라.

02 두 사건 A, B에 대하여

$$P(A)=0.5,\quad P(B)=0.4$$

일 때, 다음을 구하여라.

(1) A, B가 독립일 때 $P(A\cap B)$

(2) A, B가 서로 배반일 때 $P(A\cap B)$

03 공정한 주사위 두 개를 동시에 던진다. 만약 두 사건 E, F를

E=두 주사위의 합이 7

F=처음 주사위 눈이 4

라 할 때, 두 사건 E와 F는 서로 독립인가?

8.5 확률분포

확률변수

실험을 행할 때 그 결과 자체보다는 결과의 함수에 관심이 있는 경우가 대부분이다. **확률변수**(random variable)란 표본공간 S상에서 정의된 실수값의 함수를 의미한다. 즉 표본공간의 임의의 한 원소에 대하여 단지 하나의 실수만을 대응시키는 관계이다. ($X(s)=x,\ s\in S$)

예를 들어 동전을 1회 던지는 실험에서 표본공간은 $S=\{H,\ T\}$이다. (단, H는 앞면을, T는 뒷면을 나타낸다.) 이때 다음 함수관계를 이용하여

$$X : \begin{cases} H \to 1 \\ T \to 0 \end{cases}$$

확률변수 X를 정의할 수 있다. 즉 확률변수 X는 $X(T)=1$, $X(H)=0$인 함수가 된다. X가 취하는 값은 실험의 결과에 따라 표현되므로, 확률변수라고 한다.

예제 8.16 균일한 동전 세 개를 동시에 던지는 실험을 한다. 이때 처음 동전이 앞면이면 $X=1$, 그렇지 않으면 $X=0$, Y를 동전 세 개 중 앞면의 수라고 하면, 이들은 확률변수인가?

풀이•• 균일한 동전 세 개를 동시에 던지면 다음과 같이 총 8종류의 결과가 발생한다.

$$\begin{aligned} S=\{&(H,\ H,\ H),\ (H,\ H,\ T),\ (H,\ T,\ H),\ (H,\ T,\ T), \\ &(T,\ H,\ H),\ (T,\ H,\ T),\ (T,\ T,\ H),\ (T,\ T,\ T)\} \end{aligned}$$

이때 X를 처음 4가지 경우에 1을, 나머지에는 0을 각각 배정하는 함수가 되고, Y도 각각의 결과에 $0\sim3$의 정수를 각각 부여하는 함수이므로, X, Y는 각각 확률변수이다. ■

문제 8.16 한 개의 주사위를 두 번 던질 때 나오는 눈의 수의 합을 X, 그 차를 Y라 할 때, 이들은 확률변수인가?

확률변수의 값은 실험의 결과에 의해 결정되므로 확률변수 각각의 값에 확률을 부여할 수 있다.

예제 8.17 위의 예에서 확률변수 X와 Y의 값에 대한 확률을 각각 구하여라.

풀이•• $P(X=1)=P\{(H,\ H,\ H),\ (H,\ H,\ T),\ (H,\ T,\ H),\ (H,\ T,\ T)\}=\dfrac{1}{2}$

$P(X=0)=P\{(T,\ H,\ H),\ (T,\ H,\ T),\ (T,\ T,\ H),\ (T,\ T,\ T)\}=\dfrac{1}{2}$

$P(X=3)=P\{(H,\ H,\ H)\}=\dfrac{1}{8}$

$P(Y=2)=P\{(H,\ H,\ T),\ (H,\ T,\ H),\ (T,\ H,\ H)\}=\dfrac{3}{8}$

$P(Y=1)=P\{(H,\ T,\ T),\ (T,\ H,\ T),\ (T,\ T,\ H)\}=\dfrac{3}{8}$

$P(Y=0)=P\{(T,\ T,\ T)\}=\dfrac{1}{8}$ ■

문제 8.17 위의 문제에서 확률변수 X와 Y의 값에 대한 확률을 각각 구하여라.

이산확률변수

확률변수의 값들이 유한하거나 셀 수 있는(countable) 경우를 이산형(discrete)이라 한다. 예를 들어 인종, 성별 또는 활을 n번 쏘았을 때 과녁에 맞춘 횟수 등은 모두 **이산확률변수**이다.

확률변수 X가 이산형일 때 X의 **확률분포**(probability distribution)란 X의 모든 가능한 값에 대한 확률의 분포를 의미한다. 즉 이산확률분포는 이산확률변수 X의 가능한 값 x들과 그에 대한 확률 $P(X=x)=f(x)$를 각각 나타낸다. 이때 $f(x)$를 이산확률변수 X의 **확률밀도함수**라고 한다.

예제 8.18 균일한 동전 두 개를 한꺼번에 던질 때, 확률변수 X는 앞면이 나오는 횟수이다. 이때 X에 대한 확률분포를 구하여라.

풀이•• $X=0,\ 1,\ 2$의 값을 가진다. 또

$$P(X=0)=P\{TT\}=\frac{1}{4},$$

$$P(X=1) = P\{HT \text{or } TH\} = P\{HT\} + P\{TH\} = \frac{1}{4} + \frac{1}{4} = \frac{1}{2},$$
$$P(X=2) = P\{HH\} = \frac{1}{4}$$

이므로, 확률분포를 표로 만들면, 다음과 같은 확률분포표를 얻는다.

X	$P(X=x)$
0	$\frac{1}{4}$
1	$\frac{1}{2}$
2	$\frac{1}{4}$
합	1

■

문제 8.18 균일한 주사위 두 개를 한꺼번에 던질 때, 확률변수 Y는 눈의 수가 1 또는 2가 나오는 횟수이다. 이때 Y에 대한 확률분포를 구하여라.

Y축에 $P(X=x_i)$의 값을, x축에 x_i의 값을 그려봄으로써 확률변수 X의 확률분포를 가늠할 수 있다.

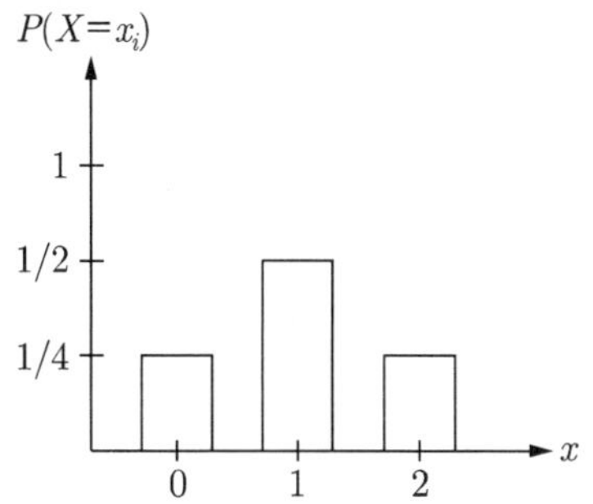

그림 8.3 확률분포

누적분포함수

확률변수 X의 값이 x일 때, 확률 $P(X \leq x)$ 또는 $P(X > x)$ 등을 구할 필요가 있다. 이 중에서 확률값 $P(X \leq x)$를 **누적분포함수**(cumulative distribution function) $F(x)$라고 정의

한다.

즉 이산확률변수 X의 확률밀도함수 $f(x)$에 대하여 누적분포함수 $F(x)$는 다음과 같다.

$$F(x) = P(X \leq x) = \sum_{a \leq x} f(a)$$

예제 8.19 위의 예에서 확률변수 X의 확률분포표는 다음과 같다. 이때 X의 누적분포함수를 구하여라.

X	$P(X=x)$
0	$\frac{1}{4}$
1	$\frac{1}{2}$
2	$\frac{1}{4}$

풀이•• X의 누적분포함수 $F(x)$는

$$F(0) = P(X \leq 0) = \frac{1}{4},$$
$$F\left(\frac{1}{2}\right) = P\left(X \leq \frac{1}{2}\right) = P(X \leq 0) = \frac{1}{4},$$
$$F(1) = P(X \leq 1) = P(X \leq 0) + P(X = 1) = \frac{3}{4},$$
$$F(2) = P(X \leq 2) = P(X \leq 0) + P(X = 1) + P(X = 1) = 1$$

이고, 그림으로 나타내면 다음과 같은 계단함수(step function)로 표현된다.

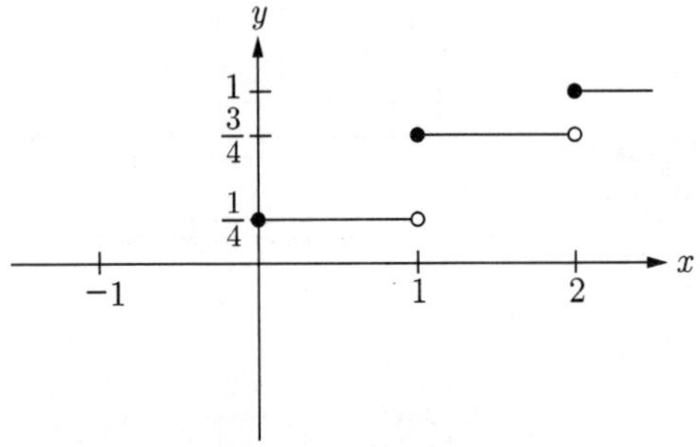

그림 8.4 누적분포함수

그림 8.4에서 누적분포함수 $F(x)$는 다음과 같은 성질이 있다.

(1) 증가함수이며, $0 \le F(x) \le 1$이다.

(2) 계단함수이다.

(3) 오른쪽에서 연속인 함수이다. ■

문제 8.19 위의 문제에서 확률변수 Y의 확률분포표는 다음과 같다. 이때 Y의 누적분포함수를 구하여라.

Y	$P(Y=y)$
0	$\frac{4}{9}$
1	$\frac{4}{9}$
2	$\frac{1}{9}$

기댓값

자료의 성질을 파악하기 위하여 그 중심위치와 퍼짐정도를 규명해야 한다. 이중 중심위치를 위한 기댓값(expectation 또는 expected value) 계산은 확률론에서 매우 중요한 개념 중의 하나이다. 이산확률변수 X의 확률밀도함수 $f(x)$가 주어졌을 때, X의 **기댓값** $E(X)$를 다음과 같이 정의한다.

$$E(X) = \sum_i x_i \cdot f(x_i)$$

다시 말하면 확률변수 X의 기댓값이란 X의 가능한 값들의 가중평균이라 할 수 있다.

예제 8.20 위의 예에서 확률변수 X의 기댓값을 구하여라.

풀이•• X의 기댓값 $E(X)$는 다음과 같다.

$$\begin{aligned} E(X) &= \sum_i x_i \cdot f(x_i) \\ &= \left(0 \times \frac{1}{4}\right) + \left(1 \times \frac{1}{2}\right) + \left(2 \times \frac{1}{4}\right) \\ &= 1 \end{aligned}$$

■

문제 8.20 위의 문제에서 확률변수 Y의 기댓값을 구하여라.

확률변수 X의 함수 $g(X)$의 기댓값

예제 8.21 확률변수 X의 확률분포는 다음과 같다.

X	$P(X=x)$
-1	$\frac{1}{3}$
0	$\frac{1}{3}$
1	$\frac{1}{3}$

이때 확률변수 X의 함수인 확률변수 $Y=g(X)=X^2$에 대하여

(1) Y의 확률분포를 구하고, 그 기댓값을 구하여라.

(2) $\sum_{i=1}^{3} x_i^2 f(x_i)$를 계산하여 그 값을 (1)에서의 값과 비교하여라.

풀이•• (1) Y의 확률분포는 다음과 같다.

$Y=X^2$	$P(Y=y)$
1	$\frac{2}{3}$
0	$\frac{1}{3}$

따라서 그 기댓값은

$$E(Y)=\left(1\times\frac{2}{3}\right)+\left(0\times\frac{1}{3}\right)=\frac{2}{3}.$$

(2) $\sum_{i=3}^{3} x_i^2 f(x_i)=(-1)^2\left(\frac{1}{3}\right)+(0)^2\left(\frac{1}{3}\right)+(1)^2\left(\frac{1}{3}\right)=\frac{2}{3}$

따라서 (1), (2)에서 각각 구한 기댓값은 서로 동일하다. ■

문제 8.21 확률변수 X의 확률분포는 다음과 같다.

X	$P(X=x)$
-1	$\frac{1}{3}$
0	$\frac{1}{3}$
1	$\frac{1}{3}$

이때 확률변수 X의 함수인 $Y=g(X)=|X|$에 대하여

(1) Y의 확률분포와 그 기댓값을 구하여라.

(2) $\sum_{i=1}^{3}|x_i|P(X=x_i)$를 계산하여 그 값을 (1)에서의 값과 비교하여라.

정리 8.5

이산확률변수 X는 $x_i(i=1,\ 2,\ \cdots,\ n,\ \cdots)$의 값을 가지고, 확률밀도함수가 $f(x)$라면, X의 함수 $g(X)$의 기댓값 $E\{g(X)\}$는 다음과 같다.

$$E\{g(X)\}=\sum_{i=1}g(x_i)f(x_i)$$

증명•• 같은 값을 가지는 $g(x_i)$를 묶어서 다음 식을 얻는다.

$$\begin{aligned}\sum_{i=1}g(x_i)\cdot f(x_i) &= \sum_{j}\cdot\sum_{i:g(x_i)=y_j}g(x_i)f(x_i)\\ &= \sum_{j}y_j\cdot\sum_{i:g(x_i)=y_j}g(x_i)\\ &= \sum_{j}y_j\cdot P\{g(X)=y_j\}\\ &= E\{g(X)\}\end{aligned}$$

■

따름정리 8.6

만약 a, b가 상수라면,

$$E(aX+b)=aE(X)+b.$$

증명••

$$\begin{aligned} E(aX+b) &= \sum_i (ax_i+b)f(x_i) \\ &= a\sum_i x_i f(x_i) + b\sum_i f(x_i) \\ &= aE(X)+b \end{aligned}$$

■

분산

확률변수 X와 확률밀도함수 $f(x)$가 주어졌을 때, X의 성질을 규명하기 위한 측도로 중심경향과 퍼짐정도를 규명해야 함을 언급한 바 있다. 중심경향을 나타내는 기댓값 $E(X)$는 X의 가능한 값들의 가중평균이지만, 이 값들의 산포 또는 퍼짐정도에 관하여는 아무런 정보도 제공해주지 못한다. 따라서 X의 값들이 평균 $E(X)$를 중심으로 얼마나 많이 산포되어 있는가의 측도로 $E\{|X-\mu|\}$를 고려해볼 수 있다. 여기에서 $\mu=E(X)$이다. 그렇지만 이런 값들을 수학적으로 다루기 어려운 부분이 있어 X와 그 평균 간의 차이를 제곱한 양의 기댓값을 구하며, 산포 또는 퍼짐정도를 나타내볼 수 있다.

정의 8.5 분산

확률변수 X의 기댓값을 μ라 하면, X의 **분산**(variance) σ^2 또는 $V(X)$를 다음과 같이 정의한다.

$$\sigma^2 = V(X) = E\left[(X-\mu)^2\right]$$

이산확률변수 X의 분산 $V(X)$를 조금 더 정리해보자.

$$\begin{aligned} V(X) &= E\left[(X-\mu)^2\right] \\ &= \sum_i (x_i-\mu)^2 f(x_i) \\ &= \sum_i (x_i^2 - 2x_i\mu + \mu^2) f(x_i) \\ &= \sum_i x_i^2 f(x_i) - 2\mu\sum_i x_i f(x_i) + \mu^2 \sum_i f(x_i) \\ &= E(X^2) - 2\mu^2 + \mu^2 \\ &= E(X^2) - \mu^2 \end{aligned}$$

즉

$$V(X) = E(X^2) - [E(X)]^2$$

이다. 다시 말하면 확률변수 X의 분산은 X^2의 기댓값에서 X의 기댓값의 제곱을 빼주면 된다.

예제 8.22 균일한 동전 두 개를 동시에 던질 때, X는 앞면이 나오는 횟수이다. 이때 X의 분산을 구하여라.

풀이•• X의 확률분포표는 다음과 같다.

X	$P(X=x)$
1	$\frac{1}{4}$
0	$\frac{1}{2}$
2	$\frac{1}{4}$

따라서

$$E(X^2) = \left(0^2 \times \frac{1}{4}\right) + \left(1^2 \times \frac{1}{2}\right) + \left(2^2 \times \frac{1}{4}\right) = \frac{3}{2},$$
$$E(X) = \left(0 \times \frac{1}{4}\right) + \left(1 \times \frac{1}{2}\right) + \left(2 \times \frac{1}{4}\right) = 1$$

이므로, 분산 $V(X)$는 다음과 같다.

$$V(X) = E(X^2) - [E(X)]^2 = \frac{1}{2}$$ ■

문제 8.22 균일한 주사위 두 개를 동시에 던질 때, Y는 1이 나오는 횟수이다. 이때 Y의 분산을 구하여라.

분산 $V(X)$의 양의 제곱근을 확률변수 X의 **표준편차**(standard deviation) σ 또는 $sd(X)$라고 정의한다.

분산에 관한 유용한 공식으로 다음 식을 살펴보자.

정리 8.7

임의의 상수 a, b에 대하여

$$V(aX+b) = a^2 V(X).$$

증명•• X의 기댓값을 μ라고 하면,

$$E(aX+b) = a\mu + b$$

이다. 따라서 다음 식을 얻는다.

$$\begin{aligned} V(aX+b) &= E[(aX+b)-(a\mu+b)]^2 \\ &= E[(aX-a\mu)^2] \\ &= a^2 E[(X-\mu)^2] \\ &= a^2 V(X) \end{aligned}$$

■

이산균일분포

확률밀도함수가 표본공간상의 모든 점에서 동일한 값을 가질 때, 그 분포는 **균일**(uniform)하다고 정의한다.

예제 8.23 공정한 주사위를 한 번 던지는 실험을 한다. X를 주사위가 나타내는 눈의 수라 할 때, X의 표본공간과 확률밀도함수를 구하여라. 이때 이 함수는 이산균일분포를 하는가?

풀이•• 표본공간 $S = \{1, 2, 3, 4, 5, 6\}$

확률밀도함수 $f(x) = \frac{1}{6}$, $x = 1, 2, \cdots, 6$

따라서 이산균일분포를 한다. ■

문제 8.23 균일한 동전을 한 번 던져 Y를 앞면의 수라 할 때, Y의 표본공간과 확률밀도함수를 구하여라. 이때 이 함수는 이산균일분포 함수인가?

위의 예를 일반화하여 확률변수 X가 처음 m개의 자연수상에서 이산균일분포를 한다면,

그 확률밀도함수는 다음과 같다.

$$f(x)=\frac{1}{m},\ x=1,\ 2,\ \cdots,\ m$$

정리 8.8

확률변수 x가 이산균일분포를 할 때 확률밀도함수는 다음과 같다.

$$f(\lambda)=\frac{1}{m},\ x=1,\ 2,\ \cdots,\ m$$

정리 8.9

확률변수 X의 기댓값과 분산은 다음과 같다.

$$\mu=E(X)=\frac{m+1}{2}$$
$$\sigma^2=V(X)=\frac{m^2-1}{12}$$

증명••

$$\begin{aligned}E(X)&=\sum x_i f(x_i)=1\cdot\frac{1}{m}+\cdots+m\cdot\frac{1}{m}\\&=\frac{1}{m}(1+2+\cdots+m)=\frac{1}{m}\left\{\frac{m(m+1)}{2}\right\}=\frac{m+1}{2}\end{aligned}$$

$$\begin{aligned}E(X^2)&=\sum x_i^2 f(x_i)=1^2\cdot\frac{1}{m}+\cdots+m^2\cdot\frac{1}{m}\\&=\frac{1}{m}(1^2+2^2+\cdots+m^2)=\frac{1}{m}\left\{\frac{m(m+1)(2m+1)}{6}\right\}\\&=\frac{(m+1)(2m+1)}{6}\end{aligned}$$

따라서 분산은 다음과 같다.

$$\begin{aligned}V(X)&=E(X^2)-[E(X)]^2\\&=\frac{(m+1)(2m+1)}{6}-\left\{\frac{(m+1)}{2}\right\}^2\\&=\frac{m^2-1}{12}\end{aligned}$$

■

예제 8.24 위의 예에서 확률변수 X의 기댓값과 분산을 각각 구하여라.

풀이•• $\mu = E(X) = \dfrac{6+1}{2} = \dfrac{7}{2}$

$\sigma^2 = V(X) = \dfrac{6^2-1}{12} = \dfrac{35}{12}$ ■

문제 8.24 위의 문제에서 확률변수 Y의 기댓값과 분산을 각각 구하여라.

베르누이 시행과 이항분포

결과가 단지 두 가지인 시행(trial) 또는 실험을 행한다고 하자. 이때 결과는 성공 또는 실패(여성 또는 남성, 삶 또는 죽음 등)로 표기되며, 서로 배반이 된다. 가령 결과가 성공인 경우 $X=1$, 실패일 때 $X=0$으로 표기한다면, X의 확률밀도함수는 다음과 같다.

$$f(0) = P\{X=0\} = 1-p \qquad (8.1)$$
$$f(1) = P\{X=1\} = p$$

여기에서 p는 시행 시 성공할 확률을 나타내며, $0 \le p \le 1$이다. 위의 실험을 성공확률 p인 **베르누이 시행**(Bernoulli trial)이라고 부른다.

식 (8.1)을 다시 표현하면,

$$f(x) = p^x(1-p)^{1-x}, \quad x = 0,\ 1$$

이며, 이때 X는 **베르누이 분포**를 한다 하고 $X \sim B(1,\ p)$로 표기한다.

정리 8.10

확률변수 X가 베르누이 분포

$$X \sim B(1,\ p)$$

를 할 때, 다음이 성립한다.

$$E(X) = p$$
$$V(X) = p(1-p) = pq \ \ (\text{단, } q = 1-p\text{이다.})$$

증명•• 확률분포표를 구하면

X	$P(X=x)$
0	$1-p$
1	p

이고, 따라서 확률변수 X의 기댓값과 분산은 다음과 같다.

$$E(X) = 0 \cdot (1-p) + 1 \cdot p = p$$
$$V(X) = E(X^2) - [E(X)]^2$$
$$= 0^2 \cdot (1-p) + (1^2 \cdot p) - p^2 = p(1-p)$$ ■

성공할 확률이 p, 실패할 확률이 $1-p$인 베르누이 시행을 독립적으로 n번 시행한다고 가정한다. 만약 확률변수 X를 n번 시행 중 발생한 성공 횟수라 하면, 확률변수 X는 모수 (n, p)인 **이항분포**(binomial distribution)를 한다고 정의한다. 특히 $n=1$인 이항확률변수는 베르누이 분포를 함을 알 수 있다. 모수 (n, p)인 이항확률변수의 확률밀도함수는 다음과 같다.

$$P(X=x) = f(x) = \binom{n}{x} p^x (1-p)^{n-x}, \quad i = 0,\ 1,\ \cdots,\ n \tag{8.2}$$

n번의 시행 중 성공이 x번, 실패가 $n-x$번일 경우의 수는 $\binom{n}{x}$이므로, 식 (8.2)가 성립한다.

예제 8.25 어떤 궁수가 활을 쏠 때, 과녁에 맞출 확률은 $p=0.8$이다. 총 열 번을 쏘았을 때, 7번만 과녁에 맞출 확률은 얼마인가? (열 번의 시행은 독립이라고 가정한다.)

풀이•• $n=10$ 중 $x=7$일 확률은 다음과 같다.

$$P(X=7) = \binom{10}{7} p^7 (1-p)^3 = \binom{10}{7} (0.8)^7 (0.2)^3 = 0.201$$ ■

문제 8.25 어느 농구선수의 자유투 성공률은 0.6이다. 총 열 번을 던졌을 때, 5번만 성공할 확률을 구하여라. (매번 던지는 시행은 독립이라고 가정한다.)

정리 8.11

만약 $X \sim B(n, p)$이면, 평균과 분산은 다음과 같다.

$$E(X) = np$$
$$V(X) = np(1-p)$$

증명•• 베르누이 시행에서 기댓값과 분산은 각각 p와 $p(1-p)$이다. 이항실험은 서로 독립인 n개의 베르누이 시행의 합이므로

$$E(X) = np$$
$$V(X) = np(1-p)$$

이다. ■

예제 8.26 위의 예에서 총 열 번을 쏘았을 때 과녁에 맞춘 횟수를 X라 하면, 그 기댓값과 분산을 구하여라.

풀이••

$$X \sim B(n = 10,\ p = 0.8)$$

따라서 그 기댓값과 분산은

$$E(X) = np = 10 \times 0.8 = 8$$
$$V(X) = np(1-p) = 10 \times 0.8 \times 0.2 = 1.6$$

이다. ■

문제 8.26 위의 문제에서 총 열 번을 던졌을 때 성공할 횟수를 Y라 할 때, 그 기댓값과 분산을 각각 구하여라.

정리 8.12

만약 $X \sim B(n, p)$, $0 \le p < 1$이면, $P\{X = k\}$는

(1) k값에 따라 단조 증가하다 다시 단조 감소한다.

(2) $k \le (n+1)p$를 만족하는 제일 큰 자연수에서 최댓값을 가진다.

증명•• 다음 비의 값이 k에 따라 1보다 작은지의 여부를 구한다.

$$\frac{P\{X=k\}}{P\{X=k-1\}} = \frac{{}_nC_k p^k (1-p)^{n-k}}{{}_nC_{k-1} p^{k-1} (1-p)^{n-k+1}} = \frac{(n-k+x)p}{k(1-p)}$$

따라서

$$P\{X=k\} \geq P\{X=k-1\} \; iff \; (n-k+1)p \geq k(1-p) \; iff \; k \leq (n+1)p$$

이므로 증명된다. ■

연속형 확률변수

앞에서 정의한 이산형 확률변수의 가능한 값들은 유한하거나 셀 수 있는 경우였지만, 확률변수의 가능한 값들이 실수상의 어떤 구간 또는 구간들에 포함되는 경우가 종종 있다. 예를 들어 어떤 호수의 수심이나 어느 병원에 입원 중인 환자들의 수축기 혈압 등을 들 수 있다. 이와 같이 확률변수 X가 어떤 구간에 속하는 모든 실수값을 가질 때, X를 **연속형 확률변수**라고 한다.

연속형 확률변수 X의 **확률밀도함수**(probability density function) $f(x)$는 다음 조건을 만족하는 적분가능한 함수이다.

(1) $f(x) \geq 0$

(2) $\int_{-\infty}^{\infty} f(x)dx = 1$

(3) 임의의 실수 a, b에 대하여

$$P(a \leq X \leq b) = \int_a^b f(x)dx.$$

예제 8.27 연속형 확률변수 X의 확률밀도함수 $f(x)$가 주어졌을 때 다음 질문에 답하여라.

$$f(x) = \begin{cases} c(4x-2x^2), & 0 < x < 2 \\ 0, & \text{그 밖의 영역} \end{cases}$$

(1) c의 값을 구하여라.

(2) $P(X \leq 1)$를 구하여라.

풀이•• (1) 확률밀도함수 f의 적분값이 1이어야 하므로

$$\int_0^2 c(4x-2x^2)dx = 1 \Rightarrow c\left[2x^2 - \frac{2}{3}x^3\right]_0^2 = 1$$
$$\therefore\ c = \frac{3}{8}$$

(2) $$P(X \le 1) = \int_0^1 f(x)dx = \frac{3}{8}\int_0^1 (4x-2x^2)dx = \frac{3}{8}\left[2x^2 - \frac{2}{3}x^3\right]_0^1 = \frac{1}{2}$$

■

문제 8.27 연속형 확률변수 X의 확률밀도함수 $f(x)$가 주어졌을 때 다음 질문에 답하여라.

$$f(x) = \begin{cases} ax^2, & -1 < x < 1 \\ 0, & \text{그 밖의 영역} \end{cases}$$

(1) a의 값을 구하여라.
(2) $P\left(-1 \le X \le \frac{1}{2}\right)$를 구하여라.

연속형 확률변수의 누적분포함수(cumulative distribution function) $F(x)$를 다음과 같이 정의한다.

$$F(x) = P(X \le x) = \int_{-\infty}^{x} f(t)dt$$

예제 8.28 X의 확률밀도함수가 다음과 같을 때,

$$f(x) = \begin{cases} \frac{3}{8}(4x-2x^2), & 0 < x < 2 \\ 0, & \text{그 밖의 영역} \end{cases}$$

누적분포함수 $F(x)$를 구하고, 그 그림을 그려라.

풀이•• (1) $0 < x < 2$일 때

$$\begin{aligned} F(x) &= \int_{-\infty}^{x} \frac{3}{8}(4t-2t^2)dt \\ &= \int_{0}^{x} \frac{3}{8}(4t-2t^2)dt \\ &= \frac{3}{8}\left(2x^2 - \frac{2}{3}x^3\right) \\ &= \frac{6}{8}\left(x^2 - \frac{x^3}{3}\right) \end{aligned}$$

(2) $x < 0$일 때

$$F(x) = 0$$

(3) $x > 2$일 때

$$F(x) = 1$$

■

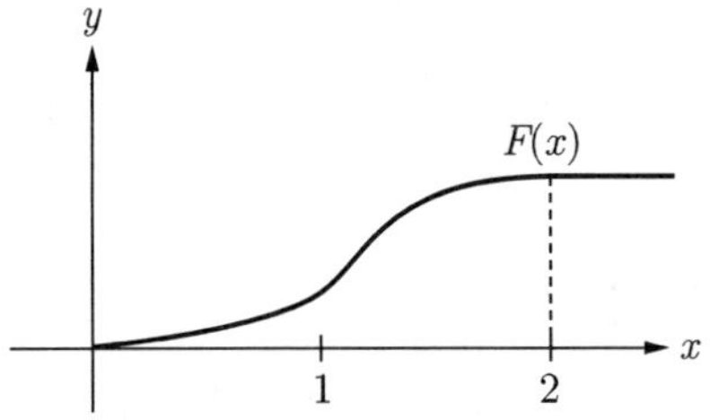

그림 8.5 누적분포함수 $F(x)$

문제 8.28 X의 확률밀도함수가 다음과 같을 때,

$$f(x) = \begin{cases} \frac{3}{2}x^2, & -1 < x < 1 \\ 0, & \text{그 밖의 영역} \end{cases}$$

누적분포함수 $F(x)$를 구하고, 그 그림을 그려라.

예제 8.29 Y의 확률밀도함수가 다음과 같을 때,

$$g(y) = \begin{cases} 2y, & 0 < y < 1 \\ 0, & \text{그 밖의 영역} \end{cases}$$

누적분포함수 $G(y)$를 구하고, 그 그래프를 그려라.

풀이•• (1) $y<0$일 때

$$G(y)=0$$

(2) $0<y<1$일 때

$$G(y)=\int_0^y 2t\,dt=y^2$$

(3) $y>2$일 때

$$G(y)=1$$

■

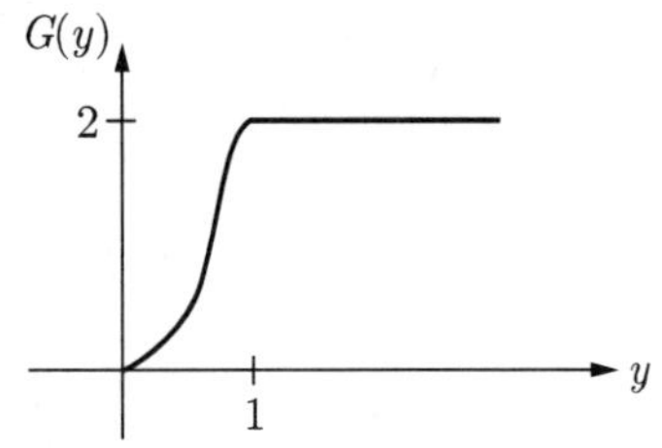

그림 8.6 누적분포함수 $G(y)$

문제 8.29 Y의 확률밀도함수가 다음과 같을 때,

$$g(y)=\begin{cases}\dfrac{1}{e-1}e^y, & 0<y<1\\ 0, & \text{그 밖의 영역}\end{cases}$$

누적분포함수 $G(y)$를 구하고, 그 그래프를 그려라.

미적분학의 기본정리(the fundamental theorem of calculus)에 의하여 누적분포함수 $F(x)$와 확률밀도함수 $f(x)$의 관계는 다음과 같다.

만약 $F(x)$가 x에서 미분가능하면,

$$F'(x)=f(x)$$

이다.

예제 8.30 위의 예에서 $G'(y)=g(y)$임을 보여라.

풀이•• (1) $y<0$일 때

$$G'(y) = 0 = g(y)$$

(2) $0 < y < 1$일 때

$$G'(y) = 2y = g(y)$$

(3) $y > 2$일 때

$$G'(y) = 0 = g(y)$$ ■

문제 8.30 위의 문제에서 $G'(y) = g(y)$임을 보여라.

그렇지만 누적분포함수 G는 1에서 미분가능하지 않음에 유의하여라. 따라서 $G'(1)$이 존재하지 않는다.

연속형 확률변수의 기댓값과 분산

연속형 확률변수의 기댓값은 이산형 확률변수의 기댓값 계산에서 $\sum$(합기호)를 $\int$(적분기호)로 바꿔주면 된다. X를 연속형 확률변수, $f(x)$를 확률밀도함수라 하면, 매우 작은 양수 $\Delta x > 0$에 대해

$$\begin{aligned} \sum x_i f(x_i) &= \sum x_i P(X = x_i) \\ &\cong \sum x_i f(x_i) \Delta x \\ &\cong \int x f(x) dx \end{aligned}$$

이므로,

1. X의 기댓값 $E(X)$는

$$E(X) = \mu = \int_{-\infty}^{\infty} x f(x) dx.$$

2. X의 분산 $V(X)$는

$$\sigma^2 = V(X) = E[(X-\mu)^2] = \int_{-\infty}^{\infty} (x-\mu)^2 f(x) dx.$$

3. X의 표준편차 σ는

$$\sigma = \sqrt{V(X)}.$$

예제 8.31 Y의 확률밀도함수 $g(y)$가 다음과 같을 때,

$$g(y) = \begin{cases} 2y, & 0 < y < 1 \\ 0, & \text{그 밖의 영역} \end{cases}$$

Y의 기댓값 $E(Y)$와 분산 $V(Y)$를 각각 구하여라.

풀이•• 기댓값 $E(Y)$와 분산 $V(Y)$는 다음과 같다.

$$\begin{aligned} E(Y) &= \int y\, g(y) dy = \int_0^1 y \cdot 2y\, dy \\ &= \left[\frac{2}{3}y^3\right]_0^1 = \frac{2}{3} \\ V(Y) &= E(Y^2) - [E(Y)]^2 \\ &= \int_0^1 y^2 \cdot 2y\, dy - \left(\frac{2}{3}\right)^2 \\ &= \left[2 \cdot \frac{y^4}{4}\right]_0^1 - \left(\frac{2}{3}\right)^2 \\ &= \frac{1}{18} \end{aligned}$$

■

문제 8.31 X의 확률밀도함수 $f(x)$가 다음과 같을 때,

$$f(x) = \begin{cases} \frac{3}{2}x^2, & -1 < x < 1 \\ 0, & \text{그 밖의 영역} \end{cases}$$

X의 기댓값 $E(X)$와 분산 $V(X)$를 각각 구하여라.

연속형 분포로 균일분포(uniform distribution), 지수분포(exponential distribution), 감마분포(gamma distribution), χ^2분포(chi-square distribution), 정규분포(normal distribution) 등이 있지만, 여기에서는 균일분포, 지수분포, 그리고 정규분포에 대하여 다루기로 한다.

균일분포

연속형 확률변수 X의 확률밀도함수 f가 다음과 같을 때, 구간 $(0,\ 1)$에서 **균일분포**(uniformly distribution)를 한다고 정의한다.

$$f(x) = \begin{cases} 1, & 0 < x < 1 \\ 0, & \text{그 밖의 영역} \end{cases} \tag{8.3}$$

$\int_{-\infty}^{\infty} f(x)dx = 1$이므로, 식 (8.3)은 확률밀도함수가 된다.

임의의 $0 < a < b < 1$에 대하여

$$P(a \le X \le b) = \int_{a}^{b} f(x)dx = b - a$$

이므로, 확률변수 X가 구간 $(0,\ 1)$ 내의 소구간에 위치할 확률은 그 소구간의 길이가 된다.

일반적으로 X의 확률밀도함수가

$$f(x) = \begin{cases} \dfrac{1}{\beta - \alpha}, & \alpha < x < \beta \\ 0, & \text{그 밖의 영역} \end{cases} \tag{8.4}$$

일 때, X는 구간 $(\alpha,\ \beta)$에서 균일분포를 한다고 정의한다. $F(x) = \int_{-\infty}^{x} f(t)dt$를 이용하여 균일확률변수의 누적분포함수 $F(x)$를 구하면

$$F(x) = \begin{cases} 0, & x \le \alpha \\ \dfrac{x - \alpha}{\beta - \alpha}, & \alpha < x < \beta \\ 1, & x \ge \beta \end{cases}$$

이다. 그림 8.7은 $f(x)$와 $F(x)$의 그래프이다.

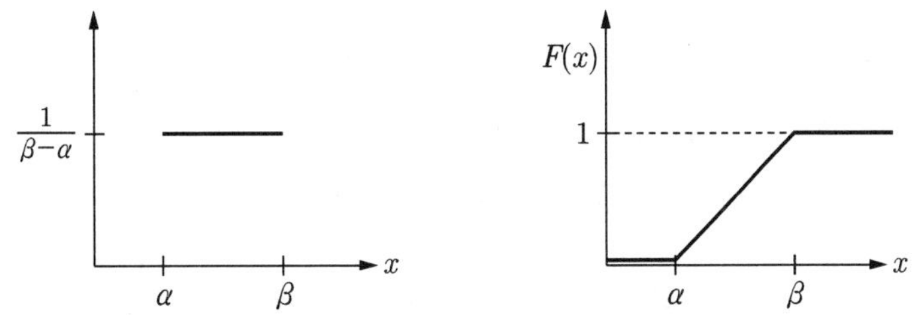

(a) 균일확률변수 $f(x)$의 그래프 (b) $F(x)$의 그래프

그림 8.7

예제 8.32 X가 구간 $(\alpha,\ \beta)$에서 균일분포를 할 때,

(1) 기댓값 $E(X)$를 구하여라.

(2) 분산 $V(X)$를 구하여라.

풀이•• (1)

$$E(X) = \int_{-\infty}^{\infty} xf(x)dx = \int_{\alpha}^{\beta} x\frac{1}{\beta - \alpha}dx$$
$$= \frac{1}{\beta - \alpha}\left[\frac{1}{2}x^2\right]_{\alpha}^{\beta} = \frac{\beta + \alpha}{2}$$

즉 균일확률변수의 기댓값은 그 구간의 중앙값이 된다.

(2) 분산을 구하기 위하여 $E(X^2)$을 계산한다.

$$E(X^2) = \int_\alpha^\beta x^2 \frac{1}{\beta-\alpha} dx = \frac{1}{\beta-\alpha}\left[\frac{1}{3}x^3\right]_\alpha^\beta$$
$$= \frac{1}{3}(\beta^2 + \alpha\beta + \alpha^2)$$

따라서

$$V(X) = E(X^2) - [E(X)]^2 = \frac{1}{3}(\beta^2 + \alpha\beta + \alpha^2) - \left(\frac{\beta+\alpha}{2}\right)^2$$
$$= \frac{1}{12}(\beta-\alpha)^2$$

이다. 분산은 그 구간의 길이 제곱에 비례한다. ■

문제 8.32 X가 구간 $(-1, 1)$에서 균일분포를 할 때,

(1) 기댓값 $E(X)$를 구하여라.

(2) 분산 $V(X)$를 구하여라.

예제 8.33 X가 구간 $(-1, 1)$에서 균일분포를 할 때,

(1) $P\left\{|X| > \frac{1}{2}\right\}$를 계산하여라.

(2) 확률변수 $|X|$의 확률밀도함수를 구하여라.

풀이•• X가 구간 $(-1, 1)$에서 균일분포를 하면 그 확률밀도함수 $f(x)$는 다음과 같다.

$$f(x) = \begin{cases} \frac{1}{2}, & -1 < x < 1 \\ 0, & \text{그 밖의 영역} \end{cases}$$

(1) $P\left\{|X| > \frac{1}{2}\right\} = P\left\{X > \frac{1}{2} \text{ 또는 } X < \frac{1}{2}\right\} = \int_{\frac{1}{2}}^1 \frac{1}{2}dx + \int_{-1}^{-\frac{1}{2}} \frac{1}{2}dx$
$= \frac{1}{2}$

(2) 확률변수 $|X|$의 누적분포함수 $F_{|x|}(a)$를 구하면, $0 < a < 1$에 대해

$$F_{|x|}(a) = P(|X| \le a) = P(-a \le X \le a) = \int_{-a}^a \frac{1}{2}dx = \frac{1}{2}[x]_{-a}^a$$
$$= a.$$

따라서 위의 식을 미분하면 $|X|$의 확률밀도함수 g를 얻는다.

$$g(y) = \begin{cases} 1, & 0 < x < 1 \\ 0, & \text{그 밖의 영역} \end{cases}$$

■

문제 8.33 Y가 구간 $(0, 2)$에서 균일분포를 할 때,

(1) $P\{|Y| > 1\}$를 구하여라.

(2) 확률변수 $|Y|$의 확률밀도함수를 구하여라.

지수분포

연속형 확률변수의 확률밀도함수가 $\lambda > 0$에 대해

$$f(x) = \begin{cases} \lambda e^{-\lambda x}, & x \ge 0 \\ 0, & \text{그 밖의 영역} \end{cases}$$

일 때, X는 모수 λ인 **지수분포**(exponential distribution)를 한다고 정의한다. $f(x)$를 적분함으로써 X의 누적분포함수 F를 구한다.

$$\begin{aligned} F(a) &= P\{X \le a\} = \int_0^a \lambda e^{-\lambda x}\,dx \\ &= \left[-e^{-\lambda x}\right]_0^a = 1 - e^{-\lambda a} \quad (a \ge 0) \end{aligned}$$

예제 8.34 어느 기계를 수리하는 데 걸리는 시간은 모수 $\lambda = \frac{1}{2}$인 지수분포를 한다. 이때 수리시간이 2시간을 초과할 확률을 구하여라.

풀이•• X를 수리하는 데 걸리는 시간이라 하면, 확률밀도함수 $f(x)$는

$$f(x) = \begin{cases} \frac{1}{2}e^{-\frac{1}{2}x}, & x > 0 \\ 0, & \text{그 밖의 영역} \end{cases}$$

이다. 따라서 2시간을 초과할 확률은 다음과 같다.

$$\begin{aligned} P(X > 2) &= \int_2^\infty \frac{1}{2}e^{-\frac{1}{2}x}\,dx = -\left[e^{-\frac{1}{2}x}\right]_2^\infty \\ &= e^{-1} = 0.632 \end{aligned}$$

■

문제 8.34 사람의 수명 T는 모수 $\lambda = \frac{1}{80}$인 지수분포를 한다고 가정하자. 이때 어떤 사람이 80(년)을 넘어서 살 확률을 구하여라.

예제 8.35 X가 모수 λ인 지수분포를 할 때,

(1) 기댓값 $E(X)$를 구하여라.

(2) 분산 $V(X)$를 구하여라.

풀이•• 밀도함수 f는 다음과 같다.

$$f(x) = \begin{cases} \lambda e^{-\lambda x}, & x \geq 0 \\ 0, & \text{그 밖의 영역} \end{cases}$$

따라서 부분적분을 이용하여

(1)
$$E(X) = \int_0^\infty x\lambda e^{-\lambda x} dx = \left[-xe^{-\lambda x}\right]_0^\infty + \int_0^\infty e^{-\lambda x} dx$$
$$= \left[-\frac{e^{-\lambda x}}{\lambda}\right]_0^\infty = \frac{1}{\lambda} \quad (\lambda > 0).$$

(2) X의 분산을 구하기 위해 우선 $E(X^2)$을 부분적분을 이용하여 구한다.

$$E(X^2) = \int_0^\infty x^2 \lambda e^{-\lambda x} dx = \left[-x^2\lambda e^{-\lambda x}\right]_0^\infty + \int_0^\infty 2xe^{-\lambda x} dx$$
$$= 0 + \frac{2}{\lambda}E(X) = \frac{2}{\lambda^2} \quad (\lambda > 0)$$

따라서

$$V(X) = E(X^2) - [E(X)]^2 = \frac{2}{\lambda^2} - \left(\frac{1}{\lambda}\right)^2 = \frac{1}{\lambda^2}$$

이다. 즉 지수분포 확률변수의 기댓값은 모수 λ의 역수이고, 분산은 모수 λ의 제곱의 역수가 된다. ■

문제 8.35 위의 문제에서 수명 T의

(1) 기댓값 $E(T)$를 구하여라.

(2) 분산 $V(T)$를 구하여라.

X가 모수 λ인 지수분포를 할 때,

$$P(X > x) = 1 - F(X) = 1 - (1 - e^{-\lambda x}) = e^{-\lambda x}$$

이므로, 만약 X가 수명을 나타낸다면 $P(X > x) = S(x)$라고 정의하고, 시간 x를 넘어서 생존할 확률(생존확률)이라고 한다.

정규분포

연속형 확률변수 X의 확률밀도함수 f가 $\mu \in R$, $\sigma^2 > 0$에 대해

$$f(x : \mu, \sigma^2) = \frac{1}{\sqrt{2\pi}\,\sigma} e^{-\frac{(x-\mu)^2}{2\sigma^2}} \quad -\infty < x < \infty$$

일 때, X는 평균이 μ, 분산이 σ^2인 **정규분포**(the normal distribution)를 한다고 정의하고, $X \sim N(\mu, \sigma^2)$으로 표기한다. 여기에서 e는 대략 2.71828인 오일러의 수(Euler's number)이며, π는 약 3.14159인 원주율을 나타낸다.

확률밀도함수의 성질

(1) 범위가 실수인 종모양(bell-shaped)의 곡선이며, $x = \mu$에 대하여 대칭이다.

(2) 정규곡선 아래의 넓이는 항상 1이다.

(3) $x = \mu$에서 곡선의 최댓값을 가진다.

(4) 표준편차 σ는 곡선의 퍼짐정도를 나타낸다. (그림 8.8을 참조하여라.)

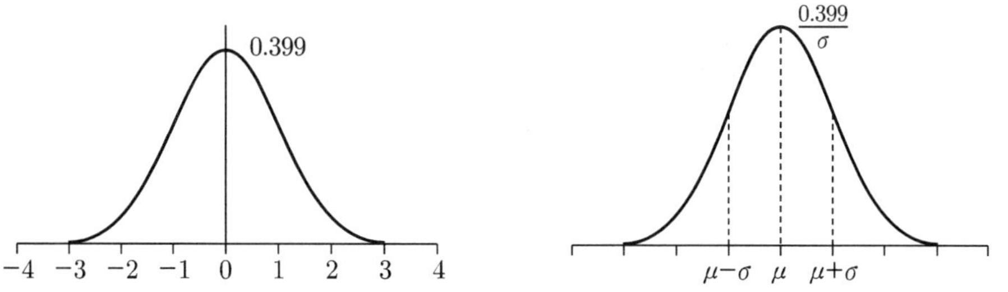

(a) $\mu = 0$, $\sigma = 1$ (b) μ, σ^2

그림 8.8 정규분포의 확률밀도함수 그래프

정규분포는 통계학에서 매우 중요한 역할을 하며, 주위의 많은 현상들은 적어도 근사적으로 정규분포를 따른다고 보아도 된다. 예를 들어 성인남자 또는 성인여자들의 신장 또는 체중은 정확히는 아니지만 정규분포에 매우 유사하다. 또 다양한 여러 종류의 수명시간도 근사적으로 정규분포를 한다.

정리 8.13

확률변수 X가 모수 μ, σ^2인 정규분포를 할 때 다음이 성립한다.

(1) $E(X) = \mu$

(2) $V(X) = \sigma^2$

증명

(1)
$$
\begin{aligned}
E(X) &= \int_{-\infty}^{\infty} \frac{1}{\sqrt{2\pi}\,\sigma} e^{-\frac{(x-\mu)^2}{2\sigma^2}} dx \\
&= \int_{-\infty}^{\infty} (\mu + y\sigma) \frac{1}{\sqrt{2\pi}} e^{-\frac{y^2}{2}} dy \quad \left(y = \frac{x-\mu}{\sigma}\right) \\
&= \mu \int_{-\infty}^{\infty} \frac{1}{\sqrt{2\pi}} e^{-\frac{y^2}{2}} dy + \sigma \int_{-\infty}^{\infty} y \cdot \frac{1}{\sqrt{2\pi}} e^{-\frac{y^2}{2}} dy \\
&= \mu
\end{aligned}
$$

왜냐하면 $\int_{-\infty}^{\infty} \frac{1}{\sqrt{2\pi}} e^{-\frac{y^2}{2}} dy = 1$이고, 둘째 적분항은 피적분함수가 $y = 0$에 대하여 기함수이므로 0이 되기 때문이다.

(2)
$$
\begin{aligned}
V(X) &= E(X-\mu)^2 \\
&= \frac{1}{\sqrt{2\pi}\,\sigma} \int_{-\infty}^{\infty} (x-\mu)^2 e^{-\frac{(x-\mu)^2}{2\sigma^2}} dx \\
&= \frac{1}{\sqrt{2\pi}} \int_{-\infty}^{\infty} \sigma^2 y^2 e^{-\frac{y^2}{2}} dy \quad \left(\because\ y = \frac{x-\mu}{\sigma}\right) \\
&= \frac{\sigma^2}{\sqrt{2\pi}} \left[\left| -ye^{-\frac{y^2}{2}} \right|_{-\infty}^{\infty} + \int_{-\infty}^{\infty} e^{-\frac{y^2}{2}} dy \right] \quad \text{(부분적분)} \\
&= \sigma^2
\end{aligned}
$$
■

중요한 사실로, 만약 X가 정규분포를 하면 X의 일차 변환인 $y = aX + b$도 정규분포를 한다. 다음 정리에서 자세히 언급한다.

정리 8.14

만약 $X \sim N(\mu, \sigma^2)$이면 X의 일차 변환인 $y = aX + b$의 분포는

$$y = aX + b \sim N(a\mu + b, a^2\sigma^2)$$

이다.

증명•• $a > 0$로 가정하면, 확률변수 Y의 누적분포함수 F_Y는

$$\begin{aligned} F_Y(y) &= P(Y \le y) \\ &= P(aX + b \le y) \\ &= P\left(X \le \frac{y-b}{a}\right) \\ &= F_X\left(\frac{y-b}{a}\right). \end{aligned}$$

y에 대하여 미분하면 Y의 확률밀도함수가 유도된다.

$$\begin{aligned} f_Y(y) &= \frac{1}{a} f_X\left(\frac{y-b}{a}\right) \\ &= \frac{1}{a} \frac{1}{\sqrt{2\pi}\,\sigma} e^{-\frac{\left(\frac{y-b}{a} - \mu\right)^2}{2\sigma^2}} \\ &= \frac{1}{\sqrt{2\pi}\,a\sigma} e^{-\frac{(y-b-a\mu)^2}{2a^2\sigma^2}} \sim N(a\mu + b, a^2\sigma^2) \end{aligned}$$

■

위의 정리를 이용하여 다음 사실을 유도한다.

만약 $X \sim N(\mu, \sigma^2)$이면

$$Z = \frac{X - \mu}{\sigma} \sim N(0, 1)$$

이다.

평균 $\mu = 0$이고, 분산 $\sigma^2 = 1$인 경우를 **표준정규분포**(standard normal distribution)를 한다고 정의하고, 이때의 확률변수 Z의 확률밀도함수 f는

$$f(z) = \frac{1}{\sqrt{2\pi}} e^{-\frac{z^2}{2}}, \quad z \in R$$

이며, Z의 누적분포함수 Φ는 다음과 같다.

$$\Phi(x)=\frac{1}{\sqrt{2\pi}}\int_{-\infty}^{x}e^{-\frac{z^2}{2}}dz$$

연속형 확률변수가 a와 b 사이의 값을 가질 확률은 a와 b 사이의 확률밀도함수 곡선 아래 넓이로 표현된다. 그림 8.9는 표준정규분포 곡선과 그 곡선 아래의 넓이를 보여준다.

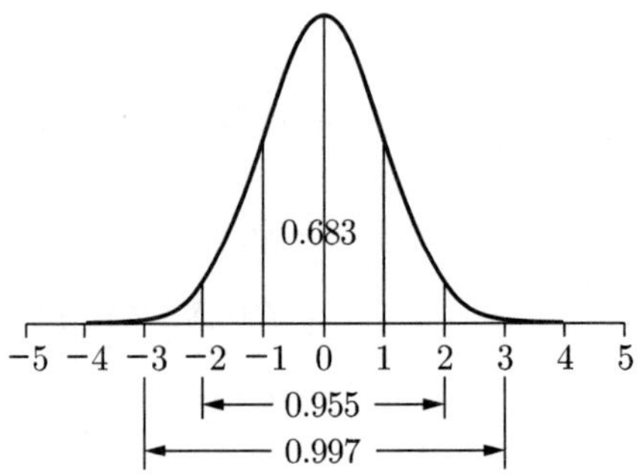

그림 8.9 표준정규분포의 넓이

예를 들어,

$$P(-1\le Z\le 1)=0.683,$$
$$P(-2\le Z\le 2)=0.955$$

이다. 표준정규분포 곡선 아래의 넓이를 구한 표가 부록에 주어졌다.

예제 8.36 $Z\sim N(0,\ 1)$일 때 다음을 구하여라.

(1) $P(-1\le Z\le 1)$

(2) $P(Z\ge 1.58)$

풀이•• (1)

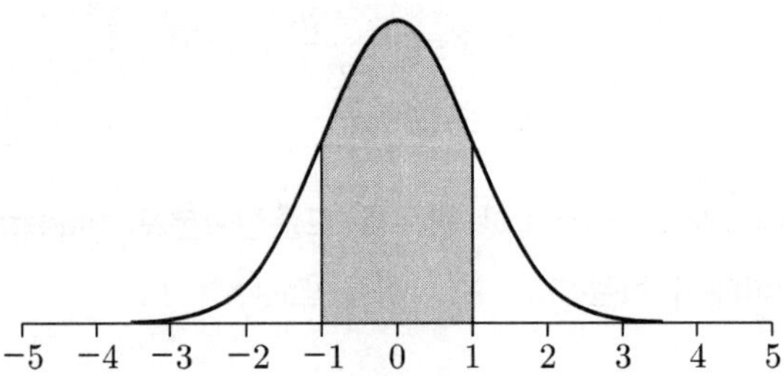

그림 8.10

$$P(-1 \le Z \le 1) = P(-1 \le Z \le 0) + P(0 \le Z \le 1)$$
$$= 2 \times P(0 \le Z \le 1) = 2(0.3413)$$
$$= 0.6826$$

(2)

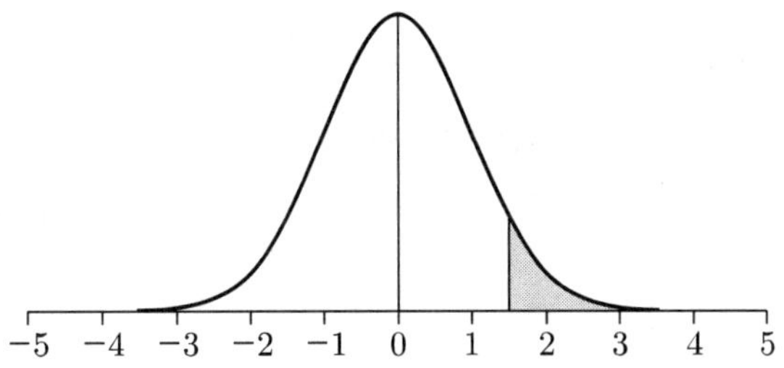

그림 8.11

$$P(Z \ge 1.58) = 0.5 - P(0 \le Z \le 1.58)$$
$$= 0.5 - 0.4429$$
$$= 0.0571$$

■

문제 8.36 $Z \sim N(0,\ 1)$일 때 다음을 구하여라.

(1) $P(-2 \le Z \le 2)$

(2) $P(Z \ge 1.96)$

예제 8.37 어느 모집단의 총 콜레스테롤 값은 평균 $\mu = 200$(mg/100me), 표준편차 $\sigma =$ 20(mg/100me)인 정규분포를 따를 때 다음 질문에 답하여라.

(1) $P(X \ge 240)$를 계산하여라.

(2) $P(X \ge x) = 0.10$을 만족하는 x를 구하여라.

풀이•• (1) $P(X \ge 240) = P\left(\dfrac{X-200}{20} \ge \dfrac{240-200}{20}\right)$
$$= P(Z \ge 2.0) = 0.5 - P(Z \le 2.0)$$
$$= 0.5 - 0.4772$$
$$= 0.0228$$

(2) $P(X \ge x) = 0.10$
$$\Leftrightarrow\ P\left(\frac{X-200}{20} \ge \frac{x-200}{20}\right) = 0.10$$

그런데 $P(Z \ge 1.28) = 0.1$이므로

$$\frac{x-200}{20}=1.28.$$
$$\therefore\ x=225.6$$ ■

문제 8.37 확률변수 $X \sim N(6,\ 5^2)$일 때,

(1) $P(|X-6| \geq 5)$를 구하여라.

(2) $P(|X-6| \geq x)=0.05$를 만족하는 x를 구하여라.

이항분포의 정규근사

확률론의 중요한 정리인 드모르간-라플라스 정리(De Morgan-Laplace theorem)는 다음과 같다.

정리 8.15 드모르간-라플라스 정리(De Morgan-Laplace theorem)

$X \sim B(n,\ p)$이고 n이 충분히 크면 근사적으로 X의 분포는 정규분포를 따르고

$$X \sim N(np,\ np(1-p))$$

이다.

이항분포의 근사확률을 구하기 위하여 두 가지 방법을 다루었다.

(1) n이 크고, p가 작을 때의 포아송근사

(2) $np(1-p)$가 큰 경우 정규근사(정규근사는 $np(1-p) \geq 10$일 때 잘 근사된다.)

예제 8.38 공정한 동전을 40번 던졌을 때, X를 앞면의 수라 한다. 이때 $X=20$일 확률을 구하고, 정규근삿값과 비교하여라.

풀이•• $X \sim B\left(40,\ \frac{1}{2}\right)$이므로, 기댓값과 분산은 다음과 같다.

$$E(X)=np=20,\ \ V(X)=npq=10$$

따라서 정확한 이항확률값은

$$P(X=20)={}_{40}C_{20}\left(\frac{1}{2}\right)^{20}\left(\frac{1}{2}\right)^{20} \cong 0.1254.$$

정규근사를 하기 위하여 연속성 수정(continuity correction)이 필요하다.

$$\begin{aligned} P(X=20) &= P(19.5 \le X \le 20.5) \ (\text{연속성 수정}) \\ &= P\left(\frac{19.5-20}{\sqrt{10}} \le \frac{X-20}{\sqrt{10}} \le \frac{20.5-20}{\sqrt{10}}\right) \\ &\cong P(-0.16 \le Z \le 0.16) = 2 \times P(0 \le Z \le 0.16) \\ &= 0.1272 \end{aligned}$$

■

문제 8.38 공정한 동전을 100번 던졌을 때, Y를 앞면의 수라 하자. 이때 $48 \le Y \le 50$일 확률을 구하고, 정규근삿값과 비교하여라.

8.5 연습문제

01 어떤 연구에 의하면 결혼생활 10년 이하인 부부들 중 약 40%가 맞벌이를 한다고 한다. 이 부부들 중 아홉 부부를 선택하였을 때, 이중 맞벌이 부부의 수에 관심이 있다. 이때 다음 확률을 구하여라.

(1) 다섯 부부 이하

(2) 일곱 부부 이상

02 확률변수 X의 분포함수가 아래와 같을 때 다음 질문에 답하여라.

$$F(x) = \begin{cases} 0, & x < 0 \\ \dfrac{1}{5}, & 0 \le x < 1 \\ \dfrac{1}{2}, & 1 \le x < 2 \\ \dfrac{4}{5}, & 2 \le x < 3 \\ \dfrac{9}{10}, & 3 \le x < 4 \\ 1, & x \ge 4 \end{cases}$$

(1) X의 확률밀도함수 $f(x)$를 구하여라.

(2) X의 평균과 분산을 구하여라.

03 망고가 10개 든 과일 상자에서 3개는 노란색이고 나머지는 자주색의 망고이다. 이 상자에서 2개의 망고를 꺼낼 때, 노란색 망고의 수의 기댓값과 분산을 각각 구하여라.

04 어느 저금통에 백 원짜리 동전 5개, 오백 원짜리 동전 4개가 있다. 저금통을 흔들어 2개의 동전을 한꺼번에 꺼내 X를 두 동전을 합한 금액이라 할 때, 다음 질문에 답하여라.

(1) 확률변수 X의 확률분포를 구하여라.

(2) 확률변수 X의 기댓값을 구하여라.

05 바둑알 상자에 검은 돌 5개와 흰 돌 5개가 있다. 이중 2개를 랜덤으로 골라, 만약 같은 색이면 20원을 받고, 다른 색이면 15원을 주어야 한다. (−15원을 받는다.) 이때 다음을 구하여라.

(1) 받게 되는 금액의 기댓값

(2) 받게 되는 금액의 분산

06 연속확률변수 X의 확률밀도함수가 다음과 같을 때, 물음에 답하라.

$$f(x)=\begin{cases} k(2x-x^2), & 0<x<2 \\ 0, & \text{그 밖의 영역} \end{cases}$$

(1) 상수 k의 값을 구하여라.

(2) $P\{X>1\}$를 계산하여라.

(3) 누적확률분포함수 $F(x)$를 구하여라.

(4) $E(X)$를 구하여라.

07 확률변수 X는 구간 $(0,\ 10)$에서 균등분포를 한다. 다음을 구하여라.

(1) $P\{X<3\}$ (2) $P\{3<X<5\}$

08 표준정규분포를 하는 확률변수 Z에 대해 다음을 구하여라.

(1) $P\{Z>0\}$

(2) $P\{-2 < Z < 2\}$

(3) 제30백분위수

09 확률변수 X는 평균 $\mu = 3$, 분산 $\sigma^2 = 9$인 정규분포를 할 때 다음을 구하여라.

(1) $P\{3 < X < 6\}$

(2) $P\{|X - 3| > 6\}$

(3) 제30백분위수

10 어느 학급의 중간고사 성적은 평균 75, 분산 25인 정규분포를 따른다고 한다.

(1) 만약 당신의 점수가 85점이라면 85점 이상의 점수를 받는 학생들의 비율은 얼마인가?

(2) 학급의 20%만이 A학점을 받는다면 A를 받기 위한 제일 낮은 점수는 얼마인가?

8.6 통계적 추정

모집단의 모수에 관한 정보를 얻기 위해, 어떤 변수에 관하여 모집단 전체를 조사하기가 경제적으로나 시간적으로 어려운 경우가 다반사이다. 따라서 모집단에서 하나의 표본을 선택하여 모수(예를 들어, 모집단의 평균)에 관한 추론을 하게 된다. **모수**란 모집단의 특성을 나타내는 값으로, 모평균 μ 또는 모비율 π 등을 일컫는다.

모집단에서 선택된 크기 n인 하나의 **확률표본**(a random sample) $X_1,\ X_2,\ \cdots,\ X_n$이란 다음 두 성질을 만족한다.

1. 확률변수 $X_1,\ X_2,\ \cdots,\ X_n$은 서로 독립이다.
2. $X_1,\ X_2,\ \cdots,\ X_n$은 동일한 확률분포를 가진다.

확률표본 $X_1,\ X_2,\ \cdots,\ X_n$의 함수를 **통계량**(statistic)이라고 부르며, 표본평균 $\overline{x}$, 표본비율 p 등이 모평균 μ, 모비율 π에 대응되는 통계량들이다. 이 통계량의 값을 이용하여 모수에 관한 추론을 하게 된다. 그런데 하나의 표본을 얻었을 때 통계량인 예를 들어 표본평균의 값은 주어지고 고정되어 있다. 그렇지만 또 다른 표본을 선택하게 되면, 이 표본에서 구한 표본평균은 앞에서 구한 것과 다를 것이다. 이렇게 확률표본을 반복하여 추출하면 표본평균의 값은 표본마다 다른 값을 가지게 되는 어떤 확률분포를 하게 된다. 이를 **통계량의 표본분포**(sampling distribution)라 부르며, 통계적 추론에서 매우 중요한 역할을 한다.

예제 8.39 모집단의 분포가 다음과 같다.

x	1	2	3
$f(x)$	$\frac{1}{3}$	$\frac{1}{3}$	$\frac{1}{3}$

이때 표본크기가 2인 확률표본 $X_1,\ X_2$를 추출하여 표본평균 $\overline{X}=\frac{1}{2}(X_1+X_2)$의 분포와 기댓값을 구하여 모집단의 그것과 비교하여라.

풀이•• 확률표본 $X_1,\ X_2$는 서로 독립이고 동일한 확률분포를 가지므로, 우선 $Y=X_1+X_2$의 분포를 구한다.

Y의 표본공간은 $S = \{2, 3, 4, 5, 6\}$이고, $\{Y = 3\}$인 사건은 $\{X_1 = 1, X_2 = 2\}$ 또는 $\{X_1 = 2, X_2 = 1\}$이므로,

$$\begin{aligned} P(Y = 3) &= P\{X_1 = 1, X_2 = 2\} + P\{X_1 = 2, X_2 = 1\} \\ &= P(X_1 = 1)\, P(X_2 = 2) + P(X_1 = 2)\, P(X_2 = 1) \quad (\text{독립성}) \\ &= \frac{1}{3} \cdot \frac{1}{3} + \frac{1}{3} \cdot \frac{1}{3} = \frac{2}{9} \end{aligned}$$

이다. 따라서 y와 $\overline{x}$의 확률밀도함수는 다음과 같다.

y	2	3	4	5	6
확률	$\frac{1}{9}$	$\frac{2}{9}$	$\frac{3}{9}$	$\frac{2}{9}$	$\frac{1}{9}$

$\overline{x}$	1	$\frac{3}{2}$	2	$\frac{5}{2}$	3
확률	$\frac{1}{9}$	$\frac{2}{9}$	$\frac{3}{9}$	$\frac{2}{9}$	$\frac{1}{9}$

다음에 모평균 $E(X)$와 표본평균의 기댓값 $E(\overline{X})$를 각각 구하면 다음과 같다.

$$E(X) = 1 \cdot \left(\frac{1}{3}\right) + 2 \cdot \left(\frac{2}{3}\right) + 3 \cdot \left(\frac{3}{3}\right) = 2$$

$$E(\overline{X}) = 1 \cdot \left(\frac{1}{9}\right) + \frac{3}{2} \cdot \left(\frac{2}{9}\right) + 2 \cdot \left(\frac{3}{9}\right) + \frac{5}{2} \cdot \left(\frac{2}{9}\right) + 3 \cdot \left(\frac{1}{9}\right) = 2$$

그림 8.12는 모집단의 분포와 표본평균의 분포를 막대그래프로 나타낸 것이다. 두 분포의 중심위치는 서로 같지만 산포는 표본평균의 경우 더 작게 됨을 보여준다.

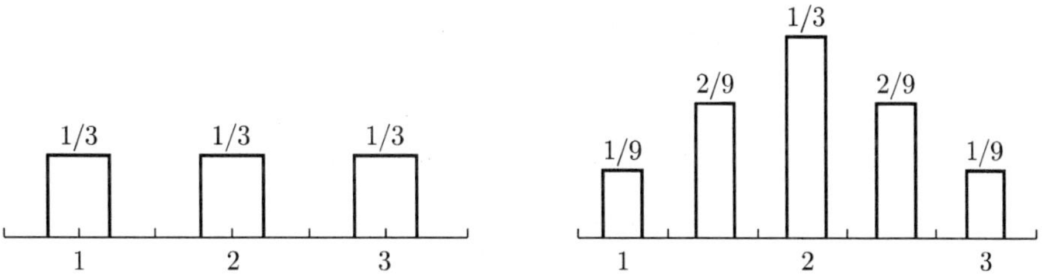

그림 8.12 모집단과 표본평균의 분포 ■

문제 8.39 1에서 4까지의 숫자가 적힌 4장의 카드를 모집단으로 하여 크기 2인 확률표본 X_1, X_2를 복원추출하였을 때, 표본평균 $\overline{X} = \frac{1}{2}(X_1 + X_2)$의 분포와 기댓값을 각각 구하여라.

표본평균의 기댓값과 분산

위의 예에서 확률변수 $Y=X_1+X_2$이므로 Y의 기댓값 $E(Y)$는 4임을 예측할 수 있다. 서로 독립인 확률변수의 선형결합에 관하여 정의하고, 선형결합의 평균과 분산에 관한 정리를 증명하여 본다.

정의 8.6 확률변수의 선형조합

확률변수 $X_1, \cdots, X_n$과 상수 $a_1, \cdots, a_n$에 대하여 확률변수의 선형조합 Y는 다음과 같이 정의한다.

$$Y=a_1X_1+a_2X_2+\cdots+a_nX_n$$

정리 8.13

확률변수 $X_1, \cdots, X_n$은 독립이고 각각 평균 $\mu_1, \cdots, \mu_n$과 분산 $\sigma_1^2, \cdots, \sigma_n^2$일 때, 확률변수 X의 선형조합 $Y=\sum_{i=1}^{n}a_iX_i$의 기댓값 $E(Y)$와 분산 $V(Y)$는 다음과 같다.

$$E(Y)=\mu_Y=a_1\mu_1+\cdots+a_n\mu_n$$
$$V(Y)=\sigma_Y^2=a_1^2\sigma_1^2+\cdots+a_1^2\sigma_n^2$$

증명•• 선형결합 Y의 기댓값과 분산을 구한다.

$$\begin{aligned}E(Y)&=E(a_1X_1+\cdots+a_nX_n)\\&=E(a_1X_1)+\cdots+E(a_nX_n)\ (X_i\text{들의 독립성})\\&=a_1E(X_1)+\cdots+a_nE(X_n)\\&=a_1\mu_1+\cdots+a_n\mu_n\\V(Y)&=E\{(Y-\mu Y)^2\}\\&=E[a_1X_1+\cdots+a_nX_n-(a_1\mu_1+\cdots+a_n\mu_n)]^2\\&=E[a_1(X_1-\mu_1)+\cdots+a_n(X_n-\mu_n)]^2\\&=E\left[\sum_{i=1}^{n}a_i^n(X_i-\mu_i)^2+\sum_i\sum_j a_ia_j(X_i-\mu_i)(X_j-\mu_j)\right]\end{aligned}$$

$$= E\left[\sum_{i=1}^{n} a_i^2 (X_i - \mu_i)^2\right] \quad (X_i,\ X_j\text{의 독립성})$$

$$= \sum_{i=1}^{n} a_i^2 \sigma_i^2$$ ■

표본평균 $\overline{X}$는

$$\overline{X} = \frac{1}{n}(X_1 + \cdots + X_n)$$

이므로, 위의 정리에서 $a_i = \dfrac{1}{n}$이고 $\sigma_i^2 = \sigma_j^2,\ i \neq j$인 경우이므로 표본평균의 기댓값과 분산은 각각 다음과 같다.

$$E(\overline{X}) = a_1\mu_1 + \cdots + a_n\mu_n = \frac{1}{n}(\mu_1 + \cdots + \mu_n)$$
$$= \frac{1}{n}(n\mu) = \mu$$
$$V(\overline{X}) = a_1^2\sigma_1^2 + \cdots + a_n^2\sigma_n^2 = \left(\frac{1}{n}\right)^2(\sigma_1^2 + \cdots + \sigma_n^2)$$
$$= \left(\frac{1}{n}\right)^2(n\sigma^2) = \frac{\sigma^2}{n}$$

즉 모집단의 평균이 μ, 분산이 σ^2에서의 표본크기 n인 표본평균의 기댓값은 모집단의 평균 μ와 같지만 그 분산은 $\dfrac{\sigma^2}{n}$이다. 따라서 n이 커질수록 표본평균의 분산은 작아진다.

예제 8.40 확률변수 X_1은 평균 3, 분산 4이고, X_2는 평균 8, 분산 9이다. 또 X_1, X_2는 독립이라고 할 때, $Y = -2X_1 + 3X_2$의 기댓값과 분산을 구하여라.

풀이•• X의 선형결합 Y의 기댓값과 분산은 다음과 같다.

$$E(Y) = E(-2X_1 + 3X_2) = -2E(X_1) + 3E(X_2)$$
$$= -2(3) + 3(8) = 18$$
$$V(Y) = V(-2X_1 + 3X_2) = 4V(X_1) + 9V(X_2)$$
$$= 4(4) + 9(9) = 97$$ ■

문제 8.40 확률변수 X_1은 평균 0, 분산 1이고, X_2는 평균 3, 분산 4이다. 또 X_1, X_2는 서로 독립이라고 할 때, $Y = 3X_1 - X_2$의 기댓값과 분산을 구하여라.

표본평균의 분포

표본평균 $\overline{X}$의 기댓값과 분산뿐 아니라 그 분포의 형태에 관하여 알아보도록 한다. 모집단이 정규분포를 하면 선택된 확률변수 $X_1, \cdots, X_n$은 서로 독립이고, 각각 모집단의 분포인 정규분포를 따른다. 또 모집단의 분포가 정규분포인 경우 표본평균의 분포 역시 정규분포임이 알려져 있다. 이상을 다음과 같이 요약한다.

> 모평균 μ, 모분산 σ^2인 정규모집단에서 확률표본 $X_1, \cdots, X_n$을 추출하였을 때, 표본평균 $\overline{X}$의 성질은 다음과 같다.
>
> $$E(\overline{X}) = \mu$$
> $$V(\overline{X}) = \frac{\sigma^2}{n}$$
> $$\overline{X} \sim Normal$$

예제 8.41 2008년 한국의 성인 남자 평균신장은 173.4 cm 이며, 표준편차 4.3 인 대략적인 정규분포를 따른다고 한다. 이때 15명의 성인 남자를 무작위로 뽑아 그들의 신장을 잴 때, 평균신장이 175 cm 이상일 확률을 구하여라.

풀이•• 평균신장 $\overline{X}$의 분포는

$$N\left(\mu = 173.4,\ \frac{\sigma^2}{n} = \frac{4.3^2}{15}\right)$$

이므로, $\overline{X}$를 표준화하면 175 cm 이상일 확률은

$$P(\overline{X} \geq 175) = P\left(Z \geq \frac{175 - 173.4}{\sqrt{\frac{4.3^2}{15}}}\right) = P(Z \geq 1.44) = 0.9251$$

이다. 즉 15명의 성인 남자의 평균신장이 175 cm 이상일 확률은 대략 93% 이다. ■

문제 8.41 2007년 한국의 성인 여자(20 ~ 40세) 평균신장은 160.7 cm 이며, 표준편차 4.9 인 대략적인 정규분포를 따른다고 한다. 이때 16명의 성인 여자를 무작위로 뽑아 그들의 신장을 잴 때, 평균신장이 155 cm 이하일 확률을 구하여라.

추정

어떤 분포를 하는 확률변수의 분포함수 형태는 알지만, 분포함수의 모수에 대하여는 미지인 경우가 자주 있다. 예를 들어 혈압을 나타내는 변수 X가 지수분포

$$f(x\ ;\ \lambda) = \lambda e^{-\lambda x}, \quad x > 0,\ \lambda > 0$$

임은 주어졌지만, 척도모수 λ의 값을 모르는 경우이다. 이때 척도모수 λ가 취할 수 있는 값 전체의 집합을 **모수집합**(parameter space) $\Omega = \{\lambda \mid 0 < \lambda\}$이라 정의한다.

미지의 모수 θ에 관한 정보를 얻기 위해, 확률표본 $X_1, X_2, \cdots, X_n$을 선택하였다. 확률표본 $X_1, X_2, \cdots, X_n$의 관찰값 $x_1, x_2, \cdots, x_n$을 이용하여 미지의 모수 θ의 값을 추정하려 한다. 모수 θ를 추정하기 위해 사용한 $X_1, X_2, \cdots, X_n$의 함수 $U(X_1, X_2, \cdots, X_n)$를 θ의 **추정량**(estimator)이라 정의하고, 통상적으로 θ에 가까운 값인 $U(x_1, x_2, \cdots, x_n)$을 θ의 **추정값**(estimate)이라 부른다. 이와 같이 미지의 모수 θ에 관하여 어느 한 값만을 추정하므로 **점추정**(point estimation)이라 한다.

예를 들어 표본평균은 모평균의, 표본비율은 모비율의 점추정량이라 할 수 있다.

예제 8.42 A대학교 학생들의 한 달 평균용돈을 파악하고자 이중 5명 학생들의 용돈을 조사하였다.

$$X_1 = 70,\ X_2 = 50,\ X_3 = 80,\ X_4 = 60,\ X_5 = 80$$

평균용돈은 얼마로 추정할 수 있을까?

풀이•• 모평균 μ를 추정하기 위하여 다음 세 종류의 점추정량을 생각해보자.

$$\hat{\mu_1} = \overline{X} = \frac{X_1 + X_2 + X_3 + X_4 + X_5}{5} = 68$$
$$\hat{\mu_2} = \widetilde{X} = 70$$
$$\hat{\mu_3} = \frac{\min(X_i) + \max(X_i)}{2} = \frac{50 + 80}{2} = 65$$

■

문제 8.42 2011년 국공립대의 연간 평균등록금을 파악하고자 5개 국공립대의 연간 등록금을 조사하였다.

$$X_1 = 450,\ X_2 = 452,\ X_3 = 440,\ X_4 = 443,\ X_5 = 445$$

연간 평균등록금은 얼마로 추정할 수 있을까?

$\widehat{\mu_1}$은 산술평균, $\widehat{\mu_2}$는 표본중앙값, $\widehat{\mu_3}$는 중심값을 각각 나타내고 있다. 세 가지 방법은 서로 다른 추정량이지만 모두 합리적인 추정법이라 할 수 있다.

이상의 세 추정법은 추정량의 표본분포에 관하여 아무런 정보를 주지 못하고 있다. 즉 표본에서 구한 추정값이 모수의 참값에 얼마나 가까이 분포하는지에 대한 개념이 없다. 어떤 추정량 $\hat{\theta}$의 표본분포가 참값 θ를 중심으로 대칭이라면 이는 바람직한 성질이라 할 수 있다.

정의 8.7

모수 θ의 추정량 $\hat{\theta}$에 대하여

$$E(\hat{\theta}) = \theta$$

이면, $\hat{\theta}(X_1, \cdots, X_n)$을 θ의 **불편추정량**(unbiased estimator)이라 정의한다. 불편추정량이 아닌 측도를 **편의추정량**(biased estimator)이라 부르며, 특별히 $E(\hat{\theta})-\theta$를 θ의 **편의**(bias)라 한다.

그림 8.13은 불편추정량과 편의추정량의 분포그림을 보여준다.

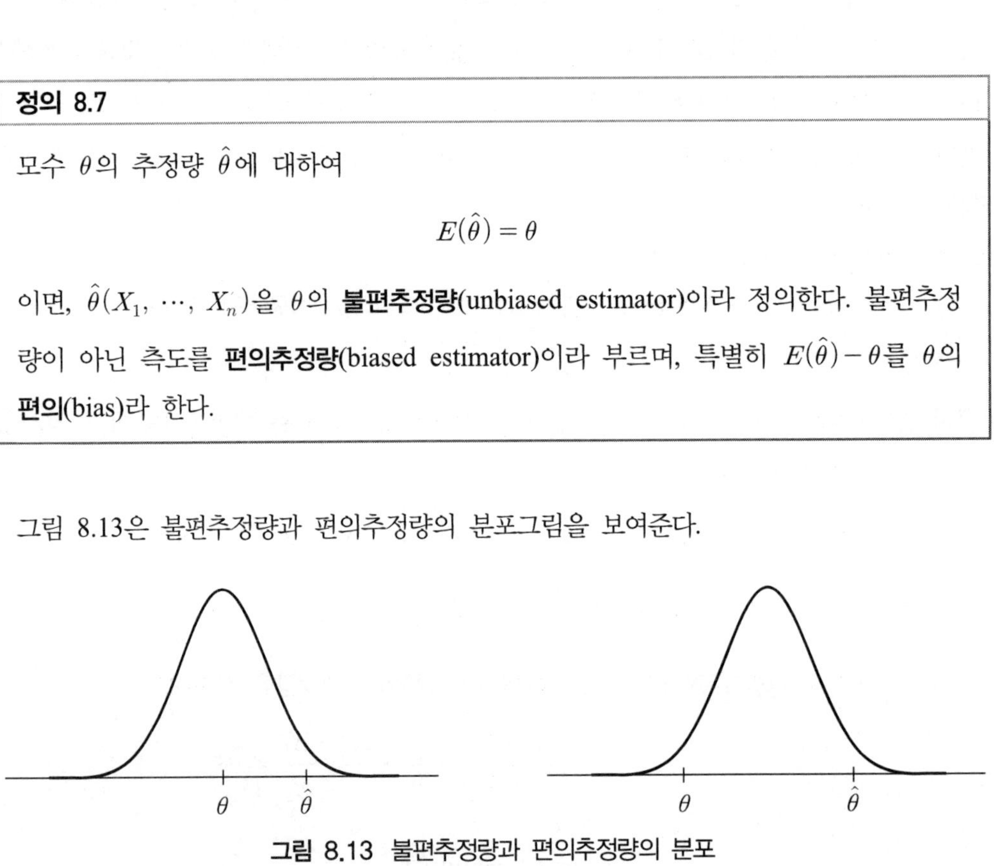

그림 8.13 불편추정량과 편의추정량의 분포

예제 8.43 모평균 μ, 모분산 σ^2인 모집단에서 확률표본 X_1, X_2, X_3를 추출하였다. 다음은 모평균 μ의 추정량이다.

$$\widehat{\mu_1} = \frac{1}{3}(X_1 + X_2 + X_3)$$

$$\widehat{\mu_2} = \frac{1}{4}(X_1 + 2X_2 + X_3)$$
$$\widehat{\mu_3} = \frac{1}{3}(2X_1 + X_2 + X_3)$$

이때 모평균 μ의 불편추정량은 어떤 것인가?

풀이•• $E(\widehat{\mu_1}) = \mu$

$E(\widehat{\mu_2}) = \mu$

$E(\widehat{\mu_3}) = \frac{4}{3}\mu$

이므로, $\widehat{\mu_1}$, $\widehat{\mu_2}$는 μ의 불편추정량, $\widehat{\mu_3}$는 μ의 불편추정량이 아닌 편의추정량이 된다. ■

문제 8.43 평균 μ, 분산 σ^2인 모집단에서 확률표본 X_1, X_2, X_3를 추출하였다. 다음은 모평균 μ의 추정량이다.

$$\widehat{\mu_4} = \frac{3X_1 + X_2 + X_3}{5}$$
$$\widehat{\mu_5} = \frac{2X_1 + X_2 + 2X_3}{5}$$

이때 모평균 μ의 불편추정량은 어떤 것인가?

불편성은 추정량의 좋은 특징임에 틀림없지만, 그 추정량이 모수의 참값을 기준으로 얼마나 가까이 분포하는지에 대하여 아무런 정보도 주지 못한다. 그림 8.14에서 모수 θ에 대한 두 불편추정량 $\widehat{\theta_1}$, $\widehat{\theta_2}$의 분포그림을 보여준다.

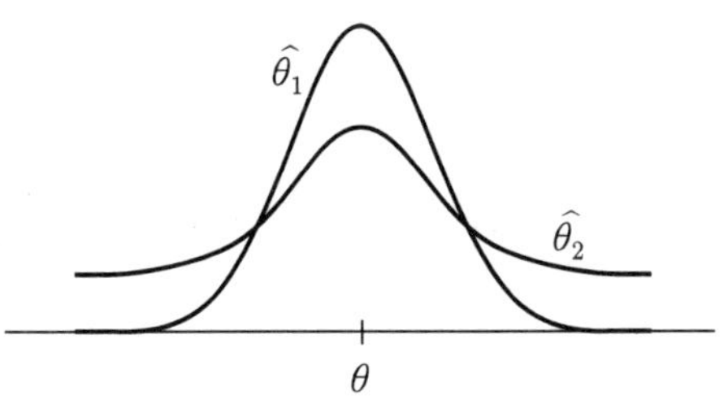

그림 8.14 두 불편추정량 $\widehat{\theta_1}$, $\widehat{\theta_2}$의 분포

이 그림에서 추정량 $\widehat{\theta_1}$의 분포가 $\widehat{\theta_2}$에 비해 θ 주변에 밀집해있으므로, 추정량 $\widehat{\theta_1}$이 $\widehat{\theta_2}$에 비해 더 정밀하다고 할 수 있다. 이와 같이 산포의 정도를 재는 척도로 추정량의 표준편차를 사용하는데, 이를 **추정량의 표준오차**(SE, standard error)라고 정의한다. 여기에서 표준편차란 분산의 양의 근호이다.

정의 8.8

두 불편추정량 $\widehat{\theta_1}$, $\widehat{\theta_2}$에 대해

$$SE(\widehat{\theta_1}) < SE(\widehat{\theta_2})$$

이면, 추정량 $\widehat{\theta_1}$이 $\widehat{\theta_2}$보다 **유효**(efficient)한다고 정의한다.

예제 8.44 앞의 예에서 두 불편추정량 $\widehat{\mu_1}$, $\widehat{\mu_2}$ 중에서 더 유효한 것은?

풀이●● 두 추정량의 표본오차를 각각 구한다.

$$V(\widehat{\mu_1}) = \frac{1}{9}(V(X_1) + V(X_2) + V(X_3)) = \frac{\sigma^2}{3}$$
$$V(\widehat{\mu_2}) = \frac{1}{16}(V(X_1) + 4V(X_2) + V(X_3)) = \frac{3}{8}\sigma^2$$

따라서

$$SE(\widehat{\mu_1}) = \sqrt{V(\widehat{\mu_1})} = \frac{\sigma}{\sqrt{3}}$$
$$SE(\widehat{\mu_2}) = \sqrt{V(\widehat{\mu_2})} = \sigma\sqrt{\frac{3}{8}}$$

이므로, 불편추정량 $\widehat{\mu_1}$이 $\widehat{\mu_2}$보다 더 유효하다. ■

문제 8.44 앞의 문제에서 두 불편추정량 $\widehat{\mu_4}$, $\widehat{\mu_5}$ 중에서 더 유효한 것은?

점추정법의 단점을 보완하여 분포 또는 오차의 개념을 도입한 추정법이 **구간 추정**(interval estimation)이다. 즉 모수 θ의 값이 어떤 구간 내에 위치할 것이라고 예측하는 것이다.

정의 8.9

일반적으로 어떤 모수 θ에 대하여 두 통계량 L, U가 있어

$$P\{L(X_1, \cdots, X_n) < \theta < U(X_1, \cdots, X_n)\} = 1-\alpha$$

가 성립하면, 구간

$$(L(X_1, \cdots, X_n), U(X_1, \cdots, X_n))$$

을 θ의 $100(1-\alpha)\%$ **신뢰구간**(confidence interval)이라 정의한다. $L(X_1, \cdots, X_n)$을 **신뢰구간의 하한**(lower limit), $U(X_1, \cdots, X_n)$을 **신뢰구간의 상한**(upper limit)이라 하며, $(1-\alpha)$를 신뢰구간에 대한 **신뢰수준**(level of confidence)이라 부른다.

모집단의 모수인 모평균 μ, 모비율 p, 모분산 σ^2, 모표준편차 σ에 대한 점추정에 대하여 생각해보자.

모평균의 추정

모평균을 추정하기 위하여 모집단에서 추출된 표본의 표본평균을 사용함이 일반적이다. 무한모집단인 경우 모평균 μ, 모분산 σ^2일 때, 표본평균 $\overline{X} = \frac{1}{n}\sum_{i=1}^{n} X_i$의 기댓값과 분산은 다음과 같다.

$$E(\overline{X}) = \mu$$
$$V(\overline{X}) = \frac{\sigma^2}{n}$$

즉 $\overline{X}$는 모평균 μ의 불편추정량이고, $\overline{X}$의 분산은 모분산의 $\frac{1}{n}$로 적어진다. 또 $\overline{X}$의 표본오차는

$$SE(\overline{X}) = \frac{\sigma}{\sqrt{n}}$$

이며, 여기에서 σ는 모표준편차이다.

모표준편차 σ에 관한 정보가 없거나 그 값을 모른다면, 표본표준편차

$$s = \sqrt{\frac{\sum_{i=1}^{n}(X_i - \overline{X})^2}{n-1}}$$

을 이용하여 추정한다. 따라서 $\overline{X}$의 표준오차의 추정값은 다음과 같다.

$$SE(\overline{X}) = \frac{s}{\sqrt{n}}$$

이상을 다음과 같이 요약한다.

> 평균 μ, 분산이 σ^2인 모집단에서 확률표본 $X_1, \cdots, X_n$을 추출하였을 때, 모평균 μ의 추정값 $\overline{X}$의 성질
>
> 추정량 $\mu = \overline{X}$
>
> 추정량의 기댓값 $E(\overline{X}) = \mu$
>
> 표준오차 $SE(\overline{X}) = \frac{\sigma}{\sqrt{n}}$
>
> 표준오차의 추정량 $SE(\overline{X}) = \frac{s}{\sqrt{n}}$

$\overline{X}$의 분포는 μ를 중심으로 대칭이며, 표준편차는 $\frac{\sigma}{\sqrt{n}}$이므로 μ를 중심으로 밀집된 분포를 나타낸다.

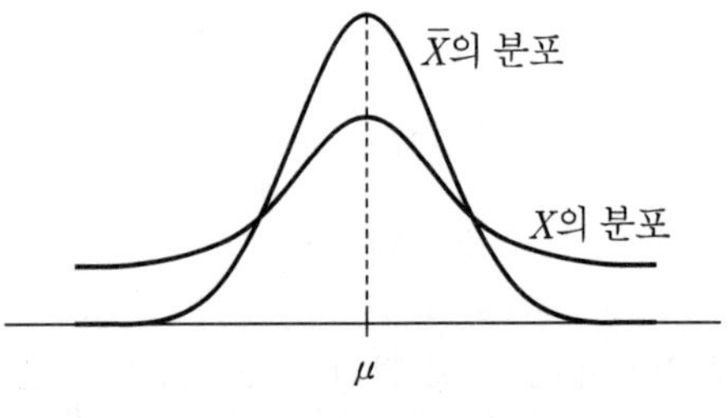

그림 8.15 X와 $\overline{X}$의 분포

예제 8.45 어느 회사제품의 테니스 라켓 무게는 275 g이라고 표시되어 있다. 이 회사제품 10개의 라켓을 무작위로 골라 다음과 같은 자료를 얻었다. 라켓의 평균무게와 표준오차를 각각 추정하여라.

274	275	280	277	272	270	278	271	279	276

풀이●● 이 자료로부터 표본평균 $\overline{X}$와 표본표준편차를 구해보면

$$\overline{X} = \frac{1}{n}\sum_{i=1}^{n} X_i = \frac{2752}{10} = 275.2$$
$$s = \sqrt{\frac{1}{n-1}\sum(X_i - \overline{X})^2} = \sqrt{\frac{1}{9}\sum(X_i^2 - 10\overline{X^2})} = 3.425$$

이므로, 모평균과 표준오차의 추정값은 다음과 같다.

$$\hat{\mu} = \overline{X} = 275.2$$
$$\widehat{SE}(\overline{X}) = \frac{s}{\sqrt{n}} = \frac{3.425}{\sqrt{10}} = 1.083$$

■

문제 8.45 어느 회사제품의 기능성 초경량 등산화 한 짝의 무게는 375 g이라 한다. 이 회사제품 아홉 켤레의 등산화를 무작위로 골라 다음과 같은 자료를 얻었다.

374	375	380	376	370	374	379	373	375

등산화 한 짝의 평균무게와 표준오차를 각각 추정하여라.

모평균의 구간 추정

모집단의 모수인 모평균에 μ에 대한 구간 추정에 대하여 알아보자.

모평균을 구간 추정하기 위하여 모평균 μ의 추정량으로 표본평균 $\overline{X}$를 사용함은 이미 밝힌 바 있다. 무한모집단에서의 $\overline{X}$의 기댓값과 분산은

$$E(\overline{X}) = \mu,$$
$$V(\overline{X}) = \frac{\sigma^2}{n}$$

이므로, 모분산 σ^2의 값이 주어졌거나 그렇지 않은 경우로 나누어 본다. 또 표본크기 n의 값이 크면 모집단의 분포가 주어지지 않더라도 중심극한정리에 의해 표본평균 $\overline{X}$가 정규분포함을 이용할 수 있으므로 표본의 크기 n에 따라 나누어 구간 추정해보자.

1. 모집단이 정규분포이고 모분산 σ^2이 기지일 때
2. 모집단이 정규분포이고 모분산 σ^2이 미지일 때
3. 표본크기 n이 큰 경우

1. 모집단이 정규분포이고 모분산 σ^2이 기지일 때

평균 μ, 분산 σ^2인 정규모집단에서 확률표본 $X_1, \cdots, X_n$을 추출하였을 때, 표본평균 $\overline{X}$는

$$\overline{X} \sim N\left(\mu, \frac{\sigma^2}{n}\right)$$

이므로, 표준화시킨 확률변수 Z는

$$Z = \frac{\overline{X} - \mu}{\frac{\sigma}{\sqrt{n}}} \sim N(0, 1)$$

이다. 따라서 유의수준 α에 따른 $z_{\alpha/2}$를 부록에서 구하면

$$P(-z_{\alpha/2} \le z = \frac{\overline{X} - \mu}{\frac{\sigma}{\sqrt{n}}} \le z_{\alpha/2}) = 1 - \alpha$$

이고, 이를 정리하여 다음 식을 얻는다.

$$P(\overline{X} - z_{\alpha/2} \cdot \frac{\sigma}{\sqrt{n}} \le \mu \le \overline{X} + z_{\alpha/2} \cdot \frac{\sigma}{\sqrt{n}}) = 1 - \alpha$$

그러므로 모평균 μ의 $100(1-\alpha)\%$ 신뢰구간은

$$\left(\overline{X} - z_{\alpha/2} \cdot \frac{\sigma}{\sqrt{n}},\ \overline{X} + z_{\alpha/2} \cdot \frac{\sigma}{\sqrt{n}}\right)$$

이다.

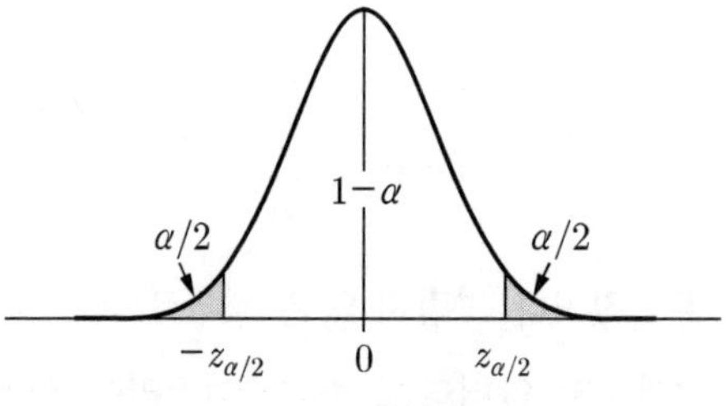

그림 8.16 α에 따른 $z_{\alpha/2}$

2. 모집단이 정규분포이고 모분산 σ^2이 미지일 때

소표본이고 모분산 σ^2을 모르는 경우 σ^2의 추정값으로 표본분산 s^2을 사용하면,

$$T = \frac{\overline{X} - \mu}{\frac{s}{\sqrt{n}}} \sim t(n-1)$$

임을 언급한 바 있다. 따라서 자유도 $n-1$과 유의수준 α에 따른 $t(n-1 : \alpha/2)$를 부록에서 구하여 다음 식을 얻는다.

$$P\left(-t(n-1 : \alpha/2) \le T = \frac{\overline{X} - \mu}{\frac{s}{\sqrt{n}}} \le t(n-1 : \alpha/2)\right) = 1 - \alpha$$

이를 정리하면

$$P\left(\overline{X} - t(n-1 : \alpha/2) \cdot \frac{s}{\sqrt{n}} \le \mu \le \overline{X} + t(n-1 : \alpha/2) \cdot \frac{s}{\sqrt{n}}\right) = 1 - \alpha$$

이므로, 모평균 μ의 $100(1-\alpha)\%$ 신뢰구간은 다음과 같다.

$$\left(\overline{X} - t(n-1 : \alpha/2) \cdot \frac{s}{\sqrt{n}},\ \overline{X} + t(n-1 : \alpha/2) \cdot \frac{s}{\sqrt{n}}\right)$$

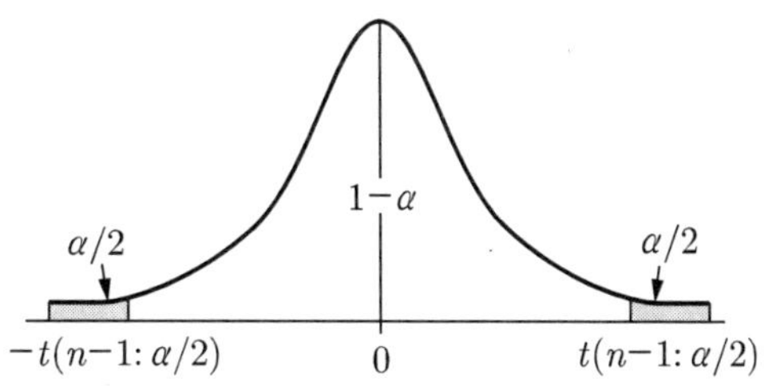

그림 8.17 α에 따른 $t(n-1 : \alpha/2)$

3. 표본크기 n이 큰 경우

표본크기 n이 충분히 큰 대표본인 경우 중심극한정리에 의해

$$\overline{X} \sim N\left(\mu, \frac{\sigma}{\sqrt{n}}\right)$$

이므로, 만약 모분산 σ^2을 모르는 경우 σ^2의 추정값으로 표본분산 s^2을 사용하면,

$$\frac{\overline{X} - \mu}{\frac{s}{\sqrt{n}}} \sim N(0, 1)$$

이다. 따라서 유의수준 α에 따른 $z_{\alpha/2}$를 구하면

$$P\left(-z_{\alpha/2} \le \frac{\overline{X}-\mu}{\frac{s}{\sqrt{n}}} \le z_{\alpha/2}\right) = 1-\alpha$$

이고, 이를 정리하면 다음과 같다.

$$P\left(\overline{X} - z_{\alpha/2} \cdot \frac{s}{\sqrt{n}} \le \mu \le \overline{X} + z_{\alpha/2} \cdot \frac{s}{\sqrt{n}}\right) = 1-\alpha$$

그러므로 모평균 μ의 $100(1-\alpha)\%$ 신뢰구간은

$$\left(\overline{X} - z_{\alpha/2} \cdot \frac{s}{\sqrt{n}},\ \overline{X} + z_{\alpha/2} \cdot \frac{s}{\sqrt{n}}\right)$$

이다.

평균 μ, 분산 σ^2인 모집단에서 확률표본 $X_1, \cdots, X_n$을 추출하였을 때, 모평균 μ의 $100(1-\alpha)\%$ 신뢰구간은 다음과 같다.

1. 모집단이 정규분포이고 모분산 σ^2이 기지

$$\left(\overline{X} - z_{\alpha/2} \cdot \frac{\sigma}{\sqrt{n}},\ \overline{X} + z_{\alpha/2} \cdot \frac{\sigma}{\sqrt{n}}\right)$$

2. 모집단이 정규분포이고 모분산 σ^2이 미지

$$\left(\overline{X} - t\left(n-1 : \frac{\alpha}{2}\right) \cdot \frac{s}{\sqrt{n}},\ \overline{X} + t\left(n-1 : \frac{\alpha}{2}\right) \cdot \frac{s}{\sqrt{n}}\right)$$

3. 표본크기 n이 큰 경우

$$\left(\overline{X} - z_{\alpha/2} \cdot \frac{s}{\sqrt{n}},\ \overline{X} + z_{\alpha/2} \cdot \frac{s}{\sqrt{n}}\right)$$

예제 8.46 (위의 예에서 연속) 어느 회사제품의 테니스 라켓 10개를 무작위로 골라 조사한 결과, 평균과 표준편차가 각각 다음과 같았다. (테니스 라켓 무게는 정규분포를 한다고 가정한다.)

$$\overline{X} = 275.2$$
$$s = 3.425$$

이 회사의 테니스 라켓 평균무게에 대한 95% 신뢰구간을 구하여라.

풀이•• 유의수준 $\alpha = 0.05$이므로 μ의 95% 신뢰구간은 다음과 같다.

$$\begin{aligned} \overline{X} \pm t\left(n-1 : \frac{\alpha}{2}\right) \cdot \frac{s}{\sqrt{n}} &= \overline{X} \pm t\left(9 : 0.025\right) \cdot \frac{s}{\sqrt{n}}\right) \\ &= 275.2 \pm 2.262 \cdot \frac{3.425}{\sqrt{10}} \\ &= (272.75,\ 277.65) \end{aligned}$$

■

문제 8.46 (위의 문제에서 계속) 어느 회사제품의 등산화 아홉 켤레를 무작위로 골라 조사한 결과, 평균과 표준편차가 각각 다음과 같았다. (등산화 한 짝의 무게는 정규분포임을 가정한다.)

$$\begin{aligned} \overline{x} &= 375.4 \\ s^2 &= 3.54^2 \end{aligned}$$

이 회사의 등산화 한 짝의 평균무게에 대한 95% 신뢰구간을 구하여라.

예제 8.47 어느 대학교 신입생의 한 달간 평균용돈이 얼마인지 조사하기 위해 $n = 40$명의 학생을 무작위로 추출하여 조사한 결과, 평균과 표준편차가 각각 다음과 같았다.

$$\begin{aligned} \overline{x} &= 450{,}000(\text{원}) \\ s &= 90{,}000(\text{원}) \end{aligned}$$

이 학교 신입생들의 한 달간 평균용돈의 99% 신뢰구간을 구하여라.

풀이•• $n = 40$명의 대표본이므로 신입생의 한 달간 용돈은 근사적으로 정규분포함을 이용할 수 있다. 따라서 유의수준 $\alpha = 0.01$에서 μ의 99% 신뢰구간은 다음과 같다.

$$\begin{aligned} \overline{X} \pm z_{\alpha/2} \cdot \frac{s}{\sqrt{n}} &= 450000 \pm (2.58) \cdot \frac{90000}{\sqrt{40}} \\ &= (413286,\ 486714) \end{aligned}$$

■

8.6 연습문제

01 대학을 마친 사람들의 IQ 점수는 평균 120, 표준편차 10인 정규분포를 한다고 한다. 이때 다음 질문에 답하여라.

(1) 대학을 마친 사람을 무작위로 한 사람 선택하였을 때, IQ 점수가 110과 130 사이에 있을 확률을 구하여라.

(2) 대학을 마친 사람 16명을 무작위로 뽑았을 때, IQ 점수의 평균이 125 이상일 확률을 구하여라.

02 습관적으로 조깅하는 사람들의 육체적 조건을 측정하기 위하여 $n=20$명을 무작위로 선택하여 그들의 최대 산소 섭취량(VO_2 max, maximum volume oxygen)을 측정하였다. 그 결과가 다음과 같을 때,

$$\bar{x} = 47.5\,\mathrm{mL/kg}$$
$$s = 4.8\,\mathrm{mL/kg}$$

모평균 μ에 대한 95% 신뢰구간을 구하여라. (단, 최대 산소 섭취량은 정규분포임을 가정한다.)

03 운동을 규칙적으로 하지 않는 사람들의 육체적 조건을 측정하기 위하여 $n=36$명을 무작위로 선택하여 최대 산소 섭취량을 측정하였다. 그 결과 다음과 같을 때,

$$\bar{x} = 37.5\,\mathrm{mL/kg}$$
$$s = 5.1\,\mathrm{mL/kg}$$

모평균 μ에 대한 90% 신뢰구간을 구하여라. (단, 최대 산소 섭취량은 정규분포를 따른다고 가정한다.)

04 남아 신생아 체중에 관한 연구에서 12명의 자료가 다음과 같다. (단, 신생아 체중은 정규분포임을 가정한다.)

3.1	2.7	3.5	3.3	2.9	3.0
3.6	3.8	3.2	3.3	2.7	3.1

모분산 σ^2이 0.9로 주어졌을 때, 남아 신생아 평균체중의 90% 신뢰구간을 구하여라.

09

행렬

9.1 행렬의 개념

수 또는 문자를 직사각형 또는 정사각형으로 배열한 것을 **행렬**(matrix)이라고 한다. 즉 mn개의 원소(elements) $a_{ij}(i=1, 2, \cdots, m, j=1, 2, \cdots, n)$를 다음과 같이 나타낸 것을 $m \times n$ 행렬이라고 한다.

$$A=\begin{bmatrix} a_{11} & a_{12} & \cdots & a_{1n} \\ a_{21} & a_{22} & \cdots & a_{2n} \\ \vdots & \vdots & \ddots & \vdots \\ a_{m1} & a_{m2} & \cdots & a_{mn} \end{bmatrix}$$

여기에서 a_{ij}는 i번째 행(row)과 j번째 열(column)의 원소를 나타내며, 대문자 A로 표기한다. 이를 간단하게 다음과 같이 표현하기도 한다.

$$A=(a_{ij}), \quad i=1, 2, \cdots, m, \ j=1, 2, \cdots, n$$

행과 열의 수를 나타내는 $m \times n$을 **행렬의 차원**(dimension)이라고 부르며, 특별히 행렬 A에서 $m=n$일 때 A를 **정방행렬**(square matrix)이라 정의한다.

정방행렬 A의 원소 $a_{11}, a_{22}, \cdots, a_{mm}$을 **대각원소**(diagonal element)라고 부르며, 대각선 원소만이 0이 아닌 값을 가질 수 있고 그 외의 모든 원소는 모두 0인 행렬을 **대각행렬**(diagonal matrix)이라 정의한다.

다음은 대각행렬이다.

$$A=\begin{pmatrix} 1 & 0 & 0 \\ 0 & 3 & 0 \\ 0 & 0 & 5 \end{pmatrix}$$

$n \times n$ 행렬에서 대각선의 원소가 모두 1이고 나머지는 모두 0인 대각행렬을 $n \times n$ **단위행렬**이라 하고, I_n으로 표기한다.

다음은 단위행렬이다.

$$I_3=\begin{pmatrix} 1 & 0 & 0 \\ 0 & 1 & 0 \\ 0 & 0 & 1 \end{pmatrix}$$

임의의 행렬 $A=(m \times n)$에서 행렬 A의 행과 열을 서로 바꾸어 놓은 행렬을 행렬 A의

전치행렬(transpose matrix)이라고 정의하며 A' 또는 $A^{\top}$로 표기한다.

다음은 행렬 A와 A의 전치행렬 A'의 예이다.

$$A=\begin{pmatrix}1 & 2 & 3\\ 4 & 5 & 6\end{pmatrix},\quad A'=\begin{pmatrix}1 & 4\\ 2 & 5\\ 3 & 6\end{pmatrix}$$

즉 행렬 A가 $m\times n$이면, A의 전치행렬 A'은 $n\times m$이 된다.

정방행렬 $A_{n\times n}=(a_{ij})$의 모든 i, j에 대하여 $a_{ij}=a_{ji}$가 성립하면, 즉 $A=A'$이면 A를 **대칭행렬**(symmetric matrix)이라 정의한다.

다음은 대칭행렬이다.

$$A=\begin{pmatrix}1 & 2 & 3\\ 2 & 4 & 5\\ 3 & 5 & 6\end{pmatrix},\quad B=\begin{pmatrix}1 & -1\\ -1 & 1\end{pmatrix}$$

벡터(vector)는 열이 하나인 행렬이다. 즉 크기가 $m\times 1$인 행렬이다. 이를 특별히 m차 **열벡터**(column vector)라 한다. 이것과는 달리 **행벡터**(row vector)는 $1\times n$ 행렬이며, 하나의 행으로 구성된다. 벡터는 흔히 영어의 소문자 a, b, c, $\cdots$ 등으로 표기하며, 원소가 모두 1인 $n\times 1$ 벡터를 n차 **단위벡터**(unit vector) $\underline{1}$로 쓰기도 한다.

예제 9.1 행렬 A에 대하여 다음 질문에 답하여라.

$$A=\begin{pmatrix}4 & 5 & 7\\ 2 & 0 & -1\end{pmatrix}$$

(1) 제2행의 원소를 구하여라.

(2) 제3열의 원소를 구하여라.

(3) (2, 3) 원소와 (1, 2) 원소를 구하여라.

풀이•• (1) 2, 0, -1

(2) 7, -1

(3) $a_{23}=-1$, $a_{12}=5$ ■

문제 9.1 행렬 B에 대하여 다음 질문에 답하라.

$$B = \begin{pmatrix} 2 & 3 \\ -7 & 1 \\ 4 & 5 \end{pmatrix}$$

(1) 제3행의 원소를 구하여라.

(2) 행렬 B의 전치행렬을 구하여라.

9.2 행렬의 연산

행렬의 합과 차

두 행렬의 합과 차는 두 행렬의 차원이 동일할 때만 정의한다. 즉 $m\times n$ **행렬** $A=(a_{ij})$**와** $B=(b_{ij})$**의 합과 차**는 다음과 같다.

$$A\pm B=\begin{pmatrix} a_{11}\pm b_{11} & a_{12}\pm b_{12} & \cdots & a_{1n}\pm b_{1n} \\ a_{21}\pm b_{21} & a_{22}\pm b_{22} & \cdots & a_{2n}\pm b_{2n} \\ \vdots & \vdots & \ddots & \vdots \\ a_{m1}\pm b_{m1} & a_{m2}\pm b_{m2} & \cdots & a_{mn}\pm b_{mn} \end{pmatrix}$$

행렬 A와 B의 대응하는 원소의 합과 차를 각 원소로 하는 행렬을 A와 B의 합 또는 차라하고, $A\pm B$로 나타낸다.

$$\begin{pmatrix} 1 & 2 & 3 \\ 4 & 5 & 6 \end{pmatrix}+\begin{pmatrix} 2 & 1 & 1 \\ -1 & 0 & -2 \end{pmatrix}=\begin{pmatrix} 3 & 3 & 4 \\ 3 & 5 & 4 \end{pmatrix}$$

$$\begin{pmatrix} 1 & 2 & 3 \\ 4 & 5 & 6 \end{pmatrix}-\begin{pmatrix} 2 & 1 & 1 \\ -1 & 0 & -2 \end{pmatrix}=\begin{pmatrix} -1 & 1 & 2 \\ 5 & 5 & 8 \end{pmatrix}$$

행렬의 곱

두 행렬 A, B의 곱이 성립하기 위해서는 A의 열의 수와 B의 행의 수가 같아야만 한다. 이런 경우 행렬 A와 B는 **적합**(conformable)하다고 한다. 즉 행렬 A는 $(m\times n)$이고, B가 $(n\times p)$일 때 두 **행렬** A, B**의 곱** AB를 정의할 수 있으며, 곱을 $C=(c_{ij})$라 하면

$$c_{ij}=a_{i1}b_{1j}+a_{i2}b_{2j}+\cdots+a_{in}b_{nj}=\sum_{k=1}^{n}a_{ik}b_{kj}$$

이고, 그 차원은 $m\times p$가 된다.

예제 9.2 행렬 A와 B가

$$A=\begin{pmatrix} 3 & 1 & 5 \\ -2 & 1 & 3 \end{pmatrix},\quad B=\begin{pmatrix} 1 & 1 \\ 0 & 2 \\ 3 & 0 \end{pmatrix}$$

일 때 두 행렬의 곱 AB를 구하여라.

풀이•• 행렬 A의 열의 수와 B의 행의 수가 동일하므로 곱을 구할 수 있다.

$$\begin{aligned} AB &= \begin{pmatrix} 3 & 1 & 5 \\ -2 & 1 & 3 \end{pmatrix}\begin{pmatrix} 1 & 1 \\ 0 & 2 \\ 3 & 0 \end{pmatrix} \\ &= \begin{pmatrix} (3\times1)+(1\times0)+(5\times3) & (3\times1)+(1\times2)+(5\times0) \\ (-2\times1)+(1\times0)+(3\times3) & (-2\times1)+(1\times2)+(3\times0) \end{pmatrix} \\ &= \begin{pmatrix} 18 & 5 \\ 7 & 0 \end{pmatrix} \end{aligned}$$ ■

문제 9.2 행렬 A와 B가

$$A = \begin{pmatrix} 3 & -1 \\ 2 & 1 \\ 4 & 0 \end{pmatrix}, \quad B = \begin{pmatrix} 1 & -1 \\ 2 & 5 \end{pmatrix}$$

일 때 두 행렬의 곱 AB를 구하여라.

$m\times n$ 행렬 A에 대하여 k를 임의의 상수라 할 때 행렬 A의 각 원소에 k배 한 값을 원소로 하는 행렬을 A의 k배라 하고, kA로 표기한다.

예제 9.3 $A = \begin{pmatrix} 1 & -2 & 1 \\ 0 & 3 & 0 \end{pmatrix}$일 때 $2A = 2\begin{pmatrix} 1 & -2 & 1 \\ 0 & 3 & 0 \end{pmatrix} = \begin{pmatrix} 2 & -4 & 2 \\ 0 & 6 & 0 \end{pmatrix}$ ■

문제 9.3 행렬 A

$$A = \begin{pmatrix} 2 & 1 & -3 \\ 1 & 2 & 4 \end{pmatrix}$$

일 때,

(1) $2A$를 구하여라.

(2) $(2I_2)\times A$를 구하여라.

행렬식

정방행렬 $A=(a_{ij})$의 **행렬식**(determinant)은 $|A|$ 또는 $\det(A)$로 표기하며, 행렬 A가 2×2 행렬이면,

$$|A|=\begin{vmatrix} a_{11} & a_{12} \\ a_{21} & a_{22} \end{vmatrix}=a_{11}a_{22}-a_{12}a_{21}$$

로 정의한다. 또 $n\times n(n\geq2)$ 행렬 $A=(a_{ij})$에서 i번째 행과 j번째 열을 제거한 나머지 $(n-1)\times(n-1)$ 행렬의 행렬식을 M_{ij}(**소행렬식**, minor)라 표기하고

$$A_{ij}=(-1)^{i+j}M_{ij}$$

를 원소 a_{ij}의 **여인수**(cofactor)라 부른다. 행렬 A의 행렬식은 다음과 같이 정의한다.

$$|A|=\sum_{j=1}^{n}a_{ij}A_{ij},\quad i=1,\ 2,\ \cdots,\ n$$

예제 9.4 행렬 A가 3×3일 때,

$$\begin{aligned}|A|&=\begin{vmatrix} a_{11} & a_{12} & a_{13} \\ a_{21} & a_{22} & a_{23} \\ a_{31} & a_{32} & a_{33} \end{vmatrix}=\sum_{j=1}^{n}a_{1j}A_{1j}\\ &=a_{11}A_{11}+a_{12}A_{12}+a_{13}A_{13}\\ &=a_{11}\begin{vmatrix} a_{22} & a_{23} \\ a_{32} & a_{33} \end{vmatrix}+a_{12}^{(-1)}\begin{vmatrix} a_{21} & a_{23} \\ a_{31} & a_{33} \end{vmatrix}+a_{13}\begin{vmatrix} a_{21} & a_{22} \\ a_{31} & a_{32} \end{vmatrix}\\ &=a_{11}a_{22}a_{33}-a_{11}a_{23}a_{32}-a_{12}a_{21}a_{33}+a_{12}a_{23}a_{31}+a_{13}a_{21}a_{32}+a_{13}a_{22}a_{31}\end{aligned}$$

이다. ■

문제 9.4 다음 행렬의 행렬식을 계산하여라.

(1) $A=\begin{pmatrix} 1 & 4 & 0 \\ 2 & -1 & 2 \\ 5 & -2 & 0 \end{pmatrix}$ (2) $B=\begin{pmatrix} 1 & 2 & 0 & 3 \\ 1 & 1 & 2 & 4 \\ 3 & 2 & 1 & 0 \\ 3 & 4 & 5 & 2 \end{pmatrix}$

9.2 연습문제

01 행렬 A와 B가 주어졌을 때 두 행렬의 곱 AB와 BA를 각각 구하고, AB와 BA가 같은지를 비교하여라.

(1) $A=\begin{pmatrix} 1 & 2 \\ -1 & 3 \end{pmatrix}$, $B=\begin{pmatrix} 2 & 2 \\ 3 & 1 \end{pmatrix}$

(2) $A=\begin{pmatrix} 1 & -1 \\ 1 & 1 \end{pmatrix}$, $B=\begin{pmatrix} 2 & -1 \\ 1 & 2 \end{pmatrix}$

(3) $A=\begin{pmatrix} 1 & 5 \\ 4 & -2 \end{pmatrix}$, $B=I=\begin{pmatrix} 1 & 0 \\ 0 & 1 \end{pmatrix}$

02 다음 행렬의 행렬식을 각각 구하여라.

(1) $\begin{pmatrix} 1 & 4 & 0 \\ 2 & -1 & 2 \\ 5 & -2 & 0 \end{pmatrix}$

(2) $\begin{pmatrix} 3 & 4 & -2 \\ 0 & 0 & 0 \\ 2 & -1 & 5 \end{pmatrix}$

9.3 역행렬

$n \times n$ 행렬 A에 대하여 다음 식

$$AB = BA = I_n$$

을 만족하는 $n \times n$ 행렬 B가 존재하면 B를 행렬 A의 **역행렬**(inverse matrix)이라 정의하고, A^{-1}로 표기한다.

예제 9.5 다음 행렬 A의 역행렬을 정의에 의해 구하여라.

$$A = \begin{pmatrix} 2 & 5 \\ 3 & 8 \end{pmatrix}$$

풀이•• 행렬 A의 역행렬이 존재한다고 가정하고, A의 역행렬 A^{-1}을 아래와 같이 놓는다.

$$A^{-1} = \begin{pmatrix} x & y \\ z & w \end{pmatrix}$$

역행렬의 정의에 의해

$$AA^{-1} = I$$

이므로

$$\begin{pmatrix} 2 & 5 \\ 3 & 8 \end{pmatrix}\begin{pmatrix} x & y \\ z & w \end{pmatrix} = \begin{pmatrix} 1 & 0 \\ 0 & 1 \end{pmatrix}$$

이다. 위의 식을 전개하면

$$\begin{aligned} 2x + 5z &= 1, \\ 3x + 8z &= 0, \\ 2y + 5w &= 0, \\ 3y + 8w &= 1 \end{aligned}$$

이므로, 4원 1차 연립방정식이 된다. 이를 풀면

$$x = 8,$$

$$z = -3,$$
$$y = -5,$$
$$w = 2$$

가 되며, 구하려는 역행렬은 다음과 같다.

$$A^{-1} = \begin{pmatrix} 8 & -5 \\ -3 & 2 \end{pmatrix}$$ ■

문제 9.5 다음 행렬의 역행렬을 정의에 의해 구하여라.

$$A = \begin{pmatrix} 1 & 2 \\ 0 & 1 \end{pmatrix}$$

$n \times n$ 행렬 $A = (a_{ij})$의 역행렬 A^{-1}을 구하는 공식은 다음과 같다.

$$A^{-1} = \frac{1}{|A|} \begin{bmatrix} A_{11} & A_{21} & \cdots & A_{n1} \\ A_{12} & A_{22} & \cdots & A_{n2} \\ \vdots & \vdots & \ddots & \vdots \\ A_{1n} & A_{2n} & \cdots & A_{nn} \end{bmatrix}$$

여기에서 원소 a_{ij}의 여인수는 $A_{ij} = (-1)^{i+j} M_{ij}$이다.

예제 9.6 다음 행렬의 역행렬을 구하여라.

$$A = \begin{pmatrix} 2 & 3 \\ 1 & 4 \end{pmatrix}$$

풀이•• $|A| = 2 \times 4 - 3 \times 1 = 5$

$$A_{11} = M_{11} = 4$$
$$A_{12} = -M_{12} = -1$$
$$A_{21} = -M_{21} = -3$$
$$A_{22} = M_{22} = 2$$
$$\therefore A^{-1} = \frac{1}{5} \begin{bmatrix} 4 & -3 \\ -1 & 2 \end{bmatrix}$$ ■

문제 9.6 다음 행렬의 역행렬을 여인수를 이용하여 구하여라.

$$B=\begin{pmatrix}1 & -2\\ 3 & -2\end{pmatrix}$$

예제 9.7 다음 행렬의 역행렬을 구하여라.

$$B=\begin{pmatrix}1 & 3 & 2\\ 1 & 4 & 1\\ 1 & 2 & 2\end{pmatrix}$$

풀이•• $|B|=\begin{vmatrix}4 & 1\\ 2 & 2\end{vmatrix}-3\begin{vmatrix}1 & 1\\ 1 & 2\end{vmatrix}+2\begin{vmatrix}1 & 4\\ 1 & 2\end{vmatrix}=6-3-4=-1$

$B_{11}=\begin{vmatrix}4 & 1\\ 2 & 2\end{vmatrix}=6,\ B_{12}=-\begin{vmatrix}1 & 1\\ 1 & 2\end{vmatrix}=-1,\ B_{13}=\begin{vmatrix}1 & 4\\ 1 & 2\end{vmatrix}=-2,\ B_{21}=-\begin{vmatrix}3 & 2\\ 2 & 2\end{vmatrix}=-2$

$B_{22}=\begin{vmatrix}1 & 2\\ 1 & 2\end{vmatrix}=0,\ B_{23}=-\begin{vmatrix}1 & 3\\ 1 & 2\end{vmatrix}=1$

$B_{31}=\begin{vmatrix}3 & 2\\ 4 & 1\end{vmatrix}=-5,\ B_{32}=-\begin{vmatrix}1 & 2\\ 1 & 1\end{vmatrix}=1,\ B_{33}=\begin{vmatrix}1 & 3\\ 1 & 4\end{vmatrix}=1$

따라서 $B^{-1}=-1\begin{pmatrix}6 & -2 & -5\\ -1 & 0 & 1\\ -2 & 1 & 1\end{pmatrix}$이다. ■

문제 9.7 다음 행렬의 역행렬을 구하여라.

$$C=\begin{pmatrix}1 & 2 & -2\\ 3 & 1 & -1\\ 2 & -1 & 0\end{pmatrix}$$

정리 9.1

$n\times n$ 행렬 A의 역행렬이 존재할 필요충분조건은 행렬 A의 행렬식이 $|A|\neq 0$이어야 한다.

예제 9.8 다음 행렬의 역행렬은 존재하는가?

$$C=\begin{pmatrix}1 & 2\\ 2 & 4\end{pmatrix}$$

풀이•• $|C| = 1 \times 4 - 2 \times 2 = 0$

따라서 역행렬이 존재하지 않는다. ■

문제 9.8 다음 행렬의 역행렬은 존재하는가?

$$E = \begin{pmatrix} 1 & 0 & 0 & 0 \\ 0 & 0 & 0 & 1 \\ 0 & 0 & 1 & 0 \\ 0 & 1 & 0 & 0 \end{pmatrix}$$

위의 예를 통하여 임의의 $n \times n$ 행렬 A에 대하여 그 역행렬이 존재하거나 또는 존재하지 않을 수 있음을 보았다. 만약 행렬 A의 역행렬이 존재하는 경우 행렬 A를 **정칙행렬**(non-singular)이라 하고, 그렇지 않은 경우 **비정칙행렬**(singular)이라 한다.

p개의 $n \times 1$ 벡터 $v_1, v_2, \cdots, v_p$가 있다고 하자. 이때 상수 $a_1, a_2, \cdots, a_p$에 대하여

$$a_1 v_1 + a_2 v_2 + \cdots + a_p v_p$$

를 벡터 $v_1, v_2, \cdots, v_p$의 **일차결합**(linear combination)이라고 정의한다. 주어진 벡터 $v_1, v_2, \cdots, v_p$에 대하여

$$a_1 v_1 + a_2 v_2 + \cdots + a_p v_p = 0$$

이라 놓아 위의 식을 만족하는 해가 $a_1 = a_2 = \cdots = a_p = 0$이 될 때 $v_1, v_2, \cdots, v_p$는 **일차독립**(linearly independent)이라 정의하고, 모든 a_i가 0이 아닌 경우에 등식이 성립하면 벡터 $v_1, v_2, \cdots, v_p$는 **일차종속**(linearly dependent)이라고 정의한다.

예제 9.9 다음 세 벡터는 일차독립인가?

$$v_1 = \begin{pmatrix} 6 \\ 2 \\ 3 \\ 4 \end{pmatrix}, \quad v_2 = \begin{pmatrix} 0 \\ 5 \\ -3 \\ 1 \end{pmatrix}, \quad v_3 = \begin{pmatrix} 0 \\ 0 \\ 7 \\ -2 \end{pmatrix}$$

풀이•• 상수 a_1, a_2, a_3에 대하여

$$a_1v_1 + a_2v_2 + a_3v_3 = 0$$

이라 놓으면,

$$\begin{pmatrix} 6a_1 \\ 2a_1 + 5a_2 \\ 2a_1 - 3a_2 + 7a_3 \\ 4a_1 + a_2 - 2a_3 \end{pmatrix} = \begin{pmatrix} 0 \\ 0 \\ 0 \\ 0 \end{pmatrix}$$

이다. 따라서

$$a_1 = a_2 = a_3 = 0$$

이므로 v_1, v_2, v_3는 일차독립이다. ■

문제 9.9 다음 세 벡터는 일차독립인가?

(1) $a_1 = \begin{pmatrix} 1 \\ 1 \\ 0 \end{pmatrix}$, $a_2 = \begin{pmatrix} 1 \\ 0 \\ 1 \end{pmatrix}$, $a_3 = \begin{pmatrix} 0 \\ 1 \\ 1 \end{pmatrix}$

(2) $b_1 = \begin{pmatrix} 1 \\ -1 \\ 4 \end{pmatrix}$, $b_2 = \begin{pmatrix} 1 \\ 0 \\ 6 \end{pmatrix}$, $b_3 = \begin{pmatrix} 3 \\ -5 \\ 8 \end{pmatrix}$

벡터 v_1, v_2, v_3를 한군데 모은 다음의 행렬을 보도록 하자.

$$A = \begin{pmatrix} 6 & 0 & 0 \\ 2 & 5 & 0 \\ 3 & -3 & 7 \\ 4 & 1 & -2 \end{pmatrix}$$

이 행렬 A에서 일차독립인 열은 '3'이며, 이를 **행렬 A의 계수**(rank)라고 정의한다. 임의의 $m \times n$ 행렬 A에서 행렬 A의 계수를 다음과 같이 정의한다.

(1) 행렬 A에서 일차독립인 열의 수

(2) 행렬 A에서 일차독립인 행의 수

위의 두 정의에서 어느 것을 사용해도 두 값은 동일하며, A의 계수를 $r(A)$로 표기한다. 만약 행렬 A의 차원이 $m\times n$이라면 행렬 A가 가질 수 있는 가장 큰 계수는 $\min(n, m)$이며, 이때 행렬 A는 **최대 계수**(full rank)를 가진다고 한다.

예제 9.10 다음 행렬의 계수를 구하여라.

$$A=\begin{pmatrix}6 & 0 & 0\\ 2 & 5 & 0\\ 3 & -3 & 7\\ 4 & 1 & -2\end{pmatrix}$$

풀이•• 앞의 예제 9.9에 의하여 행렬 A의 일차독립인 열의 수는 '3'이므로, 행렬 A의 계수 $r(A)$는 3이다. ■

문제 9.10 다음 행렬의 계수를 각각 구하여라.

(1) $A=\begin{pmatrix}1 & 1 & 0\\ 1 & 0 & 1\\ 0 & 1 & 1\end{pmatrix}$ (2) $B=\begin{pmatrix}1 & 1 & 3\\ -1 & 0 & -5\\ 4 & 6 & 8\end{pmatrix}$

9.3 연습문제

01 다음 행렬의 역행렬을 정의 또는 역행렬 공식을 이용하여 각각 구하여라.

(1) $A=\begin{pmatrix}1 & -2\\ 3 & -2\end{pmatrix}$ (2) $B=\begin{pmatrix}1 & 1 & -1\\ 1 & 2 & 1\\ 2 & 0 & -5\end{pmatrix}$

02 다음 세 벡터들이 일차독립인지 아닌지를 보여라.

(1) $v_1=\begin{pmatrix}2\\ 1\\ 3\\ 1\end{pmatrix}$, $v_2=\begin{pmatrix}1\\ 2\\ -1\\ 0\end{pmatrix}$, $v_3=\begin{pmatrix}3\\ 0\\ 1\\ 2\end{pmatrix}$

(2) $a=\begin{pmatrix}1\\3\\2\end{pmatrix}$, $b=\begin{pmatrix}3\\2\\5\end{pmatrix}$, $c=\begin{pmatrix}4\\5\\7\end{pmatrix}$

03 다음 행렬의 계수를 각각 구하고, 최대 계수인지를 밝혀라.

(1) $A=\begin{pmatrix}1 & 2\\3 & 4\end{pmatrix}$ (2) $B=\begin{pmatrix}1 & 2 & 3\\4 & 5 & 6\\7 & 8 & 9\end{pmatrix}$

9.4 선형방정식과 행렬

미지수가 p개인 선형방정식은

$$a_1x_1 + a_2x_2 + \cdots + a_px_p = b$$

의 형태이며, 여기에서 $a_1, a_2, \cdots, a_p$와 b는 상수이고, $x_1, x_2, \cdots, x_p$는 변수(variables) 이다. 이를 n개의 방정식과 p개의 미지수로 확장한 선형방정식계는 다음과 같다.

$$\begin{aligned} a_{11}x_1 + a_{12}x_2 + \cdots + a_{1p}x_p &= b_1 \\ a_{21}x_1 + a_{22}x_2 + \cdots + a_{2p}x_p &= b_2 \\ &\vdots \\ a_{n1}x_1 + a_{n2}x_2 + \cdots + a_{np}x_p &= b_n \end{aligned} \tag{9.1}$$

여기에서 a_{ij}와 b_i는 실수이며 식 (9.1)을 $n \times p$ **선형방정식계**(system of linear equation) 라고 부른다.

이와 같은 선형방정식계를 행렬로 표시하면

$$A\underline{x} = b$$

이며, $n \times p$ 행렬 A

$$A = \begin{pmatrix} a_{11} & a_{12} & \cdots & a_{1p} \\ a_{21} & a_{22} & \cdots & a_{2p} \\ \vdots & \vdots & \ddots & \vdots \\ a_{n1} & a_{n2} & \cdots & a_{np} \end{pmatrix}$$

를 **계수행렬**(coefficient matrix)이라 하고, $x' = (x_1, x_2, \cdots, x_p)$, $b' = (b_1, b_2, \cdots, b_p)$이다.

예제 9.11 3×3 선형방정식계를 행렬로 표현하여라.

$$\begin{aligned} x_2 + x_3 &= 3 \\ x_1 - 2x_2 + 3x_3 &= 5 \\ x_1 \qquad + 6x_3 &= 2 \end{aligned}$$

풀이•• $\begin{pmatrix} 0 & 1 & 1 \\ 1 & -2 & 3 \\ 1 & 0 & 6 \end{pmatrix}\begin{pmatrix} x_1 \\ x_2 \\ x_3 \end{pmatrix} = \begin{pmatrix} 3 \\ 5 \\ 2 \end{pmatrix}$ ■

문제 9.11 3×2 선형방정식계를 행렬로 표현하여라.

$$\begin{aligned} x-y&=1 \\ x+y&=5 \\ 2x-y&=0 \end{aligned}$$

식 (9.1)의 선형방정식계에서 방정식의 수와 변수의 수가 동일한 경우 그 해를 구해보자.

$$Ax=b$$

에서,

(1) $p\times p$ 행렬 A가 정칙인 경우

$$\begin{aligned} & Ax=b \\ \Rightarrow\ & A^{-1}(Ax)=A^{-1}b \\ \Rightarrow\ & \underline{x}=A^{-1}b \\ \therefore\ & \underline{x}=A^{-1}b \end{aligned}$$

(2) $p\times p$ 행렬 A가 비정칙인 경우

만약 $r(A)=r(A:b)$이면, x의 해는 무수히 많고,

만약 $r(A)\neq r(A:b)$이면, x의 해는 존재하지 않는다.

여기에서 행렬 $(A:b)$를 행렬 A의 오른쪽에 벡터 b를 첨가한 **확대행렬**(augmented matrix)이라 한다.

예제 9.12 다음 2×2 선형방정식계의 해를 각각 구하여라.

(1) $\begin{cases} x+y=1 \\ x-y=1 \end{cases}$ (2) $\begin{cases} x+y=1 \\ 2x+2y=2 \end{cases}$ (3) $\begin{cases} x+y=1 \\ 2x+2y=1 \end{cases}$

풀이•• 이들 선형방정식계의 그래프를 작성하면 다음과 같다.

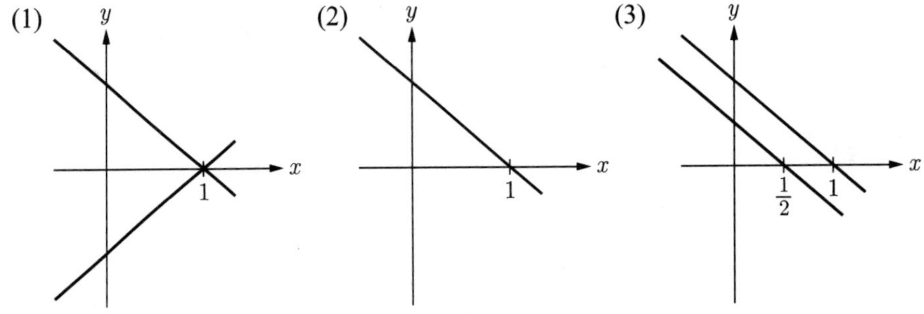

(1): 두 선은 점 $(1,\ 0)$에서 교차한다. 따라서 $(1,\ 0)$이 해가 된다.

(2): 두 선은 완전히 일치한다. 따라서 선 위의 모든 점이 해가 된다.

(3): 두 선은 서로 평행이다. 따라서 해는 존재하지 않는다. ■

문제 9.12 다음 2×2 선형방정식계의 해를 각각 구하여라.

(1) $\begin{cases} x-\ y=-2 \\ -x+2y=\ 5 \end{cases}$ (2) $\begin{cases} x-\ y=-2 \\ -x+2y=\ 2 \end{cases}$

행렬을 이용하여 위 선형방정식계의 해를 다시 구해보자.

(1) $\begin{cases} x+y=1 \\ x-y=1 \end{cases} \Leftrightarrow \begin{pmatrix} 1 & 1 \\ 1 & -1 \end{pmatrix}\begin{pmatrix} x \\ y \end{pmatrix}=\begin{pmatrix} 1 \\ 1 \end{pmatrix}$

따라서

$$\begin{pmatrix} x \\ y \end{pmatrix}=\begin{pmatrix} 1 & 1 \\ 1 & -1 \end{pmatrix}^{-1}\begin{pmatrix} 1 \\ 1 \end{pmatrix}=-\frac{1}{2}\begin{pmatrix} -1 & -1 \\ -1 & 1 \end{pmatrix}\begin{pmatrix} 1 \\ 1 \end{pmatrix}=\begin{pmatrix} 1 \\ 0 \end{pmatrix}$$

(2) $\begin{cases} x+\ y=1 \\ 2x+2y=2 \end{cases} \Leftrightarrow \begin{pmatrix} 1 & 1 \\ 2 & 2 \end{pmatrix}\begin{pmatrix} x \\ y \end{pmatrix}=\begin{pmatrix} 1 \\ 2 \end{pmatrix}$

그런데

$$r\begin{pmatrix} 1 & 1 \\ 2 & 2 \end{pmatrix}=r\begin{pmatrix} 1 & 1 & 1 \\ 2 & 2 & 2 \end{pmatrix}$$

이므로, 해는 무수히 많고 직선 $y+x=1$의 모든 점이 해가 된다.

(3) $\begin{cases} x+\ y=1 \\ 2x+2y=1 \end{cases} \Leftrightarrow \begin{pmatrix} 1 & 1 \\ 2 & 2 \end{pmatrix}\begin{pmatrix} x \\ y \end{pmatrix}=\begin{pmatrix} 1 \\ 1 \end{pmatrix}$

그런데

$$r\begin{pmatrix}1 & 1\\ 2 & 2\end{pmatrix} < r\begin{pmatrix}1 & 1 & 1\\ 2 & 2 & 1\end{pmatrix}$$

이므로, 해는 존재하지 않는다.

가우스 소거법

선형방정식계를 풀기 위한 또 다른 매우 중요한 방법으로 **가우스 소거법**(Gaussian elimination)이 있다.

어떤 선형방정식계에서 식의 순서를 바꾸어도 해집합에 아무런 영향을 주지 못한다. 또 어떤 식에 0이 아닌 수를 곱해도 해집합에는 변함이 없으며, 어떤 임의의 식에 0이 아닌 실수를 곱하여 다른 식에 더하거나 빼도 선형방정식계의 해집합은 동일하게 된다.

정의 9.1 선형방정식계의 동치

두 선형방정식계의 해집합이 서로 같으면, 두 선형방정식계를 서로 **동치**(equivalent)라고 정의한다.

예제 9.13 다음 두 선형방정식계는 동치인가?

(1) $\begin{cases}3x+y=2\\ 2x-y=3\end{cases}$ (2) $\begin{cases}3x+\ \ y=2\\ 4x-2y=6\end{cases}$

풀이•• (1) $x=1,\ y=-1$

(2) $x=1,\ y=-1$

따라서 두 선형방정식계는 동치이다. ■

문제 9.13 다음 두 선형방정식계는 동치인가?

(1) $\begin{cases}3x+y=2\\ 2x-y=3\end{cases}$ (2) $\begin{cases}3x+\ \ y=2\\ x+2y=-1\end{cases}$

동치인 선형방정식계를 얻기 위한 세 가지 **기본연산**(elementary operations)은 다음과 같다.

(1) 두 방정식의 순서를 서로 바꿀 수 있다.

(2) 한 방정식의 양변에 0이 아닌 수를 곱할 수 있다.

(3) 한 방정식의 양변에 0이 아닌 수를 곱하여 다른 방정식에 더하거나 뺄 수 있다.

위의 세 가지 기본연산을 이용하여 선형방정식계의 해를 구해보도록 한다.

$$\begin{cases} x+2y-z=4 \\ -3x+2y+z=2 \\ 3x+y-2z=3 \end{cases}$$

동치인 선형방정식계를 계수행렬과 확대형렬을 이용하여 표현해보자.

$$\begin{pmatrix} 1 & 2 & -1 & : & 4 \\ -3 & 2 & 1 & : & 2 \\ 3 & 1 & -2 & : & 3 \end{pmatrix}$$

가우스 소거법이란

(1) 주어진 선형방정식계와 동치인 상삼각행렬 방정식계를 만들고,

(2) 후진대입법(back substitution)을 이용하여 상삼각행렬 방정식계의 해를 구하는 방법이다.

따라서 상삼각행렬 방정식계를 만들기 위하여

(1) 1행에 3배 하여 2행에 더해도 해는 변함이 없다.

(2) 1행에 -3배 하여 3행에 더해도 해는 변함이 없다.

$$\rightarrow \begin{pmatrix} 1 & 2 & -1 & : & 4 \\ 0 & 8 & -2 & : & 14 \\ 0 & -5 & 1 & : & -9 \end{pmatrix}$$

(3) 2행에 $\frac{1}{2}$배 한다.

(4) 3행에 4배 한다.

$$\rightarrow \begin{pmatrix} 1 & 2 & -1 & : & 4 \\ 0 & 4 & -1 & : & 7 \\ 0 & -20 & 4 & : & -36 \end{pmatrix}$$

(5) 2행에 5배 하여 3행에 더한다.

$$\to \begin{pmatrix} 1 & 2 & -1 & : & 4 \\ 0 & 4 & -1 & : & 7 \\ 0 & 0 & -1 & : & -1 \end{pmatrix}$$

(6) 3행에 (-1)배 한다.

$$\to \begin{pmatrix} 1 & 2 & -1 & : & 4 \\ 0 & 4 & -1 & : & 7 \\ 0 & 0 & 1 & : & 1 \end{pmatrix}$$

따라서 동치인 선형방정식계를 적어보면

$$\begin{cases} x+2y-\ z=4 \\ \quad\ \ 4y-\ z=7 \\ \qquad\quad\ \ z=1 \end{cases}$$

이므로, 후진대입법을 이용하면 그 해는

$$z=1,\ y=2,\ x=1$$

이 된다.

예제 9.14 가우스 소거법을 이용하여 다음 선형방정식계의 해를 구하여라.

$$x+\ y-z=-2$$

$$x+2y+z=3$$

$$2x+3y-z=-1$$

풀이•• 확대 행렬을 이용하여 표현하면

$$\begin{pmatrix} 1 & 1 & -1 & : & -2 \\ 1 & 2 & 1 & : & 3 \\ 2 & 3 & -1 & : & -1 \end{pmatrix}$$

이므로, 상삼각행렬 방정식계를 만들기 위하여

(1) 1행에 (-1)배 하여 2행에 더한다.

(2) 1행에 (-2)배 하여 2행에 더한다.

$$\rightarrow \begin{pmatrix} 1 & 1 & -1 & : & -2 \\ 0 & 1 & 2 & : & 5 \\ 0 & 1 & 1 & : & 3 \end{pmatrix}$$

(3) 2행에 (-1)배 하여 3행에 더한다.

$$\rightarrow \begin{pmatrix} 1 & 1 & -1 & : & -2 \\ 0 & 1 & 2 & : & 5 \\ 0 & 0 & -1 & : & -2 \end{pmatrix}$$

(4) 3행에 (-1)배 한다.

$$\rightarrow \begin{pmatrix} 1 & 1 & -1 & : & -2 \\ 0 & 1 & 2 & : & 5 \\ 0 & 0 & 1 & : & 2 \end{pmatrix}$$

따라서 동치인 선형방정식계는

$$\begin{cases} x+y-z=-2 \\ \quad\ y+2z=5 \\ \qquad\quad z=2 \end{cases}$$

이므로, 후진대입법을 이용하면 그 해는

$$z=2,\ y=2,\ x=-1$$

이다. ■

문제 9.14 가우스 소거법을 이용하여 다음 선형방정식계를 풀어라.

$$x+y+z=1$$

$$x+2y+3z=-1$$

$$x+4y+9z=-9$$

9.4 연습문제

01 다음 연립방정식이 한 쌍의 해를 갖기 위한 실수 a의 조건을 구하여라.

$$\begin{cases} 2x - ay = 1 \\ 5x + 3y = -2 \end{cases}$$

02 가우스 소거법을 이용하여 다음 행렬의 행렬식을 각각 구하여라.

(1) $\begin{pmatrix} 1 & 4 & 0 \\ 2 & -1 & 2 \\ 5 & -2 & 0 \end{pmatrix}$ (2) $\begin{pmatrix} 3 & 4 & -2 \\ 0 & 0 & 0 \\ 2 & -1 & 5 \end{pmatrix}$

03 가우스 소거법을 이용하여 다음 선형방정식계의 해를 구하여라.

(1) $\begin{cases} x + y = 14 \\ x + z = 12 \\ x - y = 6 \end{cases}$ (2) $\begin{cases} x + 2y + 2z = 1 \\ 2x + 5y + 2z = 4 \\ 3x + 8y + 2z = 8 \end{cases}$

04 다음과 같은 연립방정식이 주어졌을 때, 아래 질문에 답하여라.

$$\begin{cases} x + 2y = 5 \\ 3x + 5y = 1 \end{cases}$$

(1) 행렬 A를 이용하여 $Ax = b$의 형태로 표현하여라.

(2) 위에서 구한 행렬 A의 행렬식을 구하고, 행렬식의 값이 0인지를 판정하여라.

(3) (2)에서 구한 행렬식의 값이 '0'이 아닌 경우에 한하여 행렬 A의 역행렬을 구하여라.

(4) (3)에서 구한 역행렬을 이용하여 위 식의 해를 구하여라.

(5) 가우스 소거법을 이용하여 위 식의 해를 구하여라.

부록

1 문제와 연습문제 해답

제1장 식의 기초

1.1 (1) $\frac{4}{9}$ (2) $\frac{1}{4}$ (3) 16 (4) $\frac{8}{9}$

1.2 (1) -1 (2) 4 (3) $\frac{1}{4}$ (4) $\frac{1}{2}$

1.3 (1) $\frac{1}{27}x^6$ (2) $\sqrt[12]{3}$ (3) $3^{\frac{4}{3}}$ (4) $\frac{1}{2}x^4y^3$

(5) $\frac{16}{81}$ (6) $3\frac{x^3}{y}$

1.4 (1) 0 (2) 4

1.5 (1) $x^2+2x^2\sqrt{x}+3x^2+x\sqrt{x}$ (2) x^3+27

(3) $x^2-xy-2y^2+3y-1$ (4) x^4-5x^2+4

(5) x^8-1 (6) $27a^3+8b^3$

1.6 (1) $(x+3y)^2$ (2) $(2x^2-3)(4x^4+6x^2+9)$

(3) $(x-2)^3$ (4) $(2x-y)^3$

1.7 (1) $(x-\sqrt{2})(x+\sqrt{2})(x-3)$ (2) $(a+b)(x-y)(x+y)$

(3) $\left(x+\frac{2}{x}\right)^3$ (4) $(x-2y+1)(x+y-1)$

1.8 몫 : $3x^3+6x$, 나머지 : $12x+1$

1.9 몫 : $3x^2+3x-3$, 나머지 : $-6x+5$

1.10 (1) 몫 : x^2+5, 나머지 : 6

(2) 몫 : $3x^2+3x+2$, 나머지 : $-x-3$

1.11 1

1.12 $a=-7$, $b=-60$

1.13 (1) $(x-1)^2(x+3)$ (2) $(2x-1)(2x^2+x+1)$

(3) $(x+1)(2x^2+7x-6)$ (4) $(x+1)(2x+1)(3x-1)$

(5) $(x-1)(x-2)(x+2)(x^2+4)$

(6) $(x+y)(x-y)(x^2+y^2+xy)(x^2+y^2-xy)$

1.14 (1) $\frac{x-2}{x(x+4)}$ (2) 0 (3) $\frac{6}{(x-3)(x+3)}$

(4) $\dfrac{6}{x(x+6)}$ (5) $\dfrac{2(x+1)}{x^2(x+2)}$ (6) $\dfrac{x^2+x+2}{x+1}$

1.15 (1) $\dfrac{3}{x(x+3)}$ (2) $\dfrac{1}{x}$ (3) $\dfrac{20}{x(x+10)}$

1.16 (1) $-1 \le x \le 1,\ x \ne 0$ (2) $-1 \le x \le 7$

(3) $0 \le x < 1$ (4) $0 \le x < 1$

1.17 (1) $4\sqrt{2}-3$ (2) $\sqrt{x+2}$

(3) 1 (4) $\dfrac{2\sqrt{3}+3+\sqrt{21}}{12}$

1.1 연습문제

1. (1) a^{-1} (2) $\dfrac{10}{3}$ (3) $\dfrac{1}{8}$ (4) $\dfrac{1}{216}$

2. (1) $\dfrac{2}{x^2}$ (2) $\dfrac{4}{25}x^2$ (3) $\dfrac{x^9}{27}$ (4) $27x^{-\frac{1}{2}}y^{\frac{5}{6}}$

3. $x^4 - x^{-4}$

4. 2

5. 10번

6. (1) 2 (2) $\dfrac{14}{3}$

7. 4개

1.2 연습문제

1. (1) x^3+27 (2) $3x^2+5xy+2y^2+2x-8$

(3) $x^4+2x^3+3x^2+2x+1$ (4) $x^5+5x^4+10x^3+10x^2+5x+1$

2. (1) $(2a+3b)(3a-4b)$ (2) $(x-2)^3$

(3) $(a^2+4)(a+1)(a-1)$ (4) $(x^2+y^2-xy)(x^2+y^2+xy)$

(5) $(a+b-c)(a+c)$ (6) $(x+y)(xy-zx+zy)$

(7) $(x-1)(x+1)(x-2)(x-3)$ (8) $(x-1)(x+1)(x^2-x+1)(x^2+x+1)$

(9) $x(xy-7)^2$ (10) $(x-1)^2(x+1)$

3. (1) 4021 (2) 97

4. 길이 c가 되는 변이 빗변인 직각삼각형

5. 27

6. 9개

7. $4-24\sqrt{3}$

8. 8

1.3 연습문제

1. -22

2. $c=-3$

3. (1) 몫 : $2x^2+6x+3$, 나머지 : 12

(2) 몫 : $\frac{1}{2}x^2+\frac{3}{4}x-\frac{3}{8}$, 나머지 : $\frac{19}{8}$

4. 14

5. $a=b=1$

6. 3

7. $a=-5$

8. $-5x^2+18x-9$

1.4 연습문제

1. (1) $\frac{1}{x-3}$ (2) $-\frac{3x^2+3xh+h^2}{x^3(x+h)^3}$ (3) 3

2. (1) -1 (2) -2

(3) -1 (4) -2

3. $\frac{2}{25}$

4. $-2x-2$

5. $2\sqrt{2}$

6. 20

7. 20

8. 5, 7

9. $17+12\sqrt{2}$

10. 5

11. $A<B$

제2장 방정식과 부등식

2.1 (1) $\frac{1}{5}$ (2) 18 (3) 0 (4) 0

2.2 (1) $\frac{2}{3}$ (2) $-\frac{4}{5}$

2.3 (1) 4 또는 $\frac{4}{3}$ (2) $\frac{1}{3}$ 또는 7

2.4 (1) 3 또는 -4 (2) 2 또는 $-\frac{1}{3}$

(3) $1-i$ 또는 $-i$ (4) $-1,\ -2,\ 1$ 또는 2

2.5 $k<0$ 또는 $0<k\le 1$

2.6 (1) $-\frac{38}{5}$ (2) 482

2.7 (1) $x=-2$ 또는 $1\pm\sqrt{3}\,i$ (2) $x=-4,\ -1,\ 2,\ 3$

(3) $x=-5,\ 0,\ \frac{-15\pm\sqrt{15}\,i}{2}$ (4) $x=-1$(중근), $1,\ 2$

2.8 (1) 0 (2) $4-5w$

2.9 (1) $x=-2\pm\sqrt{3}$ 또는 1(중근) (2) $x=3^6$

2.10 (1) $\begin{cases}x=1\\y=0\end{cases}$ (2) $\begin{cases}x=0\\y=-2\end{cases}$

2.11 (1) $\begin{cases}x=\frac{13}{5}\\y=\frac{11}{5}\\z=\frac{1}{5}\end{cases}$ (2) $\begin{cases}x=7\\y=\frac{1}{2}\\z=-2\end{cases}$

2.12 (1) $\begin{cases}x=\frac{4}{3}\\y=\frac{2}{3}\end{cases}$ (2) $\begin{cases}x=\pm 4\\y=\pm 2\end{cases},\ \begin{cases}x=\pm 2\\y=\mp 4\end{cases}$

2.13 (1) $-2\le x<-1$ 또는 $3<x\le 4$ (2) ϕ

2.14 (1) $1<x+y<5$ (2) $-4<x-y\le 0$

(3) $-3<x\cdot y<6$ (4) $-\frac{1}{2}<\frac{x}{y}\le 1$

2.15 (1) $a>1$일 때, $1<x<a$

$a=1$일 때, 해가 없다.

$a<1$일 때, $a<x<1$

(2) $x<-1$

2.1 연습문제

1. (1) $\frac{8}{11}$ (2) 1 (3) $\frac{1}{3},\ \frac{11}{3}$

(4) $-2,\ 2$ (5) $-\frac{4}{3},\ 2$ (6) $\frac{3}{2}$

2. 정삼각형

3. (1) 5 또는 -5 (2) 4 또는 -4

4. 3

5. 0, ± 4, ± 6

6. (1) $x=2,\ \frac{3}{2}$ (2) $-\frac{1}{\sqrt{2}},\ \frac{\sqrt{3}}{\sqrt{2}}$

7. (1) 8초 후 (2) 2초, 또는 6초 후

2.2 연습문제

1. (1) $x=1$(중근), $x=-1\pm\sqrt{2}\,i$ (2) $x=2$
   (3) $x=0,\ \pm 1,\ \pm 2,\ \pm 3$ (4) $x=\frac{-1\pm i}{2},\ \frac{1\pm i}{2}$
   (5) $x=4,\ y=3,\ z=5$ (6) $x=2,\ y=-3,\ z=-1$
   (7) $\begin{cases} x=3 \\ y=-1 \end{cases}$ (8) $\begin{cases} x=5 \\ y=-4 \end{cases}$ $\begin{cases} x=-4 \\ y=5 \end{cases}$
   (9) $\begin{cases} x=2 \\ y=0 \end{cases}$, $\begin{cases} x=-1 \\ y=3 \end{cases}$ (10) $\begin{cases} x=-\sqrt{6} \\ y=6 \end{cases}$, $\begin{cases} x=-\sqrt{2}\,i \\ y=-2 \end{cases}$

2. (1) $x=0,\ \frac{1}{2},\ \frac{3}{2}$ (2) $-3\le x<-2$ 또는 $4\le x<5$

3. (1) 1 (2) -2

4. (1) $a=-3,\ b=4$ (2) $1-i,\ 1$

5. 2 cm, $4-2\sqrt{2}$ cm

6. 38

7. 11

2.3 연습문제

1. (1) $x<23$ (2) $x\ge 2$ 또는 $x<-1$
   (3) $-3<x<3$ (4) $-1<x<0$ 또는 $0<x<1$
   (5) $-\frac{1}{2}<x$ 또는 $x<-3$ (6) $x<-2$ 또는 $x>2$

2. (1) $-3<x\le 2$ 또는 $3\le x<5$ (2) $-2<x\le 3$

3. $-4<k\le 0$

4. $x>3$

5. $a=-9,\ b=4$

6. $a=5,\ b=6$

7. 5

8. 4

제3장 좌표평면과 벡터

3.1 (1) $\sqrt{13}$ (2) 반지름이 $\frac{5}{\sqrt{2}}$ 이고 원점이 중심인 원

3.2 (1) $x=2,\ y=-\frac{3}{2}$ (2) $x=-3,\ y=6$

3.3 (1) $\alpha=\beta=0$ (2) $\alpha=1,\ \beta=0$

3.4 (1) $a=\pm 1$ (2) $a=\pm\frac{1}{\sqrt{2}}$

(3) $a=0$ 또는 1 (4) $a=\pm\frac{6}{\sqrt{13}}$

3.5 (1) $(-2-\sqrt{5},\ 2+\sqrt{5})$ (2) $\left(\frac{1}{\sqrt{5}}-\frac{1}{\sqrt{2}},\ \frac{2}{\sqrt{5}}+\frac{1}{\sqrt{2}}+1\right)$

3.6 (1) $2x+3y=0$ (2) $x=3$

3.7 $(1,\ 0)$ 또는 $\left(-\frac{3}{2},\ 0\right)$

3.8 $2x-3y-1=0$

3.9 (1) 중심 $\left(-1,\ \frac{1}{2}\right)$, 반지름 $\frac{\sqrt{33}}{2}$

(2) 중심 $\left(-\frac{A}{2},\ -\frac{B}{2}\right)$, 반지름 $\frac{\sqrt{-4C+A^2+B^2}}{2}$

3.10 $2\sqrt{2}$

3.11 $-1<k<9$

3.12 $3x+y=10$

3.1 연습문제

1. x축 대칭 : $(a,\ -b)$, y축 대칭 : $(-a,\ b)$, 원점 대칭 : $(-a,\ -b)$
2. $\left(\frac{5}{3},\ 0\right)$
3. $(1,\ 1)$
4. (1) $\theta=\frac{\pi}{2}$ (2) $\theta=\frac{\pi}{4}$
5. (1) $x=-\frac{1}{3}$ (2) $x=\frac{1}{2}$
6. (1) $\frac{1}{2}$ (2) 0 (3) $-\frac{1}{2}$

3.2 연습문제

1. $-\frac{1}{2}<m<\frac{1}{3}$

2. $a=-\dfrac{1}{2}$

3. $\sqrt{a^2+1}$

4. $\dfrac{3\sqrt{5}}{5}$

6. (1) $m=3$ (2) $m=-\dfrac{1}{3}$ (3) $m=\dfrac{7}{2}$

7. $a^2+b^2=10$

8. $x+2y=0$, $2x-y=0$

3.3 연습문제

2. $\dfrac{\sqrt{10}}{5}$

3. $(x+1)^2+(y-2)^2=13$

4. $(\sqrt{3},\ 0)$, $(-\sqrt{3},\ 0)$

제4장 함수

4.1 (1) $a=4$ (2) $a=-1,\ 1,\ 3$

4.2 $4 \le a \le 7$

4.3 (1) $A\cup B=\{x\in\mathbb{R} \mid x>1\}$, $A\cap B=\{x\in\mathbb{R} \mid 2\le x<5\}$,
$A-B=\{x\in\mathbb{R} \mid x\ge 5\}$

(2) $(A\cap B)^c=\{x\in\mathbb{R} \mid x<2$ 또는 $x\ge 5\}$

4.4 (1) 24개 (2) (2, 2), (3, 3), (4, 4)

4.5 (1) $a=f(1)=g(1)=b$이다.

(2) $f(0)=g(0)$이므로 $c=0$, $f(1)=g(1)$이므로 $a=b+c$, $f(-1)=g(-1)$이므로 $a=-b+c$이다. 따라서 $a=b=c=0$이다.

4.6 $f^2=g^2=10x^2+10x+5$

4.7 (1) $f\circ g(x)=4x^2-4x+1$, $g\circ f(x)=2x^2-1$

(2) f가 상수함수이면 $f(x)=c$인 상수 c가 있다.
따라서 $f\circ g(x)=f(g(x))=c$이다.

4.8 (1) $x,\ y\in\mathbb{R}$이고 $x\ne y$일 때 $f_1(x)=-2x+3\ne-2y+3=f_1(y)$이므로 f는 일대

일 함수이다.

(2) $f_2(0) = 3 = f_2(-2)$이므로 f_2는 일대일 함수가 아니다.

(3) $f_3(-1) = -1 = f_3(-2)$이므로 f_3는 일대일 함수가 아니다.

4.9 (1) $x \in \mathbb{R}$이면 $f_1\left(\frac{1-x}{8}\right) = -8\left(\frac{1-x}{8}\right) + 1 = x$이므로 f_1은 $\mathbb{R}$ 위로의 함수이다.

(2) 모든 $x \in \mathbb{R}$에 대해 $f_2(x) = 5x^2 + 3 \geq 3$이므로 $f_2(x) = 0$인 x가 없다. 따라서 f_2는 $\mathbb{R}$ 위로의 함수가 아니다.

4.10 $x,\ y \in \mathbb{R}$이고 $f(x) = f(y)$일 때 $x \geq 0$이면 $f(y) = f(x) = x \geq 0$이므로 $y \geq 0$이다. 따라서 $y = f(y) = f(x) = x$이다. $x < 0$이면 $f(y) = f(x) = 2x < 0$이므로 $y < 0$이다. 이때 $2y = f(y) = f(x) = 2x$이므로 $x = y$이다. 따라서 f는 일대일 대응이다.

4.11 (1) $f^{-1}(x) = \frac{x+8}{7}$ (2) $f^{-1}(x) = \sqrt[3]{x}$

4.12 (1) $f(x) = 5x - 7$ (2) $f(x) = -\frac{5}{3}x - \frac{5}{3}$

4.13 감소함수는 (1), (3)

4.14 (2)

4.15 $f(x) = x^3 + x + 2$

4.16 $y = -x^2 + 16x - 63$의 그래프이다.

4.17 (1)

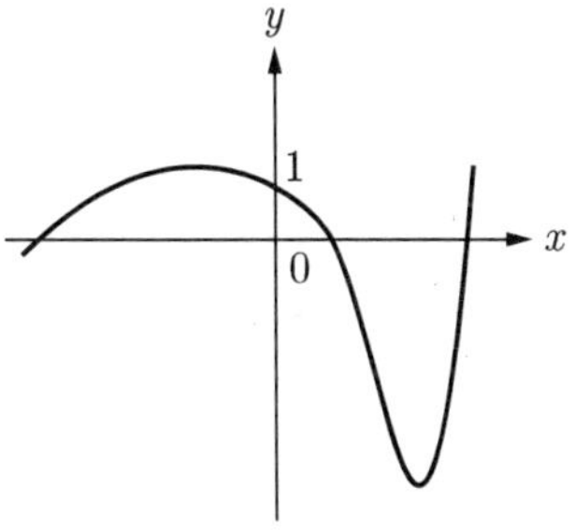

(2)

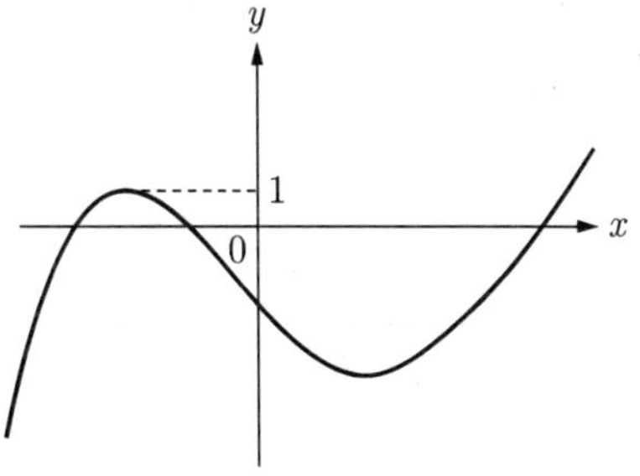

4.18 (1) $f(x) = -x^3 - x^2$의 그래프

(2) $f(x) = -3x - 8$의 그래프

(3) $f(x) = -2x^2 + 16x - 30$의 그래프

4.19 (1)

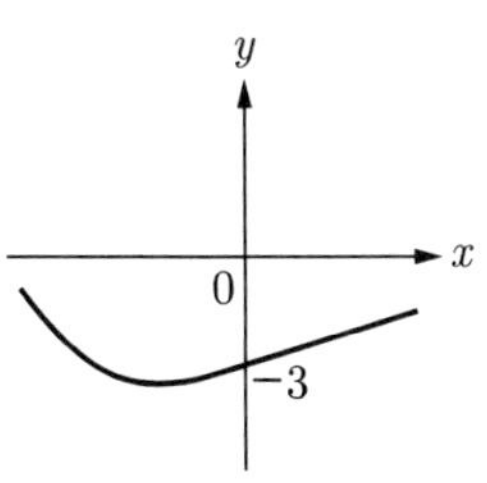

(2)

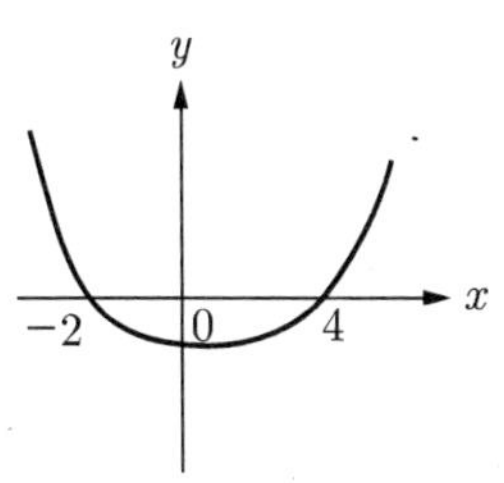

(3)

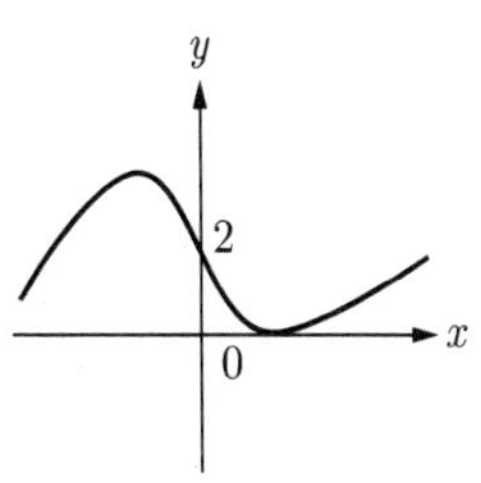

4.20 $y=2x-1$을 $(1,\ 1)$에 대해 대칭이동시키면 $2-y=2(2-x)-1$인데 이를 계산하면 다시 $y=2x-1$이므로 이 함수의 그래프는 $(1,\ 1)$에 대해 대칭이다.

4.21

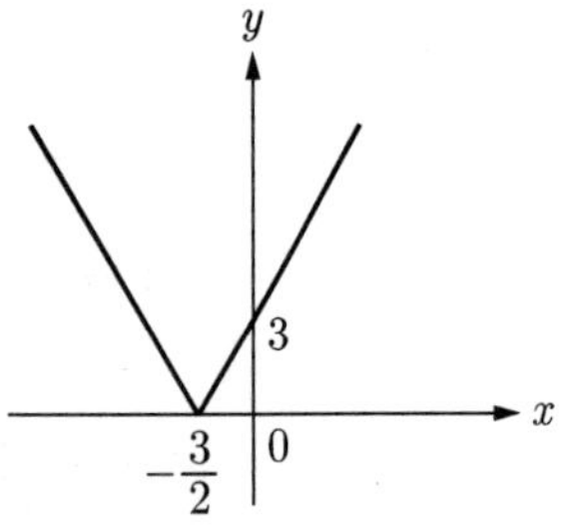

4.22 (1)

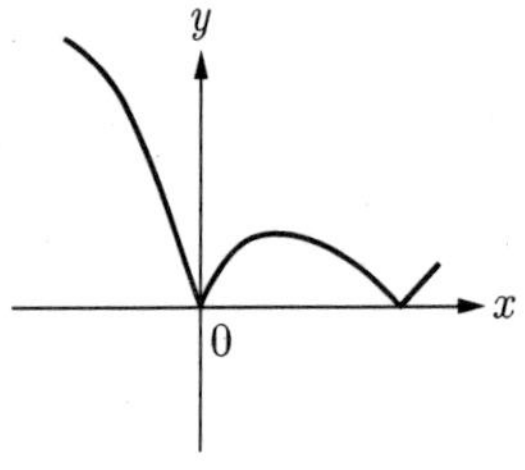

(2)

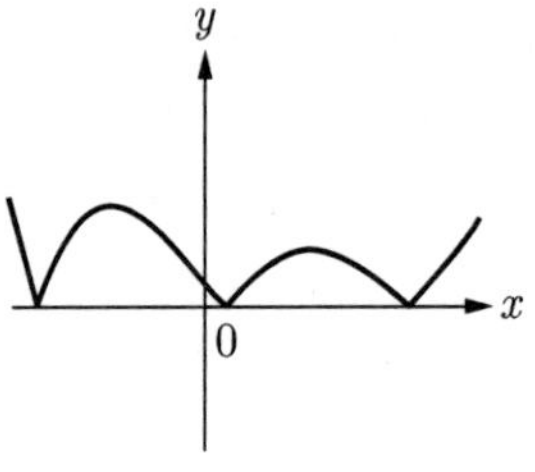

4.23 $y=|2x-1|$의 그래프를 $x=\frac{1}{2}$에 대해 대칭이동시키면

$$y=|2(1-x)-1|=|2x-1|$$

이므로 $y=|2x-1|$의 그래프는 $x=\frac{1}{2}$에 대해 대칭이다.

4.24 (1)

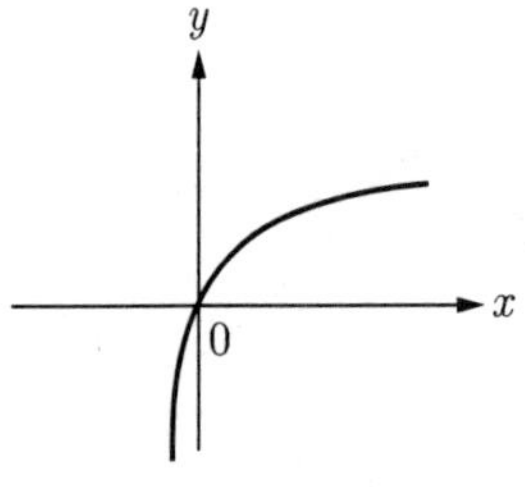

(2)

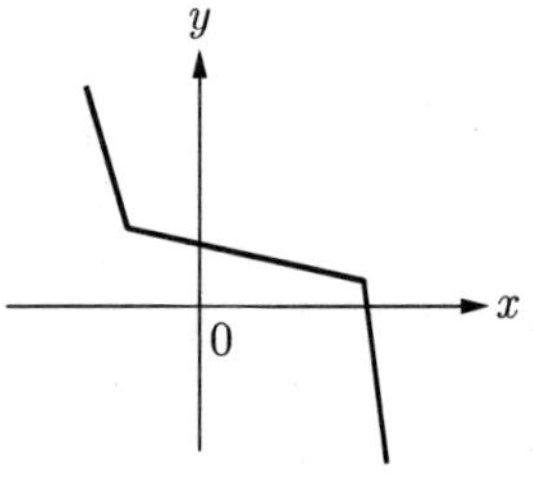

4.25 $-y=a(-x)^2$이므로 $y=-ax^2$이다.

4.26 $y-1=-3(x+3)^2$에서 $y=-3x^2-18x-26$이다.

4.27

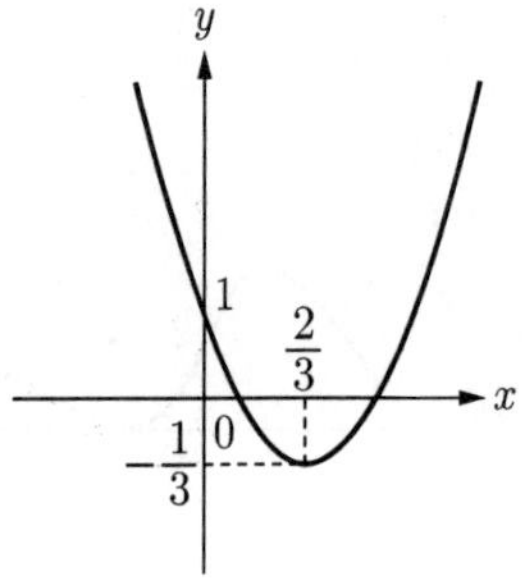

4.28 $y=-5x^2+10x-2$

4.29 (1) $y=\dfrac{6x+5}{2x+2}$ (2) $a=-\dfrac{1}{4},\ p=\dfrac{3}{2},\ r=\dfrac{1}{2}$

4.30 (1)

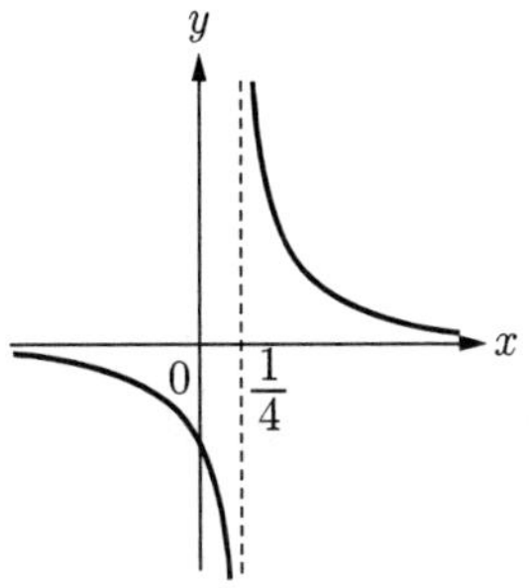

(2) $y=\dfrac{x+3}{2x+7}$

4.31 (1) $y=\sqrt{-2x+10}+3$ (2) $p=-2,\ q=7$

(3)

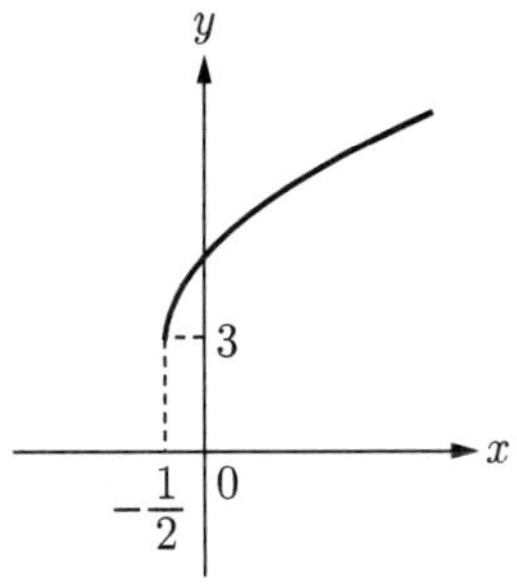

4.1 연습문제

1. $\{-1,\ 0,\ 5\}$
2. $a=\dfrac{3}{2}$
3. $C=\{2,\ 5\}$
4. $A\cup B=\{1,\ 2,\ 3,\ 4,\ 5,\ 6,\ 7\}$, $A\cap B=\{3\}$, $A-B=\{1,\ 2\}$
5. $a=4,\ b=5,\ c=6$
6. $\{(3,\ 2),\ (3,\ 3)\}$

4.2 연습문제

1. $a=-2,\ b=1$
2. $f(1)=g(1)$이므로 $a+b=c$이고, $f(-1)=g(-1)$이므로 $a-b=c$이며, $f(2)=g(2)$이므로 $32a+16b=2c$이다. 따라서 $a=b=c=0$이다.
3. $g(x)=-3x-\dfrac{9}{2}$
4. $f\circ g(x)=18x^2-24x+8$, $g\circ f(x)=6x^2-2$

5. $g(x) = \dfrac{3x^2 - 6x + 3}{4}$

4.3 연습문제

1. (1) 일대일 함수이다. (2) 일대일 함수가 아니다.
   (3) 일대일 함수이다.
2. (1) $\mathbb{R}$ 위로의 함수이다. (2) $\mathbb{R}$ 위로의 함수가 아니다.
3. (1) $f^{-1}(x) = \dfrac{x+4}{7}$ (2) $f^{-1}(x) = -1 + \sqrt{x+1}$
4. $g(x) = x^2 + 4x$

4.4 연습문제

1. 5
2. $a = -1$
3. $x < y$일 때 $ax < ay$이므로 $f(x) = ax + b < ay + b = f(y)$이다.
   따라서 f는 증가함수이다.
4. $x < y$일 때 $f_1(x) \le f_1(y)$이고 $f_2(x) \le f_2(y)$이므로

$$(f_1 + f_2)(x) = f_1(x) + f_2(x) \le f_1(y) + f_2(y) = (f_1 + f_2)(y)$$

   이다. 따라서 $f_1 + f_2$는 증가함수이다.
5. (2)

4.5 연습문제

1. $y = x^2 + 6x + 13$
2. $y = -3x + 15$
3. $y = |x+2| + 2$
4. $y = x^3 + x$를 원점에 대해 대칭이동시키면 $-y = (-x)^3 + (-x)$에서 $y = x^3 + x$이다.
   따라서 $y = x^3 + x$의 그래프는 원점에 대해 대칭이다.
5.

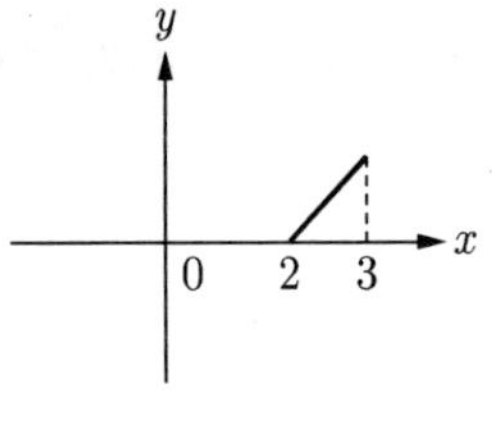

6.

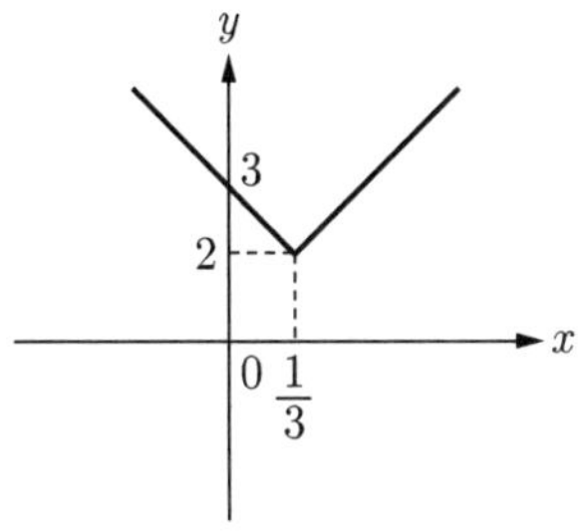

7. $f(x)=\dfrac{x-8}{5}$

8. (1)

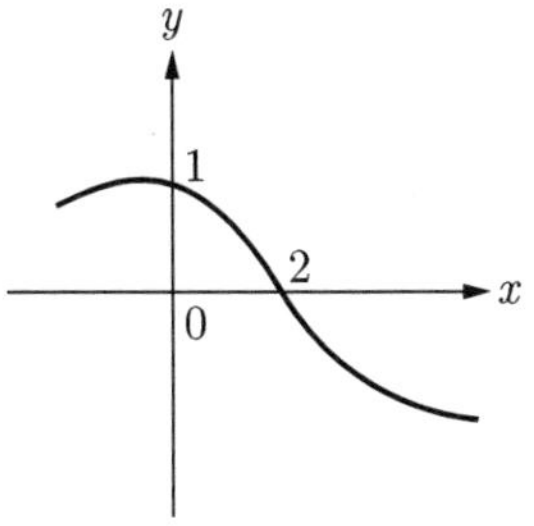

(2)

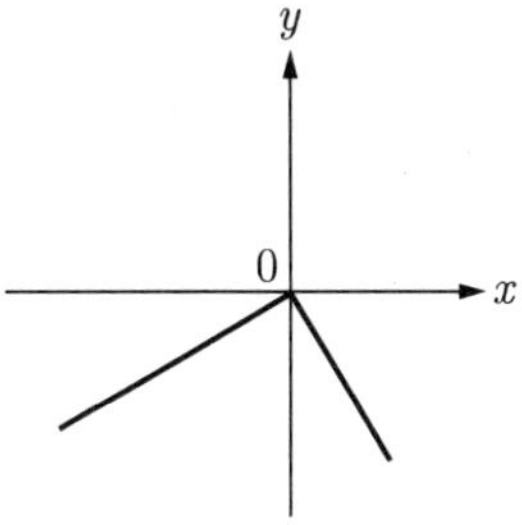

9. (1)

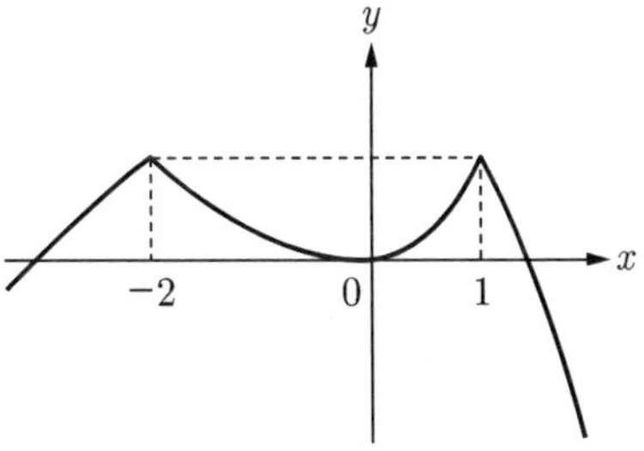

(2)

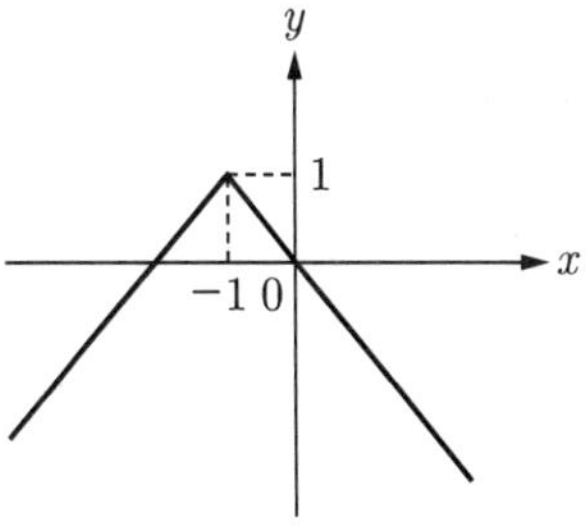

4.6 연습문제

1. $y=-3x^2-1$

2. $y=x^2+4x+3$

3. $y=\dfrac{3}{4}x^2-\dfrac{9}{2}x+\dfrac{35}{4}$

4. $a=5,\ p=2,\ q=2$

5. $y=\dfrac{2x-5}{x-3}$

6. $y=\dfrac{x+3}{2x-1}$

7.

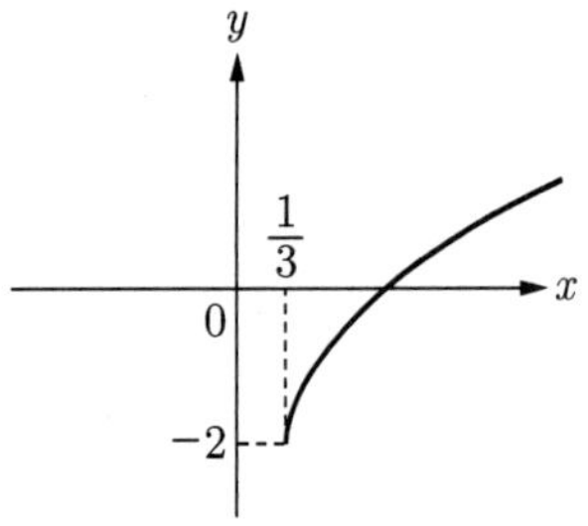

제5장 수열

5.1 $a_2 = 4,\ a_4 = 18$

5.2 $a_2 = 3,\ a_3 = 2$이므로 수열 $\{a_n\}$은 증가수열이 아니다.

5.3 (1) -3425 (2) $\dfrac{(n+1)(5n+4)}{2}$

5.4 $a_n = 5 \cdot 2^{n-2}$, $5 \cdot 4^{10}$은 제22항이다.

5.5 (1) $\dfrac{4^n - 1}{9}$ (2) $2^{n+4} - 2^{2n-1}$

5.6 (1) 25650 (2) $4n^2 - n - 189$ (3) $-\dfrac{1}{6 \cdot 4^n} - \dfrac{3n(n+1)}{2} + \dfrac{1}{6}$

5.7 (1) $\dfrac{3^n - 3}{4}$ (2) $2^{n-1} - \dfrac{3}{2}n(n-3) + 4$

5.8 (1) $\sqrt{(n+1)^3} - 1$ (2) $\dfrac{n}{2n+1}$ (3) $\dfrac{n^2(n+1)^2}{4}$

5.9 (1) $\dfrac{7}{4}$ (2) $\dfrac{\sqrt{2}}{2}$

5.10 (1) $\dfrac{1}{2}$로 수렴 (2) $\dfrac{3}{2}$로 수렴 (3) 발산 (4) 발산

5.11 $-\dfrac{1}{n} \leq \dfrac{\cos n}{n} \leq \dfrac{1}{n}$이고 $\lim\limits_{n\to\infty} \dfrac{1}{n} = \lim\limits_{n\to\infty}\left(-\dfrac{1}{n}\right) = 0$이므로

정리 5.8에 의해 $\lim\limits_{n\to\infty} \dfrac{\cos n}{n} = 0$이다.

5.12 (1) 발산 (2) 0으로 수렴 (3) $\sqrt{5}$로 수렴 (4) 1로 수렴

5.13 (1) $\dfrac{16}{27}$ (2) $\dfrac{\sqrt{15}+3}{2}$

5.14 (1) $\dfrac{1}{2}$

(2) 주어진 급수가 수렴하려면 $x \neq -1$이고 $\left|\dfrac{1}{x+1}\right| < 1$이다.

$-1 < \dfrac{1}{x+1} < 1$에서 $x > 0$ 또는 $x < 2$이다.

이때 $\displaystyle\sum_{n=1}^{\infty} \frac{1}{(x+1)^n} = \frac{1}{x+1} \frac{1}{1-\dfrac{1}{x+1}} = \frac{1}{x}$이다.

5.15 (1) $\displaystyle\lim_{n\to\infty} \frac{2^n + 6^n}{3^n + 5^n} = \infty$이므로 $\displaystyle\sum_{n=1}^{\infty} \frac{2^n + 6^n}{3^n + 5^n}$은 발산한다.

(2) $\displaystyle\lim_{n\to\infty} (\sqrt{n^2+n} - \sqrt{n^2-n}) = \lim_{n\to\infty} \frac{2n}{\sqrt{n^2+n} + \sqrt{n^2-n}} = 1$이므로

$\displaystyle\sum_{n=1}^{\infty} (\sqrt{n^2+n} - \sqrt{n^2-n})$은 발산한다.

5.1 연습문제

1. -7

2. (1) $a_2 = a^2 + 4a + 14$이고 $a_3 = a^2 + 6a - 1$인데 $a < \dfrac{15}{2}$이므로 $a_2 > a_3$이다.

(2) n이 홀수이면 $a_n = (n+a)^2 - 10$, $a_{n+1} = (n+a+1)^2 + 10$이므로 $a_{n+1} > a_n$이다.

n이 짝수이며 $a_n = (n+a)^2 + 10$, $a_{n+1} = (n+a+1)^2 - 10$이므로

$a_{n+1} - a_n = 2n + 2a - 19 \geq 2a - 15 \geq 0$이다. 따라서 $\{a_n\}$은 증가수열이다.

3. 모든 n에 대해 $a_{n+1} - a_n = a(n+1) - (n+1)^2 - (an - n^2) = a - 2n - 1 \leq 0$이 성립할 조건은 $a \leq 3$이다.

5.2 연습문제

1. 3

2. $\dfrac{3^{16} - 3^5}{2}$

3. 70

5.3 연습문제

1. $n(n+1)^2$

2. $2^n + \dfrac{3^{n+1}}{2} + \dfrac{n(n+1)}{2} - \dfrac{7}{2}$

3. $$\sum_{k=1}^{n} \frac{2k+1}{k^2(k+1)^2} = \sum_{k=1}^{n} (a_k - a_{k+1}) = a_1 - a_{n+1}$$
$$= 1 - \frac{1}{(n+1)^2} = \frac{n^2 + 2n}{(n+1)^2}$$

4. $\dfrac{2n^3-3n^2+n+18}{6}$

5. (1) $\sqrt{n+1}-1$ (2) $\dfrac{\sqrt{2n+2}+\sqrt{2n+1}-\sqrt{2}-1}{2}$

6. $\dfrac{n(n+1)(n+2)(n+3)(n+4)}{5}$

7. $$\sum_{k=1}^{2^n}\frac{1}{k}=1+\frac{1}{2}+\left(\frac{1}{3}+\frac{1}{4}\right)+\left(\frac{1}{5}+\frac{1}{6}+\frac{1}{7}+\frac{1}{8}\right)+\cdots+\left(\frac{1}{2^{n-1}+1}+\cdots+\frac{1}{2^n}\right)$$
$$\geq 1+\frac{1}{2}+\frac{1}{2}+\cdots+\frac{1}{2}=1+\frac{1}{2}(n-1)=\frac{n+1}{2}$$

5.4 연습문제

1. (1) 0 (2) $\dfrac{3}{2}$ (3) $\sqrt{2}$ (4) $\dfrac{2}{3}$
   (5) 2 (6) $\dfrac{3}{2}$

2. (1) 2로 수렴한다. (2) 0으로 수렴한다. (3) 발산한다.
   (4) $\dfrac{1}{2}$로 수렴한다. (5) 발산한다. (6) 발산한다.
   (7) 0으로 수렴한다.

5.5 연습문제

1. (1) 2 (2) $\dfrac{4}{3}$
   (3) $\dfrac{x}{\sqrt{x^2+3}-1}=\dfrac{x(\sqrt{x^2+3}+1)}{x^2+2}$ (4) $\dfrac{3}{4}$
   (5) -1 (6) $-\dfrac{1}{4}$

2. (1) $\lim\limits_{n\to\infty}\dfrac{n^2-1}{5n^2+3n}=\dfrac{1}{5}$이므로 $\sum\limits_{n=1}^{\infty}\dfrac{n^2-1}{5n^2+3n}$은 발산한다.
   (2) $\lim\limits_{n\to\infty}\dfrac{(-1)^n n}{3n-1}$이 발산하므로 $\sum\limits_{n=1}^{\infty}\dfrac{(-1)^n n}{3n-1}$은 발산한다.
   (3) $\lim\limits_{n\to\infty}\cos\dfrac{1}{n}=\cos 0=1$이므로 $\sum\limits_{n=1}^{\infty}\cos\dfrac{1}{n}$은 발산한다.
   (4) $\dfrac{1}{\sqrt{n+1}+\sqrt{n}}=\sqrt{n+1}-\sqrt{n}$이므로 $\sum\limits_{k=1}^{n}\dfrac{1}{\sqrt{k+1}+\sqrt{k}}=\sqrt{n+1}-1$이다.
   따라서 $\sum\limits_{n=1}^{\infty}\dfrac{1}{\sqrt{n+1}+\sqrt{n}}=\lim\limits_{n\to\infty}(\sqrt{n+1}-1)=\infty$이다.

3. (1) $-\dfrac{2}{3}<x<0$ (2) $-2<x<-1$ 또는 $0<x<1$
   (3) $x\geq -1$ (4) $\mathbb{R}$ (5) $x<0$

4. $\sum_{k=1}^{2^n} \frac{1}{k} \geq \frac{n+1}{2}$ 이고 $\lim_{n\to\infty} \frac{n+1}{2} = \infty$ 이므로 $\sum_{n=1}^{\infty} \frac{1}{n} = \lim_{n\to\infty} \sum_{k=1}^{n} \frac{1}{k} = \infty$ 이다.

제6장 지수와 로그함수

6.1 (1) $3^{\sqrt{6}}$ (2) $a^{12\sqrt{6}}b^6$ (3) a^4

6.2 (1)

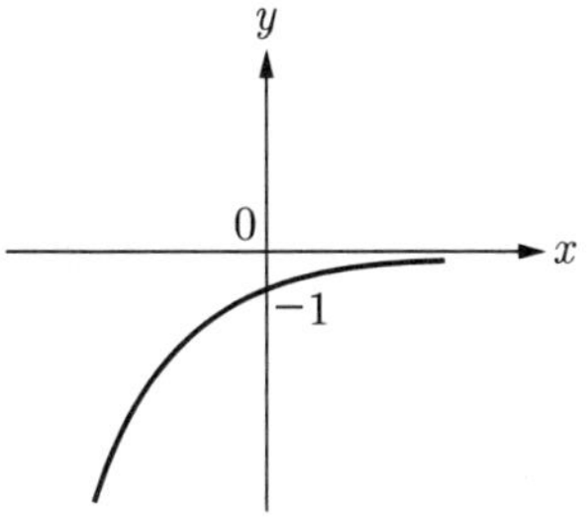

(2)

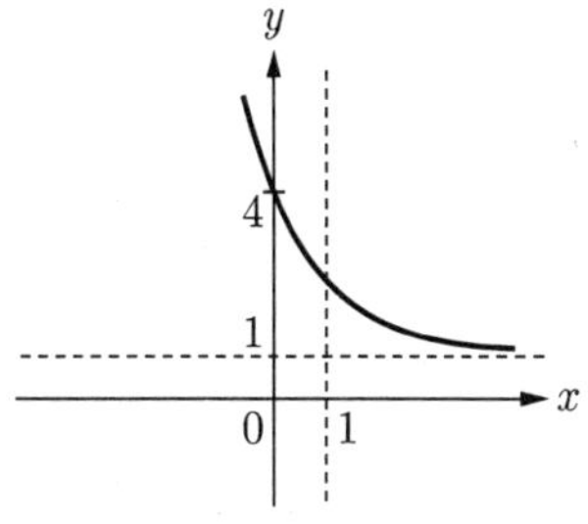

(3)

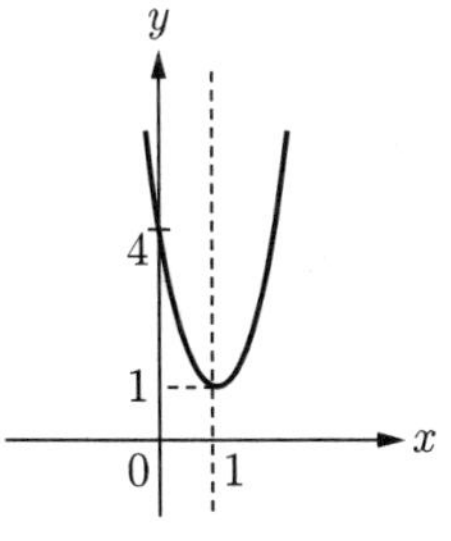

6.3 (1) $\sqrt[5]{0.5} > \sqrt[6]{0.125}$ (2) $\sqrt[3]{128} < \sqrt{32}$

6.4 (1) -3 (2) $\frac{1}{4}$ (3) -3

6.5 (1) 100 (2) 9 (3) 5 (4) $\frac{1}{6}$

6.6 (1) 정의역 $= (3,\ \infty)$ (2) 정의역 $= (0,\ \infty)$

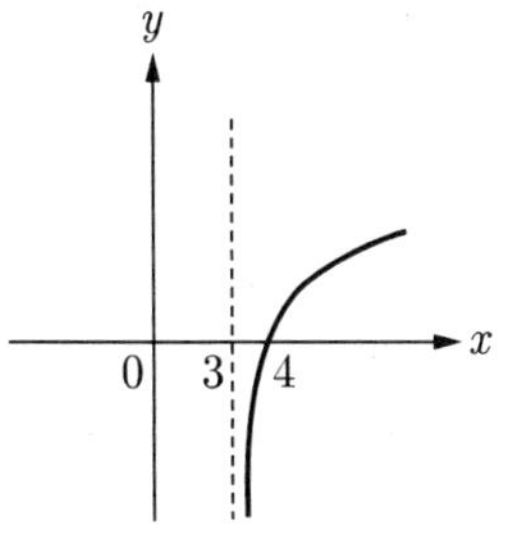

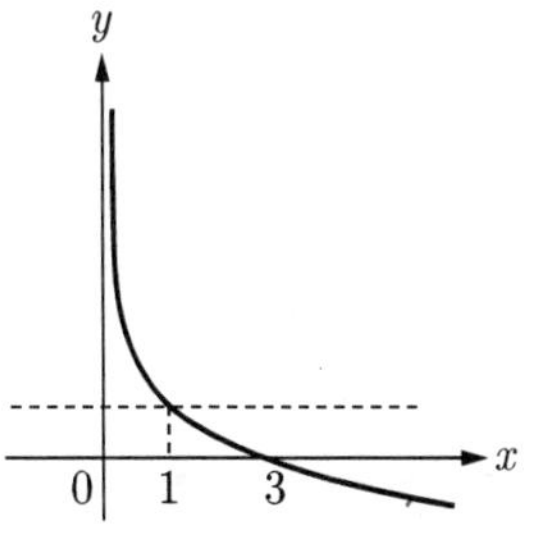

6.7 (1) $3a+b$ (2) $2(b-a)$ (3) $\frac{1}{2}(a+b+1)$

6.8 (1) $10(1+\log_2 3)$ (2) $2-3\log_a b-4\log_a c$

(3) $\frac{2}{3}$ (4) $\frac{1}{2}(\ln(x-2)+\ln(x+1)-3\ln(x+2))$

6.9 (1) 1.1132 (2) 0.7741 (3) 1.3634

6.10 (1) $x=2.5$ (2) $x=-\frac{7}{6}$ (3) $x=\frac{8}{5}$ (4) $x=-1+\log_4 5$

6.11 (1) $x=\ln 3$ (2) $x=0,\ 2$ (3) $x=0$

6.12 (1) $x=8$ (2) $x=4$ (3) $x=1,\ 3$

6.1 연습문제

1. (1) 2^6 (2) $2^{\frac{3}{2}}$ (3) $8^{3\sqrt{3}-2\sqrt{2}}$ (4) $\frac{4}{3}$

2. $\sqrt[3]{\sqrt{64^2}} > (4^{\frac{2}{3}}\sqrt{8})^{\frac{10}{17}} > \sqrt[3]{\sqrt{\sqrt{16^4}}}$

3. (1) 7 (2) 18 (3) $\sqrt{5}$

4. (1)

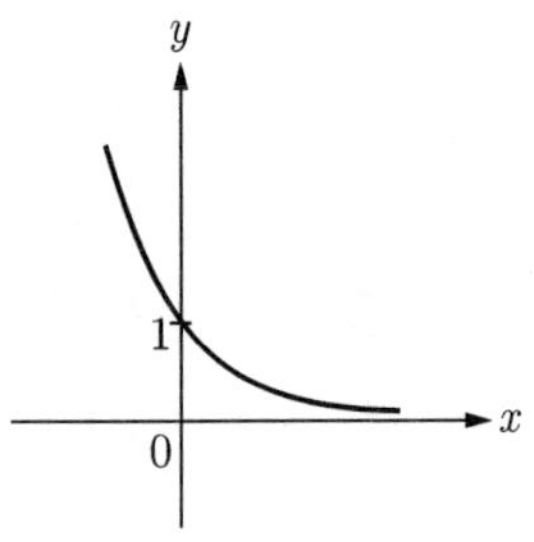

(2)

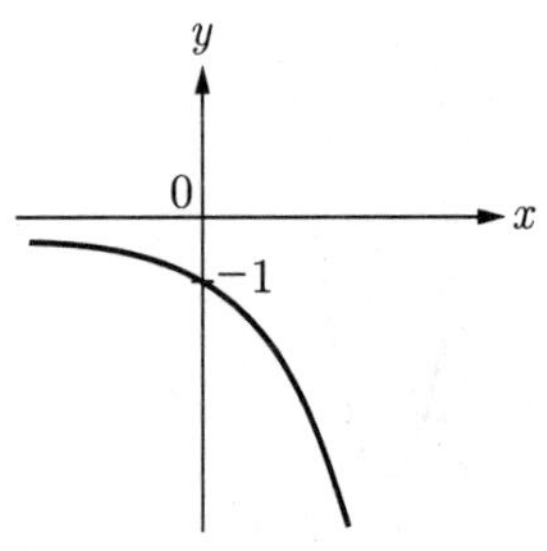

(3)

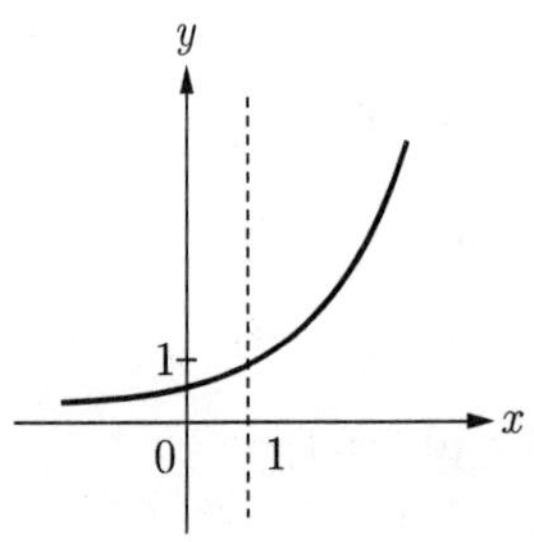

(4)

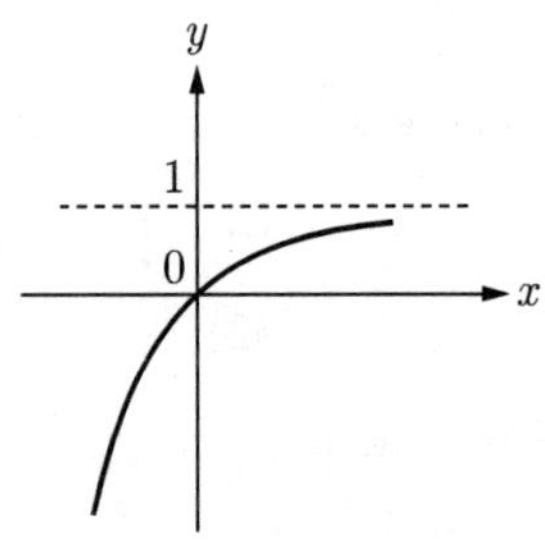

(5)

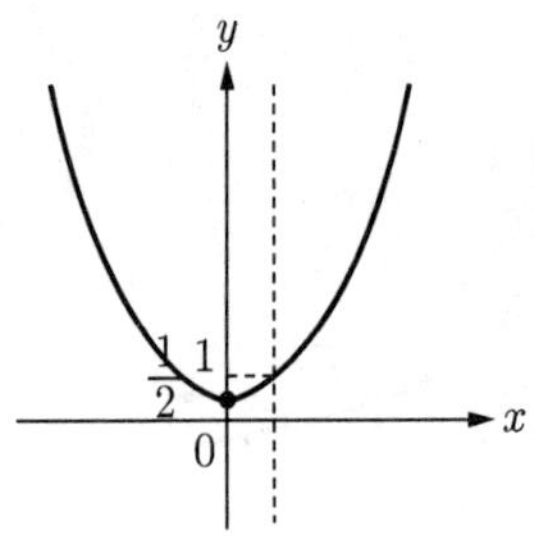

(6)

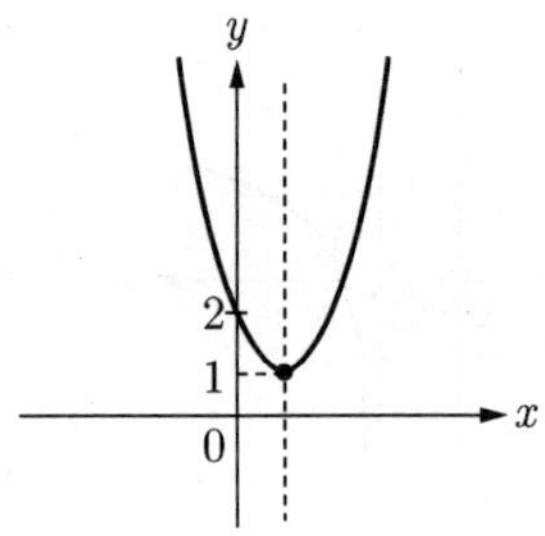

5. (1) • $y = \sinh x \left(= \dfrac{e^x - e^{-x}}{2}\right)$의 그래프 • $y = \cosh x \left(= \dfrac{e^x + e^{-x}}{2}\right)$의 그래프

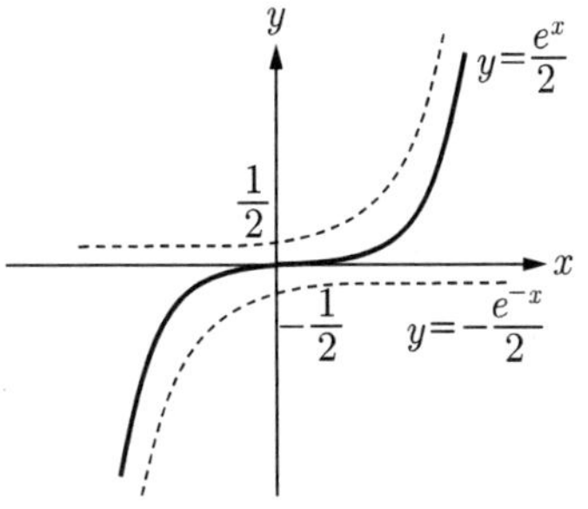

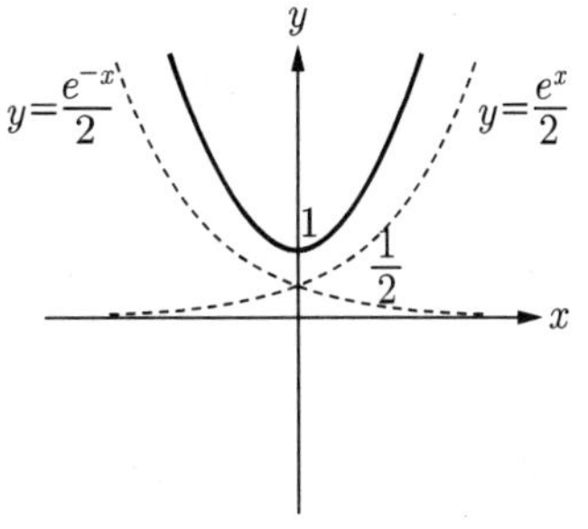

(2) $\cosh^2 x - \sinh^2 x = \left(\dfrac{e^x + e^{-x}}{2}\right)^2 - \left(\dfrac{e^x - e^{-x}}{2}\right)^2 = 1$

6.2 연습문제

1. (1) $5 = \log_2 32$ (2) $x = \log_3 4.5$

(3) $\sqrt{\pi} = \log_a 9$ (4) $81 = 3^4$

(5) $x + 1 = \pi^2$ (6) $x = e^e$

2. (1)

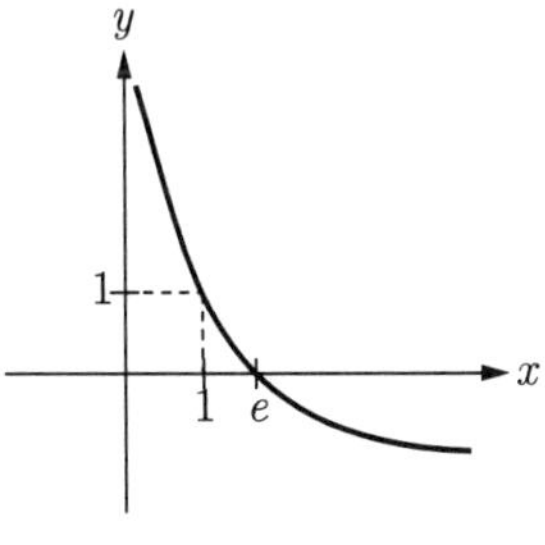

(2)

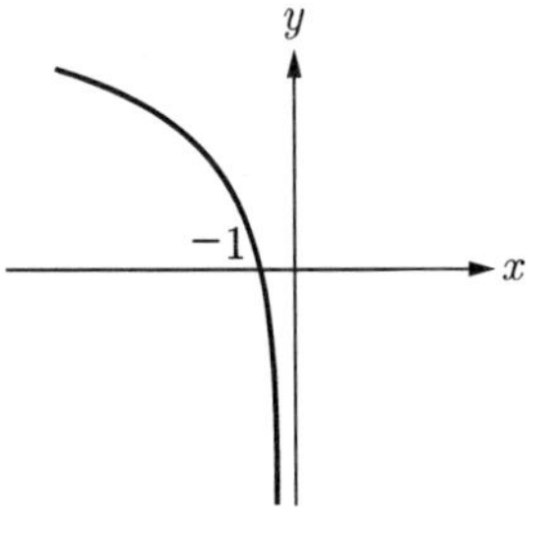

(3)

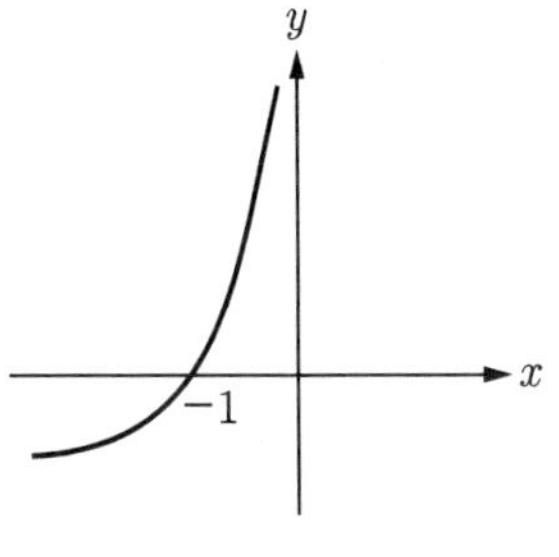

(4)

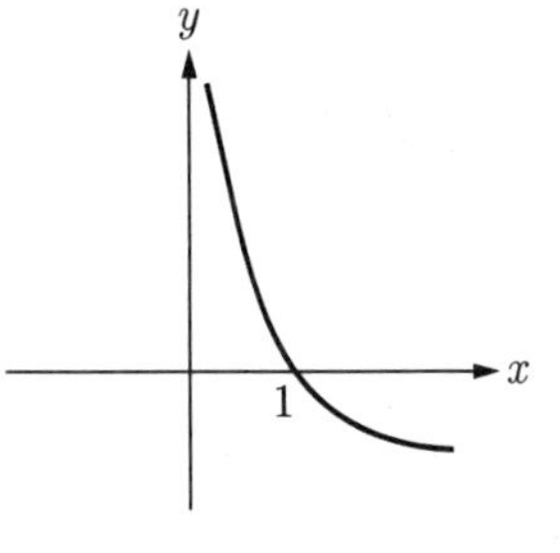

(5)

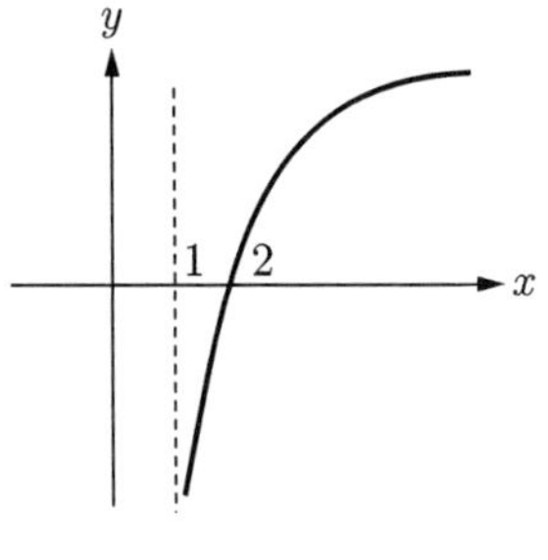

(6)

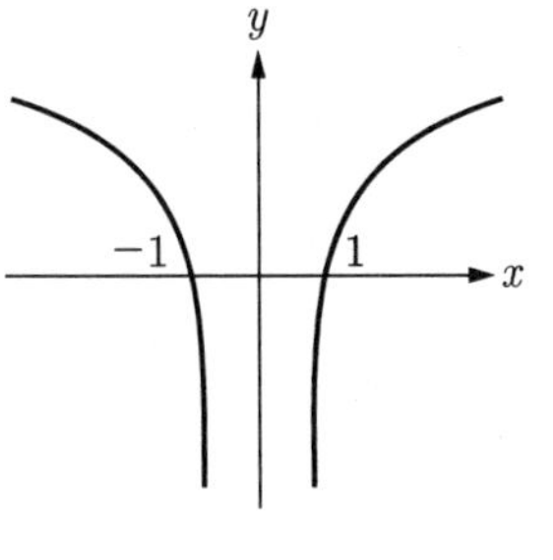

3. (1) e (2) -3 (3) -4 (4) -3
(5) -1 (6) -1 (7) 6 (8) 4

4. (1) $(3, \infty)$ (2) $(-\infty, -1) \cup (0, 1)$
(3) $(0, 2)$ (4) $(4, \infty)$

5. (1) 2.3223 (2) 0.4306 (3) 2.5236
(4) 3.4834 (5) -6.5850 (6) 0.3688

6. (1) $\log_3 6\sqrt{7}$ (2) 0
(3) $\ln\sqrt{x\sqrt{y\sqrt{z}}}$ (4) $\log\dfrac{10^x}{(x^2+1)(x^2+2)}$

7. (1) 16자리 (2) 16째 자리 (3) $5^{20} < 6^{18}$

6.3 연습문제

1. (1) $x=2$ (2) $x=\dfrac{7}{6}$ (3) $x=0,\ 3$ (4) $x=\log_2\log_3 2$
(5) $x=\dfrac{1+\ln 5}{2}$ (6) $x=\log_2 3$ (7) $x=1$ (8) $x=\ln 3$

2. (1) $x=10$ (2) $x=3$ (3) $x=-3,\ 7$ (4) $x=4^3$
(5) $x=2$ (6) $x=2,\ 4$ (7) $x=e^{-2},\ e^4$
(8) $x=2^{1-\sqrt{5}},\ 2^{1+\sqrt{5}}$ (9) $x=\sqrt[3]{2}$ (10) $x=\dfrac{5+\sqrt{313}}{12}$

3. 139개월

제7장 삼각함수

7.1 (1) $\dfrac{\pi}{3}$ (2) $\dfrac{3}{2}\pi$ (3) 90° (4) 150°

7.2 (1) 2사분면 (2) 3사분면 (3) 4사분면 (4) 1사분면

7.3 중심각$=\dfrac{3}{2}\pi$, 호의 길이$=3\pi$

7.4 $\overline{AB}=\dfrac{200}{\sqrt{3}},\ \overline{AC}=200,\ \overline{BC}=\dfrac{200\sqrt{3}}{3}$

7.5 $n\pi+\dfrac{\pi}{2}$ ($n=$정수)

7.6 $\cos\theta=-\dfrac{1}{\sqrt{26}},\ \sin\theta=-\dfrac{5}{\sqrt{26}}$

7.7 $\dfrac{\sqrt{3}-3}{6}$

7.8 (1) $-\dfrac{\sqrt{3}}{2}$ (2) -1 (3) $-\sqrt{2}$

7.9 (1) 주기 $=\dfrac{2}{3}\pi$ (2) 주기 $=2\pi$

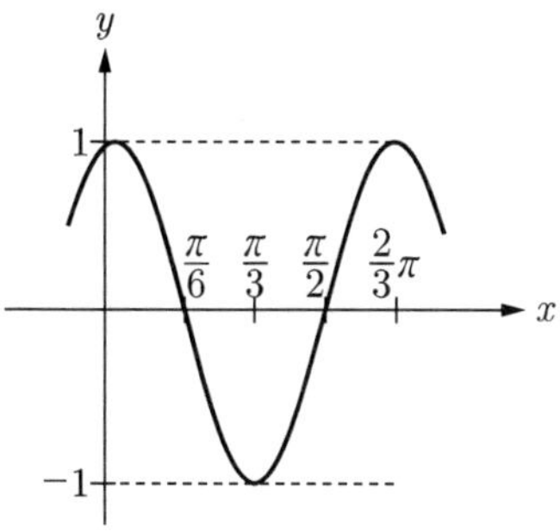

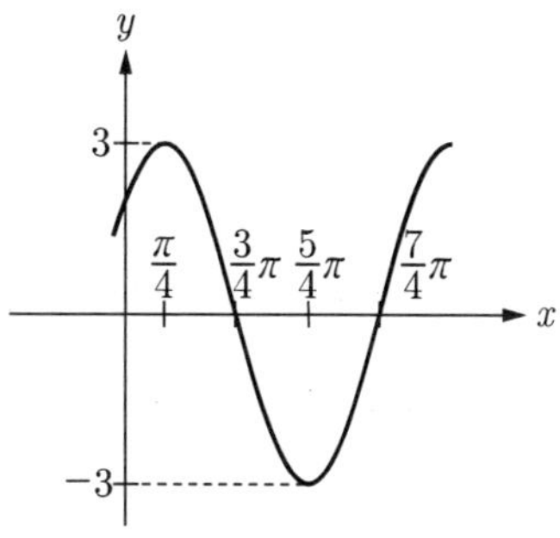

(3) 주기 $=2\pi$ (4) 주기 $=\dfrac{\pi}{2}$

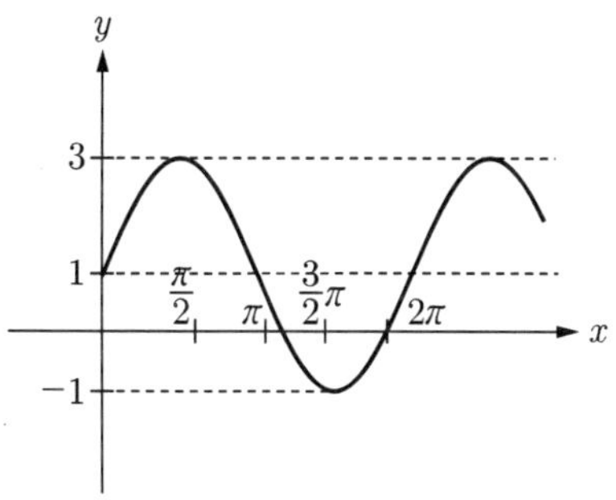

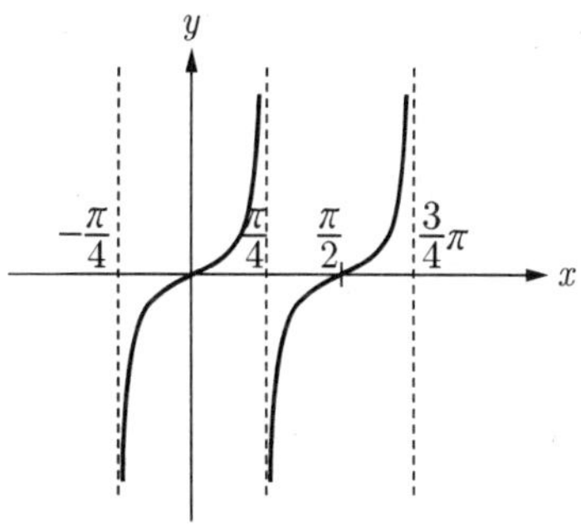

7.10 (1) $-\dfrac{\sqrt{2}+\sqrt{6}}{4}$ (2) $-2+\sqrt{3}$

(3) $-\dfrac{\sqrt{2}+\sqrt{6}}{4}$ (4) $\sqrt{2}+\sqrt{6}$

(5) $\sqrt{2}+\sqrt{6}$ (6) $\sqrt{3}-2$

7.11 (1) 주기 $=2\pi$, 최댓값 $=2$, 최솟값 $=-2$

(2) 주기 $=\pi$, 최댓값 $=\sqrt{2}$, 최솟값 $=-\sqrt{2}$

7.12 (1) $\sin 2x=\dfrac{120}{169}$, $\cos 2x=\dfrac{119}{169}$ (2) $\sin 2x=-\dfrac{24}{25}$, $\cos 2x=\dfrac{7}{25}$

(3) $\sin 2x=-\dfrac{3}{5}$, $\cos 2x=\dfrac{3}{\sqrt{10}}$

7.13 (1) $\dfrac{\sqrt{2+\sqrt{2}}}{2}$ (2) $-\dfrac{\sqrt{2+\sqrt{3}}}{2}$

(3) $\sqrt{2}-1$ (4) $-\dfrac{2}{\sqrt{2+\sqrt{2}}}$

7.14 (1) $\dfrac{3-4\cos 2x+\cos 4x}{8}$ (2) $\dfrac{3+4\cos 2x+\cos 4x}{8}$

7.15 (1) $\frac{1-\sqrt{2}}{4}$ (2) $\frac{-1+\sqrt{2}}{4}$

7.16 $$\frac{\sin(x+y)-\sin(x-y)}{\cos(x+y)+\cos(x-y)} = \frac{(\sin x\cos y+\cos x\sin y)-(\sin x\cos y-\cos x\sin y)}{(\cos x\cos y-\sin x\sin y)+(\cos x\cos y+\sin x\sin y)}$$
$$= \frac{2\cos x\sin y}{2\cos x\cos y} = \tan y$$

7.17 (1) $2n\pi \pm \frac{\pi}{3}$ (2) $n\pi + \frac{\pi}{4}$

7.18 (1) $x = 2n\pi \pm \frac{\pi}{3}$, $x = 2n\pi \pm \pi$ (2) $x = 2n\pi \pm \frac{2\pi}{3}$, $x = 2n\pi$

7.19 (1) $\frac{\pi}{3} < x < \frac{3\pi}{4}$, $\frac{5\pi}{4} < x < \frac{5\pi}{3}$ (2) $\frac{\pi}{3} \le x \le \frac{5\pi}{3}$

7.1 연습문제

1. (1) $\frac{5}{6}\pi$ (2) $-\frac{7}{6}\pi$ (3) $315°$

(4) $-252°$ (5) $\frac{5}{3}\pi$ (6) $375°$

2. (1) 4사분면 (2) 2사분면 (3) 2사분면 (4) 1사분면

3. $45°$, $135°$

4. 1, 3, 4사분면

5. 중심각 $= 2$(rad), 반지름 $= \frac{15}{2}$(cm)

7.2 연습문제

1. $50(1+\sqrt{3})$m

2. $2+2\sqrt{6}$

3. (1) $\sin\theta = \frac{4}{5}$, $\cos\theta = \frac{3}{5}$, $\tan\theta = \frac{4}{3}$

(2) $\sin\theta = -\frac{3}{\sqrt{13}}$, $\cos\theta = \frac{2}{\sqrt{13}}$, $\tan\theta = -\frac{3}{2}$

(3) $\sin\theta = -\frac{3}{5}$, $\cos\theta = -\frac{4}{5}$, $\tan\theta = \frac{3}{4}$

4. (1) $\sin\theta = -\frac{2\sqrt{2}}{3}$, $\tan\theta = -2\sqrt{2}$

(2) $\sin\theta = \frac{3}{\sqrt{10}}$, $\cos\theta = -\frac{1}{\sqrt{10}}$

5. (1) $-\frac{\sqrt{2}}{2}$ (2) 2 (3) $\frac{\sqrt{3}}{3}$

(4) $\frac{1}{2}$ (5) $-\sqrt{2}$ (6) $\sqrt{3}$

6. $\tan\theta + \cot\theta = -\frac{18}{5}$, $\sin^3\theta + \cos^3\theta = \frac{23}{27}$

7. (1) $2\sec\theta$ (2) 1 (3) 0

8. 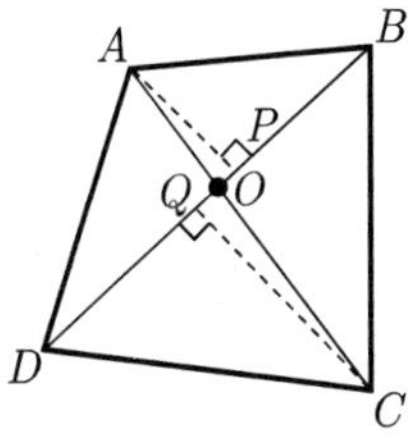

그림과 같이 주어진 사각형의 대각선을 각각 $\overline{AC}=a$, $\overline{BD}=b$라고 하자. $\overline{AO}=x$라고 하면 $\overline{OC}=a-x$이고, $\overline{BO}=y$라고 하면 $\overline{OD}=b-y$이므로

$$\triangle AOB\text{의 넓이}=\frac{1}{2}\overline{BO}\,\overline{AP}=\frac{1}{2}yx\sin\theta,$$
$$\triangle AOD\text{의 넓이}=\frac{1}{2}\overline{DO}\,\overline{AP}=\frac{1}{2}(b-y)x\sin\theta,$$
$$\triangle DOC\text{의 넓이}=\frac{1}{2}\overline{DO}\,\overline{CQ}=\frac{1}{2}(b-y)(a-x)\sin\theta,$$
$$\triangle BOC\text{의 넓이}=\frac{1}{2}\overline{BO}\,\overline{CQ}=\frac{1}{2}y(a-x)\sin\theta$$

이다. 따라서 이들을 모두 더하면

$$\begin{aligned}\text{사변형 } ABCD\text{의 넓이}&=\frac{1}{2}[xy+x(b-y)+(a-x)(b-y)+(a-x)y]\sin\theta\\&=\frac{1}{2}[xb+(a-x)b]\sin\theta\\&=\frac{1}{2}ab\sin\theta\end{aligned}$$

가 얻어진다.

9. $k=\dfrac{5}{4}$

7.3 연습문제

1. (1) 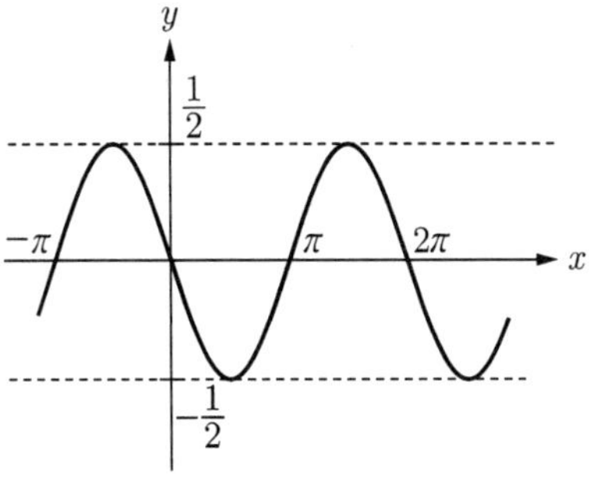

(2) 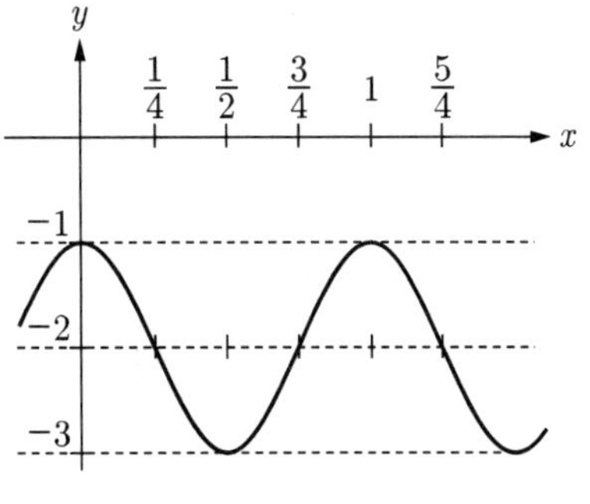

(3)

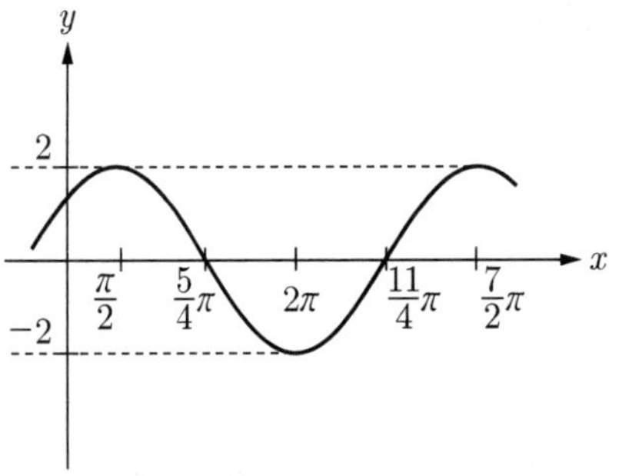

(4)

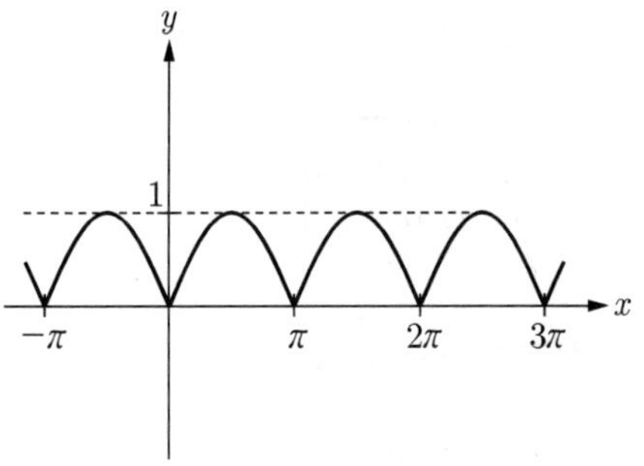

(5)

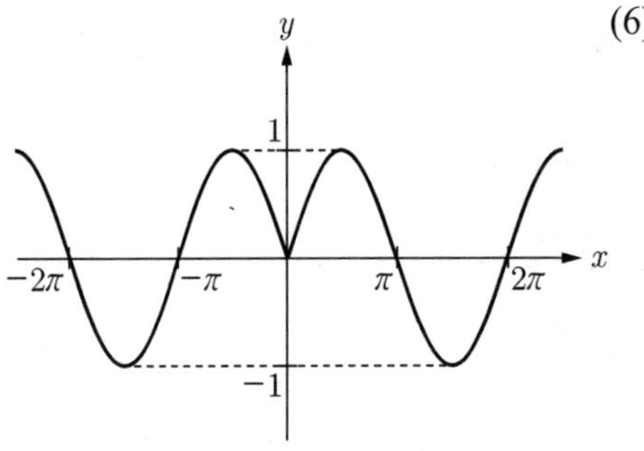

(6)

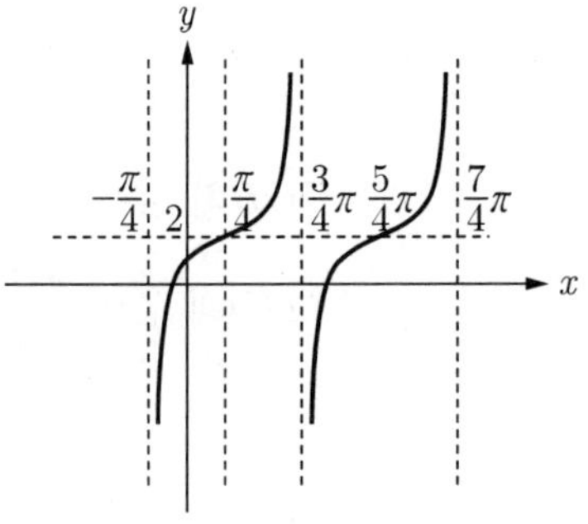

2. 주기 $= \dfrac{2\pi}{\omega}$, 최댓값 $= |a| + b$, 최솟값 $= -|a| + b$

3. • $y = \sec x$의 그래프

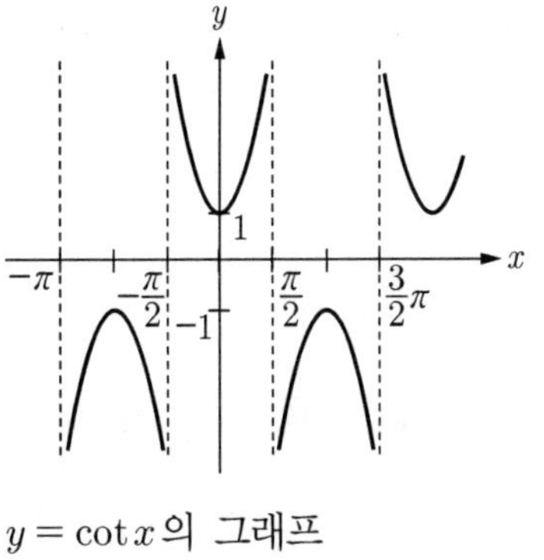

• $y = \csc x$의 그래프

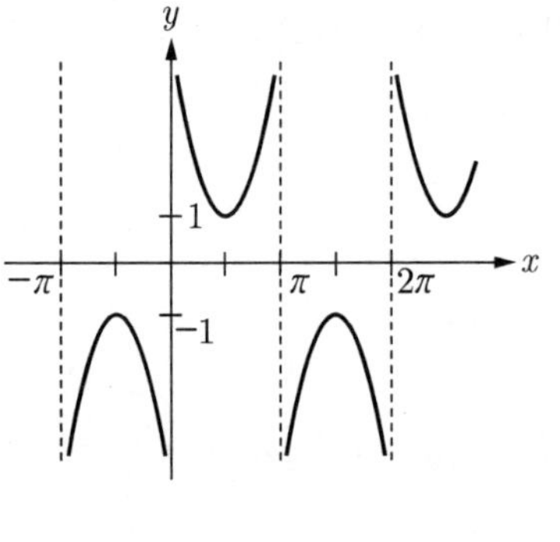

• $y = \cot x$의 그래프

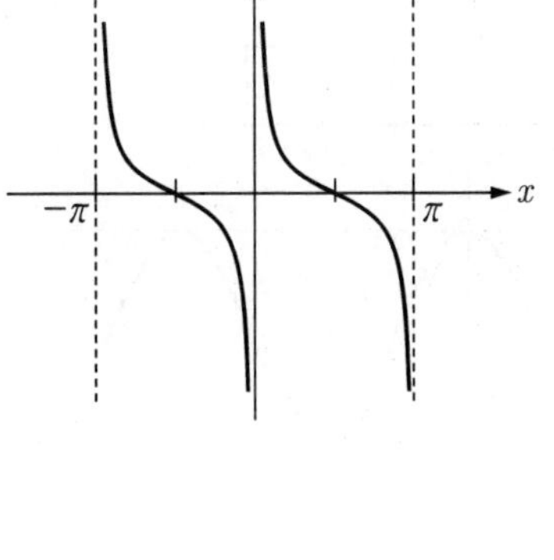

7.4 연습문제

1. (1) $\dfrac{\sqrt{6}-\sqrt{2}}{4}$ (2) $\dfrac{\sqrt{6}+\sqrt{2}}{4}$

   (3) $2-\sqrt{3}$ (4) $\dfrac{2}{\sqrt{2+\sqrt{2}}}$

   (5) $\dfrac{\sqrt{6}}{2}$ (6) $\dfrac{\sqrt{2}}{2}$

   (7) $\dfrac{\sqrt{2-\sqrt{2}}\,\sqrt{2+\sqrt{3}}}{2}$ (8) $\dfrac{1}{2}$

2. $100\sqrt{2}$

3. $\sin(x+y)=\dfrac{-65\sqrt{5}+33\sqrt{3}}{196}$, $\cos(x+y)=-\dfrac{15\sqrt{15}+143}{196}$

4. $\sin 2x=-\dfrac{4\sqrt{5}}{9}$, $\cos 2x=-\dfrac{1}{9}$, $\tan 2x=4\sqrt{5}$

5. $\sin\dfrac{x}{2}=\dfrac{3}{\sqrt{10}}$, $\cos\dfrac{x}{2}=-\dfrac{1}{\sqrt{10}}$, $\tan\dfrac{x}{2}=-3$

6. (1) $\dfrac{2+\cos 2x-2\cos 4x-\cos 6x}{12}$ (2) $\dfrac{10+15\cos 2x+6\cos 4x+\cos 6x}{32}$

7. • $\sin 3x=\sin(2x+x)=\sin 2x\cos x+\cos 2x\sin x$

$$=(2\sin x\cos x)\cos x+(1-2\sin^2 x)\sin x$$
$$=2\sin x\cos^2 x+(1-2\sin^2 x)\sin x$$
$$=2\sin x(1-\sin^2 x)+(1-2\sin^2 x)\sin x$$
$$=3\sin x-4\sin^3 x$$

• $\cos 3x=\cos(2x+x)=\cos 2x\cos x-\sin 2x\sin x$

$$=(2\cos^2 x-1)\cos x-2\sin^2 x\cos x$$
$$=(2\cos^2 x-1)\cos x-2(1-\cos^2 x)\cos x$$
$$=4\cos^3 x-3\cos x$$

• $\tan 3x=\tan(2x+x)=\dfrac{\tan 2x+\tan x}{1-\tan 2x\tan x}$

$$=\frac{\dfrac{2\tan x}{1-\tan^2 x}+\tan x}{1-\dfrac{2\tan x}{1-\tan^2 x}\tan x}$$
$$=\frac{2\tan x+\tan x(1-\tan^2 x)}{(1-\tan^2 x)-2\tan^2 x}$$
$$=\frac{3\tan x-\tan^3 x}{1-3\tan^2 x}$$

7.5 연습문제

1. (1) $x = 2n\pi \pm \frac{3\pi}{4}$ (2) $x = n\pi + \frac{\pi}{4}$

   (3) $\theta = 3n\pi + \frac{\pi}{2}$ (4) $x = 2n\pi \pm \frac{\pi}{3}$

   (5) $x = 2n\pi + \frac{3\pi}{2}$ (6) $x = n\pi + (-1)^n \frac{7\pi}{6},\ x = 2n\pi + \frac{\pi}{2}$

2. (1) $x = \frac{n\pi}{3} + (-1)^n \frac{\pi}{9}$ (2) $x = 2n\pi,\ 2n\pi \pm \frac{\pi}{4},\ 2n\pi \pm \frac{5\pi}{4}$

   (3) $x = \frac{2n\pi}{3} \pm \frac{\pi}{9},\ x = 2n\pi \pm \frac{\pi}{2}$ (4) $x = n\pi + (-1)^{n+1} \frac{\pi}{4}$

3. (1) $\frac{5}{6}\pi < x < \frac{7}{6}\pi$ (2) $\frac{\pi}{12} \leq x \leq \frac{5\pi}{12},\ \frac{13\pi}{12} \leq x \leq \frac{17\pi}{12}$

   (3) $\frac{5\pi}{6} \leq x \leq \frac{11\pi}{6}$ (4) $\frac{\pi}{4} < x < \frac{5\pi}{12},\ \frac{3\pi}{4} < x < \frac{11\pi}{12}$

4. $0 \leq \theta < \frac{\pi}{4},\ \frac{3\pi}{4} < \theta < \frac{5\pi}{4},\ \frac{7\pi}{4} < \theta < 2\pi$

제8장 확률과 통계

8.1 고무총을 두 번 쏘아 두 번 모두 명중하는 사건

8.2 6가지

8.3 9가지

8.4 4!

8.5 ${}_5C_3 = \frac{5 \times 4 \times 3}{3!} = 10$가지

8.6 ${}_3H_5 = {}_{3+5-1}C_5 = {}_7C_5 = {}_7C_2 = 21$

8.7 (1) ${}_5C_1 2^4(-1) = -80$ (2) ${}_5C_3 2^2(-1)^3 = -40$

8.8 겉이 나오면 H, 안이 나오면 T라고 표기하면 표본공간 S는 다음과 같다.

$$S = \{(H, H, H), (H, H, T), (H, T, H), (T, H, H), (H, T, T), (T, H, T), (T, T, H), (T, T, T)\}$$

8.9 E는 세 번 중 두 번이 윷이 나오는 사건이라 한다.

8.10 $\frac{2}{5}$

8.11 $\frac{118}{200} = \frac{59}{100}$

8.12 $1-\frac{1}{8}=\frac{7}{8}$

8.13 $E=\{$적어도 한 주사위의 눈이 $4\}$

$F=\{$두 주사위 눈의 차가 2 이하$\}$

$$P(F/E)=\frac{P(E\cap F)}{P(E)}=\frac{\frac{9}{36}}{1-\frac{25}{36}}=\frac{9}{11}$$

8.14 (a) $\frac{1}{2}$ (b) 0

8.15 독립이 아니다.

8.16 X, Y 두 변수 모두 확률변수이다.

8.17 $P\{X=2\}=\frac{1}{36}$, $P\{X=3\}=\frac{2}{36}$, $P\{X=4\}=\frac{3}{36}=\frac{1}{12}$,

$P\{X=5\}=\frac{4}{36}=\frac{1}{9}$, $P\{X=6\}=\frac{5}{36}$, $P\{X=7\}=\frac{6}{36}=\frac{1}{6}$,

$P\{X=8\}=\frac{5}{36}$, $P\{X=9\}=\frac{1}{9}$, $P\{X=10\}=\frac{1}{12}$, $P\{X=11\}=\frac{1}{18}$,

$P\{X=12\}=\frac{1}{36}$

$P\{Y=0\}=\frac{1}{6}$, $P\{Y=1\}=\frac{5}{18}$, $P\{Y=2\}=\frac{2}{9}$, $P\{Y=3\}=\frac{1}{6}$,

$P\{Y=4\}=\frac{1}{9}$, $P\{Y=5\}=\frac{1}{18}$

8.18 $P\{Y=0\}=\frac{4}{9}$, $P\{Y=1\}=\frac{4}{9}$, $P\{Y=2\}=\frac{1}{9}$

8.19 $F(0)=\frac{4}{9}$, $F(1)=\frac{8}{9}$, $F(2)=1$

8.20 $E(Y)=\frac{2}{3}$

8.21 (1) $P\{Y=1\}=\frac{2}{3}$, $P\{Y=0\}=\frac{1}{3}$, $E\{Y\}=\frac{2}{3}$

(2) $\sum_{i=1}^{3}|x_i|P(X=x_i)=1\times\frac{1}{3}+1\times\frac{1}{3}=\frac{2}{3}$

8.22 $V(Y)=\frac{13}{324}$

8.23 표본공간 $S=\{0,\ 1\}$

확률밀도함수 $P\{Y=0\}=\frac{1}{2}$, $P\{Y=1\}=\frac{1}{2}$

따라서 이산균일분포를 한다.

8.24 $E(Y)=\frac{1}{2}$

$V(Y)=\frac{1}{4}$

8.25 $P\{X=5\}=\binom{10}{5}0.6^5\ 0.4^5=0.201$

8.26 $E(Y) = 10 \times 0.6 = 6$, $V(Y) = 10 \times 0.6 \times 0.4 = 2.4$

8.27 (1) $a = \frac{3}{2}$ (2) $\frac{9}{16}$

8.28 (1) $-1 < x < 1$일 때 $F(x) = \frac{x^3}{2} + \frac{1}{2}$

(2) $x < -1$일 때 $F(x) = 0$

(3) $x > 1$일 때 $F(x) = 1$

8.29 (1) $y < 0$일 때 $G(y) = 0$

(2) $0 \le y < 1$일 때 $G(y) = \frac{e^y - 1}{e - 1}$

(3) $y \ge 1$일 때 $G(y) = 1$

8.30 (1) $y < 0$일 때 $G'(y) = 0 = g(y)$

(2) $0 < y < 1$일 때 $G'(y) = \frac{1}{e-1} e^y = g(y)$

(3) $y \ge 1$일 때 $G'(y) = 0 = g(y)$

8.31 $E(X) = 0$, $V(X) = \frac{3}{5}$

8.32 (1) $E(X) = 0$ (2) $V(X) = \frac{1}{3}$

8.33 (1) $\frac{1}{2}$

(2) $\begin{cases} y < 0\text{일 때} & f_{|Y|}(y) = 0 \\ 0 < y < 2\text{일 때} & f_{|Y|}(y) = \frac{1}{2} \\ y \ge 2\text{일 때} & f_{|Y|}(y) = 0 \end{cases}$

8.34 0.632

8.35 (1) $E(T) = 80$ (2) $V(T) = 80^2 = 6{,}400$

8.36 (1) $P\{-2 \le Z \le 2\} = 0.954$ (2) $P\{Z \ge 1.96\} = 0.025$

8.37 (1) 0.317 (2) $x = 9.8$

8.38 $P\{48 \le Y \le 50\} = 0.2311$, 정규근삿값 $P\{47.5 \le Y \le 50.5\} = 0.2313$

8.39 $\overline{x}$의 확률밀도함수는 다음과 같다.

$\overline{x}$	1	1.5	2	2.5	3	3.5	4
확률	$\frac{1}{16}$	$\frac{2}{16}$	$\frac{3}{16}$	$\frac{4}{16}$	$\frac{3}{16}$	$\frac{2}{16}$	$\frac{1}{16}$

$E(\overline{x}) = 2.5$

8.40 $E(Y) = -3$, $V(Y) = 13$

8.41 $P(\overline{X} \le 155) \cong 0$

8.42 $\hat{\mu} = 446$

8.43 $\widehat{\mu_4}$, $\widehat{\mu_5}$ 모두 불편추정량이다.

8.44 $\widehat{\mu_5}$

8.45 $\hat{\mu} = \overline{X} = 375.11$

$\widehat{SE}(\overline{X}) = \dfrac{s}{\sqrt{n}} = 1.006$

8.46 $\overline{x} \pm t\left(n-1 : \dfrac{\alpha}{2}\right) \cdot \dfrac{s}{\sqrt{n}}$

$= 375.4 \pm t(8 : 0.025) \cdot \dfrac{3.54}{\sqrt{9}}$

$= 375.4 \pm 2.306 \cdot \dfrac{3.54}{\sqrt{9}}$

$= (372.68,\ 378.12)$

8.1 연습문제

1. (1) $7!$ (2) $4!\,3! = 144$ (3) $4!\,3!\,2! = 288$

2. ${}_9C_4 \times {}_{10}C_4 \times 4! = 635040$

3. ${}_4H_3 = {}_6C_3 = 20$

$20 - 4 = 16$가지

4. (1) ${}_2H_5 = {}_6C_5 = 6$

(2) $z = 0$일 때 ${}_2H_9$

$z = 1$일 때 ${}_2H_7$

$z = 2$일 때 ${}_2H_5$

$z = 3$일 때 ${}_2H_3$

$z = 4$일 때 ${}_2H_1$

8.2 연습문제

1. $(3x^2)^5 + {}_5C_1(3x^2)^4(2y)^1 + {}_5C_2(3x^2)^3(2y)^2 + {}_5C_3(3x^2)^2(2y)^3 + {}_5C_4(3x^2)^1(2y)^4 + (2y)^5$

$= 243x^{10} + 820x^8y + 1080x^6y^4 + 720x^4y^3 + 240x^2y^4 + 32y^5$

2. 검은 공 n개, 흰 공 m개가 있는 상자에서 r개를 꺼내는 방법의 수와 동일하다.

8.3 연습문제

1. (1) $\dfrac{4!\,3!}{7!} = \dfrac{1}{35}$ (2) $\dfrac{4!\,3! \times 2}{7!} = \dfrac{2}{35}$

2. (1) $\frac{1}{6}$ (2) $\frac{10}{18}$

3. (1) $\frac{5}{6}$ (2) $\frac{5}{36}$

8.4 연습문제

1. $P(A|B)=\frac{3}{8}$

2. (1) 0.2 (2) 0

3. 독립이다.

8.5 연습문제

1. (1) $\sum_{x=0}^{5} {}_9C_x(0.6)^{9-x}(0.4)^x$ (2) $\sum_{x=7}^{9} {}_9C_x(0.6)^{9-x}(0.4)^x$

2. (1) $P(X=0)=0.2,\ P(X=1)=0.3,\ P(X=2)=0.3,$

   $P(X=3)=0.1,\ P(X=4)=0.1$

   (2) $E(X)=1.6,\ V(X)=1.44$

3. $E(X)=\frac{3}{5},\ V(X)=\frac{28}{75}$

4. (1) $P(X=1000)=\frac{1}{6},\ P(X=600)=\frac{5}{9},\ P(X=200)=\frac{5}{18}$

   (2) $E(X)=\frac{5000}{9}$

5. (1) $E(X)=\frac{5}{9}$ (2) $V(X)=\frac{21800}{81}$

6. (1) $k=\frac{3}{4}$ (2) $P(X>1)=\frac{1}{2}$

   (3) $F(x)=\frac{3}{4}\left(x^2-\frac{x^3}{3}\right),\ 0<x<2$일 때

   (4) $E(X)=1$

7. (1) $\frac{3}{10}$ (2) $\frac{1}{5}$ (3) $f(x)=\frac{1}{10},\ 0<x<10$일 때

8. (1) 0.5 (2) 0.9544 (3) -0.52

9. (1) 0.3413 (2) 0.0456 (3) 1.44

10. (1) 0.0228 (2) 79.2

8.6 연습문제

1. (1) 0.683 (2) 0.0228

2. (45.109, 49.891)

3. $(36.101,\ 38.898)$

4. $(2.967,\ 3.399)$

제9장 행렬

9.1 (1) 4, 5 (2) $B' = \begin{pmatrix} 2 & -7 & 4 \\ 3 & 1 & 5 \end{pmatrix}$

9.2 $AB = \begin{pmatrix} 1 & -8 \\ 4 & 3 \\ 4 & -4 \end{pmatrix}$

9.3 (1) $2A = \begin{pmatrix} 4 & 2 & -6 \\ 2 & 4 & 8 \end{pmatrix}$ (2) $(2I_2) \times A = \begin{pmatrix} 4 & 2 & -6 \\ 2 & 4 & 8 \end{pmatrix}$

9.4 (1) 44 (2) -76

9.5 $A^{-1} = \begin{pmatrix} 1 & -2 \\ 0 & 1 \end{pmatrix}$

9.6 $B^{-1} = \begin{pmatrix} -2 & 2 \\ -3 & 1 \end{pmatrix}$

9.7 $C^{-1} = \dfrac{1}{5}\begin{pmatrix} -1 & 2 & 0 \\ -2 & 4 & -5 \\ 5 & 5 & -5 \end{pmatrix}$

9.8 $|E| = -1$이므로 역행렬은 존재한다.

9.9 (1) 일차독립이다. (2) 일차종속이다.

9.10 (1) $r(A) = 3$ (2) $r(B) = 2$

9.11 $\begin{pmatrix} 1 & -1 \\ 1 & 1 \\ 2 & -1 \end{pmatrix}\begin{pmatrix} x \\ y \end{pmatrix} = \begin{pmatrix} 1 \\ 5 \\ 0 \end{pmatrix}$

9.12 (1) $\begin{pmatrix} x \\ y \end{pmatrix} = \begin{pmatrix} 1 \\ 3 \end{pmatrix}$ (2) $\begin{pmatrix} x \\ y \end{pmatrix} = \begin{pmatrix} -2 \\ 0 \end{pmatrix}$

9.13 (1) $\begin{pmatrix} x \\ y \end{pmatrix} = \begin{pmatrix} 1 \\ -1 \end{pmatrix}$ (2) $\begin{pmatrix} x \\ y \end{pmatrix} = \begin{pmatrix} 1 \\ -1 \end{pmatrix}$

따라서 두 선형방정식계는 동치이다.

9.14 $z = -2,\ y = 2,\ x = 1$

9.2 연습문제

1. (1) $AB=\begin{pmatrix}8 & 4\\7 & 1\end{pmatrix}$, $BA=\begin{pmatrix}0 & 10\\2 & 9\end{pmatrix}$ $\quad\therefore AB\neq BA$

(2) $AB=\begin{pmatrix}1 & -3\\3 & 1\end{pmatrix}$, $BA=\begin{pmatrix}1 & -3\\3 & 1\end{pmatrix}$ $\quad\therefore AB=BA$

(3) $AB=\begin{pmatrix}1 & 5\\1 & -2\end{pmatrix}$, $BA=\begin{pmatrix}1 & 5\\1 & -2\end{pmatrix}$ $\quad\therefore AB=BA$

2. (1) 45 (2) 0

9.3 연습문제

1. (1) $A^{-1}=\frac{1}{4}\begin{pmatrix}-2 & 2\\-3 & 1\end{pmatrix}$ (2) $B^{-1}=\begin{pmatrix}-10 & 5 & 3\\7 & -3 & -2\\-4 & 2 & 1\end{pmatrix}$

2. (1) 일차독립 (2) 일차종속

3. (1) $r(A)=2$, 최대 계수 (2) $r(B)=2$, 최대 계수 아님.

9.4 연습문제

1. $a\neq\frac{6}{5}$

2. (1) 44 (2) 0

3. (1) $x=10,\ y=4,\ z=2$ (2) 해가 없다.

4. (1) $\begin{pmatrix}1 & 2\\3 & 5\end{pmatrix}\begin{pmatrix}x\\y\end{pmatrix}=\begin{pmatrix}5\\1\end{pmatrix}$ (2) $A=\begin{pmatrix}1 & 2\\3 & 5\end{pmatrix}$ $\quad\therefore |A|=-1\neq 0$

(3) $A^{-1}=-\begin{pmatrix}5 & -2\\-3 & 1\end{pmatrix}$ (4) $\begin{pmatrix}x\\y\end{pmatrix}=\begin{pmatrix}-23\\14\end{pmatrix}$

(5) $\begin{pmatrix}x\\y\end{pmatrix}=\begin{pmatrix}-23\\14\end{pmatrix}$

2 표준정규분포

$$P\{Z \leq z\} = \int_{-\infty}^{z} \frac{1}{\sqrt{2\pi}} e^{-t^2/2} dt$$

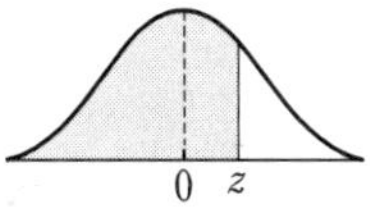

표의 숫자는 z보다 같거나 작을 확률을 나타낸다.

z	.00	.01	.02	.03	.04	.05	.06	.07	.08	.09
.0	.5000	.5040	.5080	.5120	.5160	.5199	.5239	.5279	.5319	.5359
.1	.5398	.5438	.5478	.5517	.5557	.5596	.5636	.5675	.5714	.5753
.2	.5793	.5832	.5871	.5910	.5948	.5987	.6026	.6064	.6103	.6141
.3	.6179	.6217	.6255	.6293	.6331	.6368	.6406	.6443	.6480	.6517
.4	.6554	.6591	.6628	.6664	.6700	.6536	.6772	.6808	.6844	.6879
.5	.6915	.6950	.6985	.7019	.7054	.7088	.7123	.7157	.7190	.7224
.6	.7257	.7291	.7324	.7357	.7389	.7422	.7454	.7486	.7517	.7549
.7	.7580	.7611	.7642	.7673	.7703	.7734	.7764	.7794	.7823	.7852
.8	.7881	.7910	.7939	.7967	.7995	.8023	.8051	.8078	.8106	.8133
.9	.8159	.8186	.8212	.8238	.8264	.8289	.8315	.8340	.8365	.8389
1.0	.8413	.8438	.8461	.8485	.8508	.8531	.8554	.8577	.8599	.8621
1.1	.8643	.8665	.8686	.8708	.8729	.8749	.8770	.8790	.8810	.8830
1.2	.8849	.8869	.8888	.8907	.8925	.8944	.8962	.8980	.8997	.9015
1.3	.9032	.9049	.9066	.9082	.9099	.9115	.9131	.9147	.9162	.9177
1.4	.9192	.9207	.9222	.9236	.9251	.9265	.9279	.9292	.9306	.9319
1.5	.9332	.9345	.9357	.9370	.9382	.9394	.9406	.9418	.9429	.9441
1.6	.9452	.9463	.9474	.9484	.9495	.9505	.9515	.9525	.9535	.9545
1.7	.9554	.9564	.9573	.9582	.9591	.9599	.9608	.9616	.9625	.9633
1.8	.9641	.9649	.9656	.9664	.9671	.9678	.9686	.9693	.9699	.9706
1.9	.9713	.9719	.9726	.9732	.9738	.9744	.9750	.9756	.9761	.9767
2.0	.9772	.9778	.9783	.9788	.9793	.9798	.9803	.9808	.9812	.9817
2.1	.9821	.9826	.9830	.9834	.9838	.9842	.9846	.9850	.9854	.9857
2.2	.9861	.9864	.9868	.9871	.9875	.9878	.9881	.9884	.9887	.9890
2.3	.9893	.9896	.9898	.9901	.9904	.9906	.9909	.9911	.9913	.9916
2.4	.9918	.9920	.9922	.9925	.9927	.9929	.9931	.9932	.9934	.9936
2.5	.9938	.9940	.9941	.9943	.9945	.9946	.9948	.9949	.9951	.9952
2.6	.9953	.9955	.9956	.9957	.9959	.9960	.9961	.9962	.9963	.9964
2.7	.9965	.9966	.9967	.9968	.9969	.9970	.9971	.9972	.9973	.9974
2.8	.9974	.9975	.9976	.9977	.9977	.9978	.9979	.9979	.9980	.9981
2.9	.9981	.9982	.9982	.9983	.9984	.9984	.9985	.9985	.9986	.9986
3.0	.9987	.9987	.9987	.9988	.9988	.9989	.9989	.9989	.9990	.9990
3.1	.9990	.9991	.9991	.9991	.9992	.9992	.9992	.9992	.9993	.9993
3.2	.9993	.9993	.9994	.9994	.9994	.9994	.9994	.9995	.9995	.9995
3.3	.9995	.9995	.9995	.9996	.9996	.9996	.9996	.9996	.9996	.9997
3.4	.9997	.9997	.9997	.9997	.9997	.9997	.9997	.9997	.9997	.9998
3.5	.9998	.9998	.9998	.9998	.9998	.9998	.9998	.9998	.9998	.9998

3 스튜던트 t 분포–오른쪽 꼬리 확률

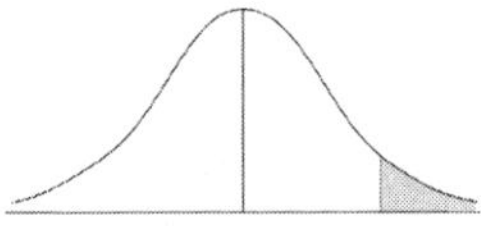

t_α

df \ α	0.25	0.20	0.15	0.10	0.05	0.025	0.02	0.01	0.005	0.0025	0.001	0.0005
1	1.000	1.376	1.963	3.078	6.314	12.71	15.89	31.82	63.66	127.3	318.3	636.6
2	0.816	1.061	1.386	1.886	2.920	4.303	4.849	6.965	9.925	14.09	22.33	31.60
3	0.765	0.978	1.250	1.638	2.353	3.182	3.482	4.541	5.841	7.453	10.21	12.92
4	0.741	0.941	1.190	1.533	2.132	2.776	2.999	3.747	4.604	5.598	7.173	8.610
5	0.727	0.920	1.156	1.476	2.015	2.571	2.757	3.365	4.032	4.773	5.893	6.869
6	0.718	0.906	1.134	1.440	1.943	2.447	2.612	3.143	3.707	4.317	5.208	5.959
7	0.711	0.896	1.119	1.415	1.895	2.365	2.517	2.998	3.499	4.029	4.785	5.408
8	0.706	0.889	1.108	1.397	1.860	2.306	2.449	2.896	3.355	3.833	4.501	5.041
9	0.703	0.883	1.100	1.383	1.833	2.262	2.398	2.821	3.250	3.690	4.297	4.781
10	0.700	0.879	1.093	1.372	1.812	2.228	2.359	2.764	3.169	3.581	4.144	4.587
11	0.697	0.876	1.088	1.363	1.796	2.201	2.328	2.718	3.106	3.497	4.025	4.437
12	0.695	0.873	1.083	1.356	1.782	2.179	2.303	2.681	3.055	3.428	3.930	4.318
13	0.694	0.870	1.079	1.350	1.771	2.160	2.282	2.650	3.012	3.372	3.852	4.221
14	0.692	0.868	1.076	1.345	1.761	2.145	2.264	2.624	2.977	3.326	3.787	4.140
15	0.691	0.866	1.074	1.341	1.753	2.131	2.249	2.602	2.947	3.286	3.733	4.073
16	0.690	0.865	1.071	1.337	1.746	2.120	2.235	2.583	2.921	3.252	3.686	4.015
17	0.689	0.863	1.069	1.333	1.740	2.110	2.224	2.567	2.898	3.222	3.646	3.965
18	0.688	0.862	1.067	1.330	1.734	2.101	2.214	2.552	2.878	3.197	3.611	3.922
19	0.688	0.861	1.066	1.328	1.729	2.093	2.205	2.539	2.861	3.174	3.579	3.883
20	0.687	0.860	1.064	1.325	1.725	2.086	2.197	2.528	2.845	3.153	3.552	3.850
21	0.686	0.859	1.063	1.323	1.721	2.080	2.189	2.518	2.831	3.135	3.527	3.819
22	0.686	0.858	1.061	1.321	1.717	2.074	2.183	2.508	2.819	3.119	3.505	3.792
23	0.685	0.858	1.060	1.319	1.714	2.069	2.177	2.500	2.807	3.104	3.485	3.768
24	0.685	0.857	1.059	1.318	1.711	2.064	2.172	2.492	2.797	3.091	3.467	3.745
25	0.684	0.856	1.058	1.316	1.708	2.060	2.167	2.485	2.787	3.078	3.450	3.725
26	0.684	0.856	1.058	1.315	1.706	2.056	2.162	2.479	2.779	3.067	3.435	3.707
27	0.684	0.855	1.057	1.314	1.703	2.052	2.158	2.473	2.771	3.057	3.421	3.690
28	0.683	0.855	1.056	1.313	1.701	2.048	2.154	2.467	2.763	3.047	3.408	3.674
29	0.683	0.854	1.055	1.311	1.699	2.045	2.150	2.462	2.756	3.038	3.396	3.659
30	0.683	0.854	1.055	1.310	1.697	2.042	2.147	2.457	2.750	3.030	3.385	3.646
40	0.681	0.851	1.050	1.303	1.684	2.021	2.123	2.423	2.704	2.971	3.307	3.551
50	0.679	0.849	1.047	1.299	1.676	2.009	2.109	2.403	2.678	2.937	3.261	3.496
60	0.679	0.848	1.045	1.296	1.671	2.000	2.099	2.390	2.660	2.915	3.232	3.460
80	0.678	0.846	1.043	1.292	1.664	1.990	2.088	2.374	2.639	2.887	3.195	3.416
100	0.677	0.845	1.042	1.290	1.660	1.984	2.081	2.364	2.626	2.871	3.174	3.390
1,000	0.675	0.842	1.037	1.282	1.646	1.962	2.056	2.330	2.581	2.813	3.098	3.300
∞	0.674	0.841	1.036	1.282	1.645	1.960	2.054	2.326	2.576	2.807	3.091	3.291

찾아보기

‖ ㅈ

‖ ㅊ

‖ ㅌ

‖ ㅍ

저자와의
합의하에
인지를
생략합니다

대학기초수학

지은이 송병철 · 김병문 · 김홍철 · 김순귀
펴낸이 조경희
펴낸곳 경문사
펴낸날 2012년 3월 5일 1판 1쇄
2023년 3월 2일 1판 9쇄
등 록 1979년 11월 9일 제1979-000023호
주 소 04057, 서울특별시 마포구 와우산로 174
전 화 (02)332-2004 팩스 (02)336-5193
이메일 kyungmoon@kyungmoon.com

값 22,000원

ISBN 978-89-6105-526-0